电机与低压电器

主　编　陈　莉
主　审　方　彦

重庆大学出版社

内容提要

本书按照高职高专培养目标进行编写，充分考虑我国高职高专的现状和发展趋势，并结合当前教学的实际需要，着重讲述电机和低压电器维护检修等知识，增强了针对性和应用性。全书共分10个项目，系统地介绍了变压器、交流电动机、低压电器以及低压成套设备的基本结构、工作原理、主要性能、技术参数、维护检修方法等。本书层次清楚、内容丰富，具有系统性、实用性和先进性，文字叙述通俗易懂，便于自学。为便于复习和测试，每个项目末附有思考题与习题。

本书可作为高职高专城市轨道交通供配电技术、供用电技术、铁道供电技术、电气工程等专业的教学用书，也可作为从事电工技术的相关人员培训用书或学习参考书，还可供从事电类专业教学的教师教学参考之用。

图书在版编目(CIP)数据

电机与低压电器 / 陈莉主编. -- 重庆 : 重庆大学出版社，2018.8

ISBN 978-7-5689-1294-5

Ⅰ.①电… Ⅱ.①陈… Ⅲ.电机—高等职业教育—教材②低压电器—高等职业教育—教材 Ⅳ. ①TM3 ②TM52

中国版本图书馆 CIP 数据核字(2018)第173543号

电机与低压电器

主 编 陈 莉

主 审 方 彦

策划编辑：周 立

责任编辑：文 鹏 邓桂华 版式设计：周 立

责任校对：贾 梅 责任印制：张 策

*

重庆大学出版社出版发行

出版人：易树平

社址：重庆市沙坪坝区大学城西路21号

邮编：401331

电话：(023) 88617190 88617185(中小学)

传真：(023) 88617186 88617166

网址：http://www.cqup.com.cn

邮箱：fxk@cqup.com.cn (营销中心)

全国新华书店经销

重庆紫石东南印务有限公司印刷

*

开本：787mm×1092mm 1/16 印张：12 字数：264千

2018年8月第1版 2018年8月第1次印刷

印数：1—2 000

ISBN 978-7-5689-1294-5 定价：38.00元

前言

本书对原开设的“电机与拖动”“低压电器”课程内容进行整合，如“电机与拖动”对于部分专业适用性不强，“低压电器”在其他相关课程中需要讲授。

本书共分 10 个项目，项目 1 介绍变压器的分类、工作原理、结构、铭牌和故障处理。项目 2 介绍变压器的运行原理、特性、并联运行。项目 3 介绍特殊用途变压器，包括自耦变压器、互感器、整流变压器。项目 4 介绍交流电动机，包括三相异步电动机、单相异步电动机、同步电动机。项目 5 介绍低压熔断器原理、典型产品、选用与维护检修。项目 6 介绍接触器的结构、典型产品、维护与检修。项目 7 介绍低压断路器的结构原理、选用、安装、运行维护。项目 8 介绍继电器，包括电流继电器、电压继电器、中间继电器、时间继电器、信号继电器、热继电器。项目 9 介绍主令电器和刀开关。项目 10 介绍低压组合电器和成套设备。

本书内容相对全面，体系结构规范。项目设置了“思考题与习题”“技能训练”环节，旨在增强读者的动手能力并引导学习，利于教师授课。

本书由西安铁路职业技术学院陈莉主编并统稿，编写项目 5、6、7、8 及技能训练 6~12；西安铁路职业技术学院尚俊霞编写项目 1、2 及技能训练 1~4；西安铁路职业技术学院韩晓峰编写项目 3、9（课题 1、2、3）及技能训练 5；西安电力高等专科学校薛晶编写项目 4；西安铁路职业技术学院闫泊编写项目 9 的课题 4、5、6；西安铁路职业技术学院丁万霞编写项目 10、技能训练 13。西安铁路职业技术学院方彦教授担任主审，在书稿完成后进行了仔细的审阅，并提出了许多宝贵意见。

由于编者水平有限，书中难免存在一些错误和不足，恳请使用本书的读者提出宝贵意见，敬请批评指正，不胜感激。

编　者

2018 年 6 月

目录

项目1 变压器的认知

【学习目标与任务】

学习目标:1.熟悉变压器的分类、工作原理、结构和铭牌。

2.掌握变压器的额定值及其计算公式。

学习任务:1.能正确辨别变压器的结构及组成部分。

2.具有变压器故障处理的能力。

课题1 变压器的分类

变压器的种类很多,可以按其用途、相数、冷却方式、绕组构成等进行分类。

1)按用途分类

(1)电力变压器

电力变压器用作电能的输送与分配,这是生产数量最多、使用最为广泛的变压器。按其功能不同又可分为升压变压器、降压变压器、配电变压器等。电力变压器的容量从几十千伏安到几十万千伏安,电压等级从几百伏到几百千伏。

(2)特殊用途变压器

特殊用途变压器是在特殊场合使用的变压器,如将交流电整流成直流电时使用的整流变压器、作为焊接电源的电焊变压器、专供大功率电炉使用的电炉变压器。

(3)仪用互感器

仪用互感器用于电工测量中,如电流互感器、电压互感器等。

(4)控制变压器

控制变压器容量一般比较小,用于小功率电源系统和自动控制系统,如电源变压器、输入变压器、输出变压器、脉冲变压器等。

(5) 其他变压器

其他变压器如试验用的高压变压器、输出电压可调的调压变压器、产生脉冲信号的脉冲变压器等。

2) 按相数分类

变压器按相数可以分为单相变压器、三相变压器和多相变压器。

3) 按冷却方式分类

变压器按冷却方式可以分为以空气为冷却介质的干式变压器、以油为冷却介质的油浸式变压器和以 SF_6 为冷却介质的充气式变压器。其中，油浸式变压器又分为油浸自冷式、油浸风冷式和强迫油循环冷却式等。工业用户的变压器大多采用油浸自冷式，但近年来环氧树脂浇注干式变压器在变电所中的应用日益增多。

4) 按绕组构成分类

变压器按绕组构成可以分为双绕组变压器、三绕组变压器、多绕组变压器和单绕组(自耦)变压器。

5) 按铁芯结构分类

变压器按铁芯结构可以分为叠片式铁芯、卷制式铁芯和非晶合金铁芯。

6) 按调压方式分类

变压器按调压方式可以分为有载调压变压器和无励磁调压变压器。

课题 2　变压器的基本工作原理和结构

1) 变压器的基本工作原理

单相变压器是在一个闭合铁芯上套有两个绕组，其基本原理如图 1.1(a) 所示。这两个绕组具有不同的匝数且互相绝缘，两个绕组间只有磁的耦合而没有电的联系。其中，接于电源侧的绕组称为一次绕组，各量用下标“1”表示；用于接负载的绕组称为二次绕组，各量用下标“2”表示。变压器在电路图中的图形符号如图 1.1(b) 所示，文字符号用 T 表示。

若将匝数为 N_1 的绕组接到交流电源上，绕组中便有交流电流 i_1 流过，在铁芯中产生与外加电压同频率且与一次、二次绕组同时交链的交变磁通 Φ。根据电磁感应原理，分别在两个绕组中感应出同频率的电动势 e_1 和 e_2，则

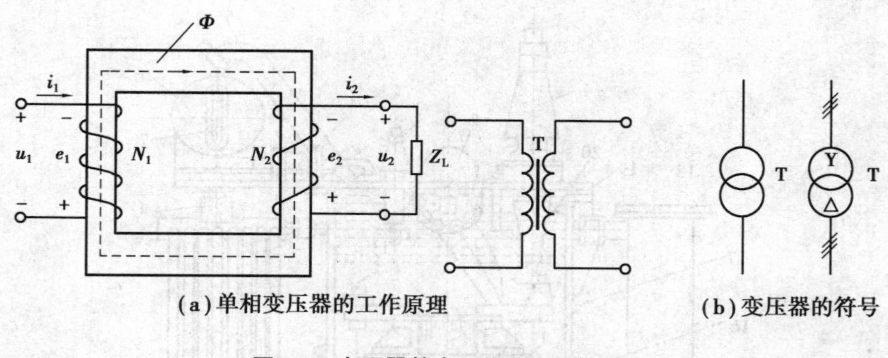

(a)单相变压器的工作原理

(b)变压器的符号

图1.1 变压器基本工作原理及符号图

$$e_1 = -N_1 \frac{\mathrm{d}\Phi}{\mathrm{d}t}$$

$$e_2 = -N_2 \frac{\mathrm{d}\Phi}{\mathrm{d}t} \tag{1.1}$$

式中:N_1 为一次绕组匝数;N_2 为二次绕组匝数。

若把负载接于二次绕组,在电动势 e_2 的作用下,就能向负载输出电能,即电流将流过负载,实现了电能的传递。

由式(1.1)可知,一次、二次绕组感应电动势的大小正比于各自绕组的匝数,而绕组的感应电动势又近似等于各自的电压。因此,只要改变绕组的匝数比,就能达到改变电压的目的,这就是变压器的变压原理。

2)油浸式变压器的结构

变压器的结构主要与它的类型、容量和冷却方式等有关。目前使用最广泛的油浸式电力变压器,其最基本的结构包括磁路部分和电路部分,具体包括铁芯、绕组、油箱、冷却装置、套管、保护装置和分接开关等,如图1.2所示为三相油浸式电力变压器的结构。其中,铁芯和绕组是变压器通过电磁感应进行能量传递的部分,称为变压器的器身;油箱用于装油,同时起机械支撑、散热和保护器身的作用;变压器油起绝缘作用,同时也起冷却作用;套管的作用是使变压器引线与油箱绝缘;保护装置则起保护变压器的作用。

(1)铁芯

铁芯是变压器的磁路部分,是变压器的机械骨架,它分为铁芯柱和铁轭两部分。铁芯柱上套变压器绕组,铁轭将铁芯柱连接起来构成闭合磁路。对铁芯的要求是导磁性能要好,磁滞损耗和涡流损耗要尽量小,因此均采用0.35 mm厚、表面涂有绝缘漆的冷轧硅钢片叠成,如图1.3所示。为了进一步降低空载电流和损耗,铁芯叠片采用全斜接缝,上层(每层2~3片)叠片与下层叠片接缝错开,如图1.4所示。

根据变压器铁芯结构的不同,变压器可分为芯式变压器和壳式变压器两类。芯式变压器是在两侧的铁芯柱上放置绕组,形成绕组包围铁芯的形式,如图1.5所示。芯式变压器结构简单,绕组的装配及绝缘也较容易,国产电力变压器常采用此结构。壳式变压器是在中间的铁芯柱上放置绕组,形成铁芯包围绕组的形式,如图1.6所示。壳式变压器的机械强度好,但制造复杂,铁芯材料消耗多,只在一些特殊变压器中采用。

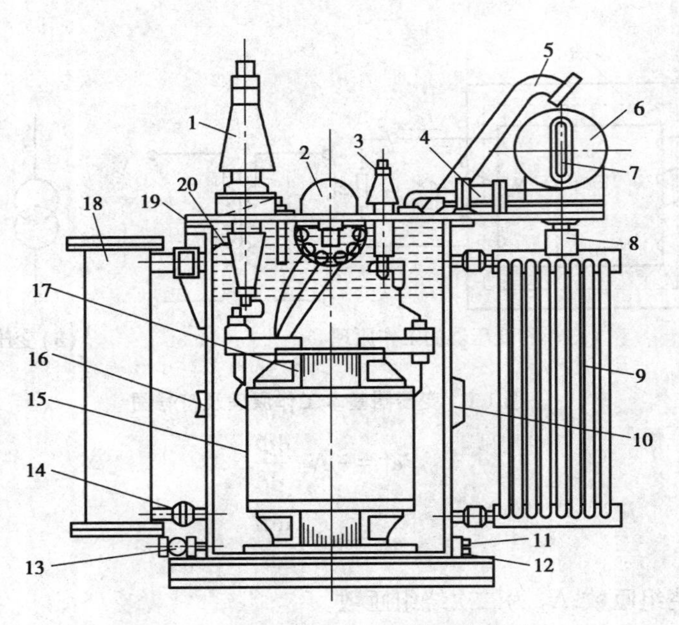

图 1.2　三相油浸式电力变压器结构图

1—高压套管;2—分接开关;3—低压套管;4—气体继电器;5—防爆管;
6—储油柜;7—油位表;8—呼吸器;9—散热器;10—铭牌;11—接地螺栓;
12—油样阀门;13—放油阀门;14—蝶阀;15—线圈;16—信号温度计;
17—铁芯;18—净油器;19—油箱;20—变压器油

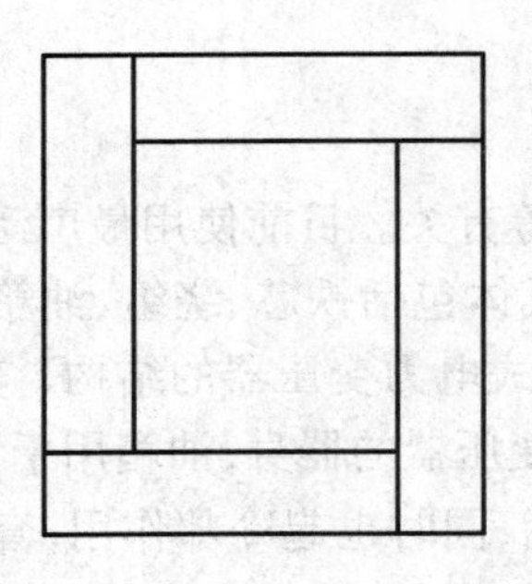

图 1.3　单相铁芯叠片

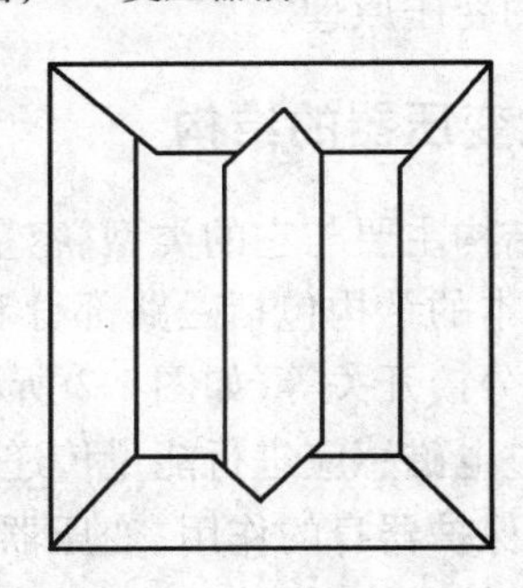

图 1.4　三相铁芯叠片

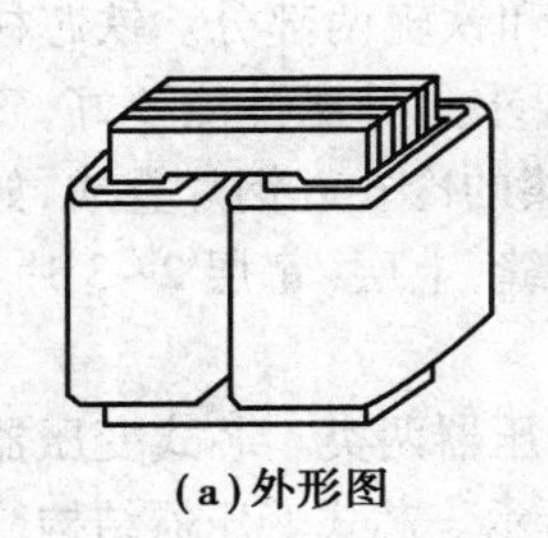

(a)外形图

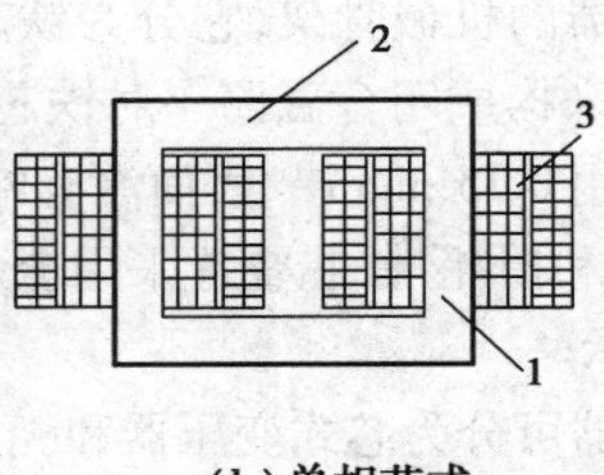

(b)单相芯式

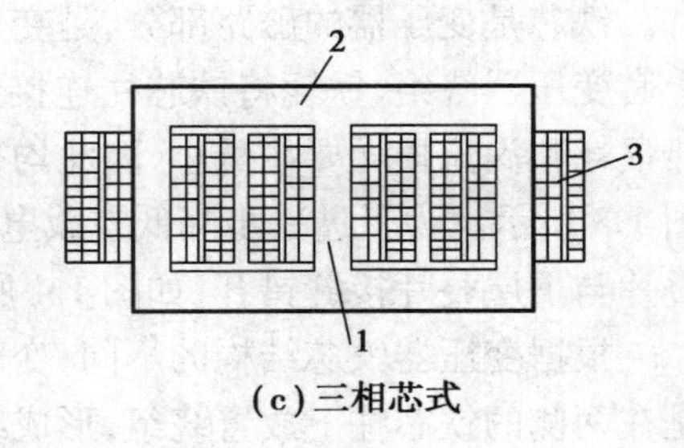

(c)三相芯式

图 1.5　芯式变压器

1—铁芯柱;2—铁轭;3—绕组

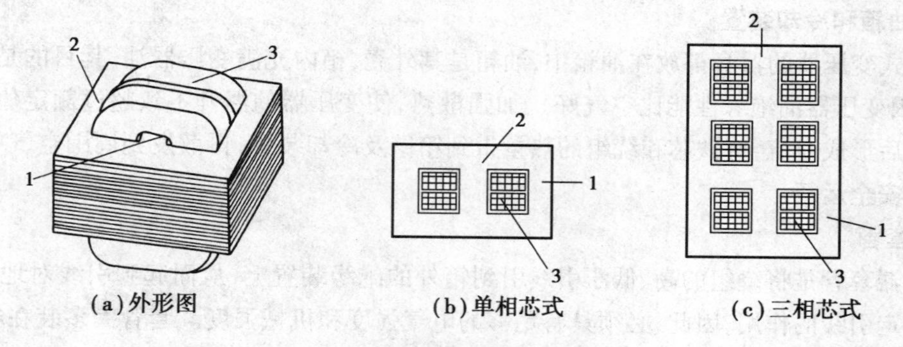

图1.6　壳式变压器

1—铁芯柱;2—铁轭　;3—绕组

(2)绕组

变压器的线圈称为绕组,它是变压器建立磁场、输入和输出电能的电路部分,由包有绝缘材料的铜或铝导线绕制而成。

在变压器中,接到高压电网的绕组称为高压绕组,接到低压电网的绕组称为低压绕组。为了便于与铁芯绝缘,装配时低压绕组靠着铁芯,高压绕组套在低压绕组外面,中间用绝缘纸筒隔开。高、低压绕组间设置有油道或气道,以加强绝缘和散热。

按高压绕组和低压绕组的相互位置和形状不同,绕组可分为同心式和交迭式两种。

①同心式绕组

同心式绕组是将高、低压绕组同心地套在铁芯柱上,如图1.7(a)所示。小容量单相变压器一般用这种结构,通常是接电源的一次绕组绕在里层,绕完后包上绝缘材料再绕二次绕组,一次、二次绕组呈同心式结构。同心式绕组的结构简单、制造容易,国产电力变压器基本上都采用这种结构。同心式绕组按其绕制方法的不同又分为圆筒式、螺旋式和连续式等。

②交迭式绕组

交迭式绕组是将高、低压绕组交替地套在铁芯柱上。为了方便绝缘,一般最上层和最下层安放低压绕组,如图1.7(b)所示。交迭式绕组的主要优点是漏抗小、机械强度好,引线方便,主要用在电炉和电焊等特殊用途变压器中。

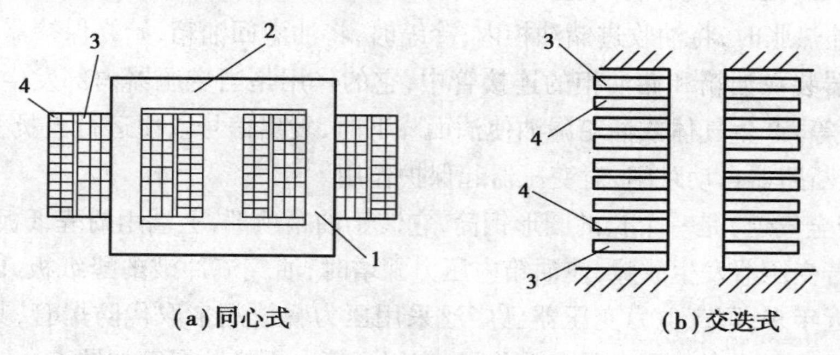

图1.7　变压器绕组

1—铁芯柱;2—铁轭;3—低压绕组;4—高压绕组

(3)油箱和冷却装置

油浸式变压器的器身都放在油箱中,油箱是其外壳,箱内充满变压器油,其目的是提高绝缘强度(因变压器油绝缘性能比空气好)、加强散热,使变压器的温升不致超过额定值。变压器油受热后形成对流,将铁芯和绕组的热量带到箱壁及冷却装置,再散发到周围空气中,以保证变压器安全运行。

(4)套管

变压器套管是将绕组的高、低压引线引到箱外的绝缘装置上,从而起到引线对地(外壳)绝缘和固定引线的作用,因此,必须具有足够的电气强度和机械强度。套管大多装在箱盖上,中间穿有导电杆,套管下端伸进油箱与绕组引线相连,套管上部露出箱外,与外电路连接。套管一般是瓷质材料,为了增加爬电距离,套管外形做成多级伞形,10~35 kV 套管采用充油结构,如图 1.8 所示。变压器的套管具有体积小、质量轻、通风性强、密封性能好和便于维护检修的特点。

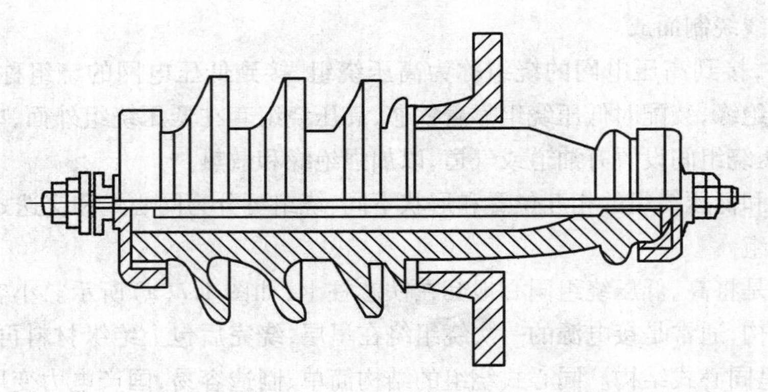

图 1.8　35 kV 套管

(5)保护装置

变压器的保护装置包括储油柜、气体继电器、防爆管、吸湿器、净油器、温度计、事故排油阀门和油标等。

储油柜(油枕)是一种油保护装置,一般装在变压器油箱的上面,其底部由油管与油箱相通。当变压器油热胀时,将油收进储油柜内;冷缩时,将油灌回油箱,始终保持器身浸在油内。

气体继电器装在油箱和储油柜的连接管中,它的作用是当变压器内部发生故障(如绝缘击穿、匝间短路等)产生气体或油箱漏油使油面降低时,发出信号以便运行人员及时处理。若事故严重,可使断路器自动跳闸,对变压器起保护作用。

防爆管(安全气道)是一个长的圆形钢筒,它装于油箱顶部,上端用酚醛纸板密封,下端口与油箱连通。若变压器发生故障,使油箱内压力骤增时,油气流冲破酚醛纸板,以免造成变压器箱体爆裂。近年来,国产电力变压器已广泛采用压力释放阀来取代防爆管,其优点是动作精度高,延时时间短,能自动开启及自动关闭,克服了停电更换防爆管的缺点。

吸湿器,通过其可使大气与储油柜连通,当变压器油因热胀冷缩而使油面高度发生变化时,气体将通过吸湿器进出。吸湿器内装有硅胶或活性氧化铝,用以吸收进入储油柜中空气的水分。

净油器是利用油的自然循环,使油通过吸附剂进行过滤,以改善运行中变压器油的性能。

温度计由温包、导管和压力计组成,将温包插入箱盖上注有油的安装座中,使油的温度能均匀地传到温包,温包中的气体随温度变化而膨胀,产生压力,使压力计指针转动,指示温度。

(6)分接开关

分接开关是为了使配电系统得到稳定的电压,必要时需要利用变压器进行调压。变压器是在高压侧绕组上设置分接开关,用以改变线圈匝数,从而改变变压器的变比,进行电压调整。分接开关分为无载调压和有载调压两种,无载调压分接开关一般有3~5个分头位置,中间分头为额定电压位置,相邻分头相差±5%;有载调压分接开关的分头一般为额定电压±4×2.5%,相邻分头相差±2.5%。

3)干式变压器

城市轨道交通供电系统中,由于地下变电所安全防火等级要求较高、空间较小等原因,用于降压变电所的配电变压器和用于牵引变电所整流机组的降压变压器都采用干式变压器。干式变压器的铁芯和绕组都不浸入任何绝缘液体中,器身直接暴露在空气中,其外形结构如图1.9所示。

图1.9 10 kV干式变压器的外形

1—低压接线端子;2—温控仪;3—高压接线端子;4—冷却风机;
5—无载分接开关;6—环氧树脂浇注的高、低压绕组;7—铁芯

(1)干式变压器的结构

①铁芯:由铁芯柱,上、下铁轭,上、下夹件,穿心螺杆,拉板组成。

②绕组:由高、低压绕组,上、下垫块,高、低压绝缘子组成。

③部件:由调压分接开关,高压引线、低压出线铜排组成。

④附件:温度控制器。

(2)干式变压器的种类

①浸渍空气绝缘干式变压器:目前使用很少,其绕组导线绝缘,绝缘材料根据需要选用不

同耐热等级的材料，制成 B 级、F 级和 H 级干式变压器。

②环氧树脂浇注干式变压器：采用的绝缘材料有聚酯树脂和环氧树脂，浇注绝缘干式变压器的绕组大多用环氧树脂浇注包封起来，其绕组不易受潮、维护方便、占地体积小，在城市轨道交通变电所中得到了较广泛的应用。

③绕包绝缘干式变压器：是树脂绝缘的一种，目前生产厂家较少。

④复合式绝缘干式变压器

a.高压绕组采用浇注式，低压绕组采用浸渍式绝缘。

b.高压绕组采用浇注式，低压绕组采用铜箔、铝箔绕制的箔式绕组。

(3)油浸式变压器与干式变压器的区别

油浸式变压器和干式变压器的结构类似，即它们最基本的结构是磁路部分和电路部分。区别在于冷却介质不同，前者是以变压器油作为冷却及绝缘介质，后者是以空气作为冷却介质，依靠空气对流进行冷却。干式变压器具有无油化的特点，在电压等级较低和容量较小的条件下，得到了广泛的应用。

干式变压器和油浸式变压器相比，其工作原理相同，但存在以下区别：

①外观。由于封装形式的不同，干式变压器能直接看到铁芯和线圈，而油浸式变压器只能看到变压器的外壳。

②引线形式。干式变压器大多使用硅橡胶套管，而油浸式变压器大部分使用瓷套管。

③容量及电压。干式变压器一般用于配电系统，容量大多在 1 600 kV · A 以下，电压在 10 kV 以下，也有个别为 35 kV 电压等级。油浸式变压器却可以做到全部容量，电压等级也可以做到所有电压等级。

④绝缘和散热。干式变压器一般用树脂绝缘，靠自然风冷却，大容量靠风机冷却。油浸式变压器靠绝缘油在变压器内的流动，将线圈产生的热量带到变压器的散热器上进行散热。

⑤适用场所。干式变压器大多应用在需要防火、防爆的场所。油浸式变压器由于"出事"后可能有油喷出或泄漏造成火灾，大多应用在室外，且场地需要挖设事故油池的场所。

⑥对负荷的承受能力。一般干式变压器应在额定容量下运行，而油浸式变压器过载能力比较强。

⑦造价不一样。同容量变压器，干式变压器的价格比油浸式变压器的价格高很多。

课题 3　变压器的铭牌和故障处理

1)铭牌

每台变压器都有一块铭牌，铭牌上有标志型号和主要参数，是生产厂家设计制造变压器和用户安全合理地选用变压器的依据，图 1.10 所示。

图 1.10 所示的变压器是配电站用的降压变压器，将 10 kV 的高压降为 400 V 的低压，供三相负载使用，铭牌中的主要参数说明如下：

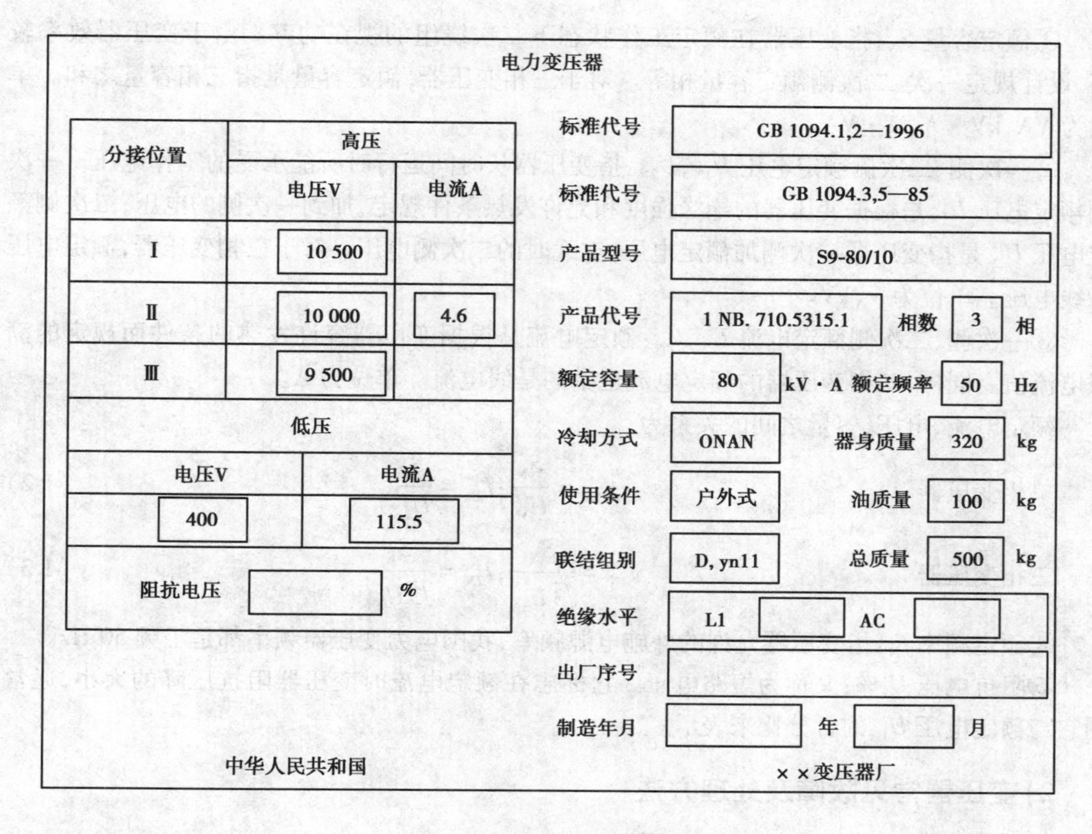

图 1.10　电力变压器铭牌

(1)型号

电力变压器的型号为:[1][2][3][4][5][6]-[7]/[8]

其代表意义为:

[1]变压器相数:D—单相;S—三相

[2]绝缘代号:C—成型固体;G—干式;油浸式(省略)

[3]冷却方式:F—油浸风冷;P—强迫油循环;G—干式空气自冷;C—干式浇注绝缘;自冷式(省略)

[4]调压方式:Z—有载调压;无励磁调压(省略)

[5]绕组线芯材料:L—铝;LB—铝箔;B—铜箔;铜(省略)

[6]设计序号

[7]额定容量:单位为 kV · A

[8]高压绕组电压等级:单位为 kV

例如,S9-80/10 表示三相油浸自冷式铜线电力变压器,额定容量为 80 kV · A,高压侧为 10 kV,设计序号为 9。

(2)额定值

变压器的额定值是制造厂家根据设计或试验数据,对变压器正常运行状态所作的规定值,变压器主要包括以下几个额定值:

①额定容量 S_N：指变压器在额定工作状态下二次绕组的视在功率。由于变压器效率较高，设计规定一次、二次侧额定容量相等。对于三相变压器，额定容量是指三相容量之和。单位为 VA，kV·A，M·VA。

②一次侧、二次侧额定电压 U_{1N}，U_{2N}：指变压器长时间运行时所能承受的工作电压。一次侧额定电压 U_{1N}是根据变压器的绝缘强度和允许发热条件规定，加到一次侧的电压；二次侧额定电压 U_{2N}是指变压器一次侧加额定电压，空载时的二次侧电压。对于三相变压器，额定电压指线电压。单位为 V，kV。

③一次侧、二次侧额定电流 I_{1N}，I_{2N}：额定电流是根据变压器容许发热的条件而规定的满载电流值。同样，三相变压器的额定电流也指的是线电流。单位为 A。

额定电流、电压、容量之间的关系为

单相变压器
$$I_{1N} = \frac{S_N}{U_{1N}};I_{2N} = \frac{S_N}{U_{2N}} \tag{1.2}$$

三相变压器
$$I_{1N} = \frac{S_N}{\sqrt{3}\,U_{1N}};I_{2N} = \frac{S_N}{\sqrt{3}\,U_{2N}} \tag{1.3}$$

④额定频率 f_N：指变压器允许的外施电源频率，我国电力变压器频率都是工频 50 Hz。

⑤阻抗电压 $U_k\%$：又称为短路电压。它标志在额定电流时变压器阻抗压降的大小，通常用它与额定电压 U_{1N}的百分比来表示。

2）变压器常见故障及处理方法

（1）声音异常

变压器正常运行时，铁芯振动而发出清晰有规律的“嗡嗡”声。但当变压器负荷有变化或变压器本身发生异常及故障时，将产生异常声响。

（2）变压器油温过高

变压器上层油温超过允许温度，可能是变压器过负荷、散热不好或内部故障。油温过高会损坏变压器的绝缘，甚至会烧毁变压器。因此，一旦发现变压器油温过高，应及时查明原因并采取相应措施。

（3）油位显著下降

正常时的油位上升或下降是由温度变化造成的，变化不会太大。当油位下降显著，甚至从油位计中看不见油位，则可能是因为变压器漏油、渗油，变压器油箱损坏，放油阀门没有拧紧，变压器顶盖没有盖严，油位计损坏等原因造成。

（4）油色异常，有焦臭味

新的变压器油呈微透明的淡黄色，运行一段时间后油色会变为浅红色。如油色变暗，说明变压器的绝缘老化；如油色变黑甚至有焦臭味，说明变压器内部有故障（如铁芯局部烧毁、绕组相间短路等），这将会导致严重后果，应将变压器停止运行进行检修，并对变压器油进行处理或换成合格的新油。

（5）套管对地放电

套管表面不清洁或有裂纹和破损时，会造成套管表面存在泄漏电流，发出“吱吱”的闪络声,阴雨大雾天还会发出“噼噼”放电声,极易引起对地放电并击穿套管,造成变压器引出线一相接地。因此,发现套管对地放电时,应将变压器停止运行并更换套管。若套管之间接有导电的杂物,也会造成套管间放电,应注意及时清理。

(6)变压器着火

变压器在运行中发生火灾的主要原因有铁芯穿心螺栓绝缘损坏、铁芯硅钢片绝缘损坏、高压或低压绕组层间短路、引出线混线、引线碰油箱及过负荷等。

当变压器着火时,应首先切断电源,然后灭火。若是变压器顶盖上部着火,应立即打开下部放油阀,将油放至着火点以下或全部放出,同时用不导电的灭火器(如四氯化碳、二氧化碳、干粉灭火器等)或干燥的沙子灭火,严禁用水或其他导电的灭火器灭火。

思考题与习题

1-1　变压器的分类方法有哪些?

1-2　油浸式变压器由哪几个部分组成?各部件的功能是什么?

1-3　变压器铁芯的分类有哪些?为什么要用厚0.35 mm、表面涂绝缘漆的冷轧硅钢片制造铁芯?

1-4　为什么油浸式变压器的铁芯和绕组通常要浸在变压器油中?

1-5　干式变压器和油浸式变压器有哪些区别?

1-6　电力变压器的型号由哪些部分组成?每一位的含义是什么?

1-7　一台三相双绕组变压器,额定容量 $S_N = 750\ \text{kV} \cdot \text{A}$,$U_{1N}/U_{2N} = 6\ 000/400\ \text{V}$,求变压器一次和二次绕组的额定电流。

项目 2 变压器的运行

【学习目标与任务】

学习目标:1.熟悉变压器的空载运行和负载运行的电磁关系、电压平衡方程式和绕组折算。

2.掌握变压器等效电路的计算方法,并利用标幺值进行变压器电路参数的计算。

学习任务:1.能正确测定变压器的励磁参数和短路参数。

2.具有分析三相变压器联结组别的能力。

课题 1　变压器的空载运行

从本节开始介绍变压器的运行原理及特性,它是分析变压器的理论基础。虽然介绍的是单相变压器,但分析研究所得结论同样适用于三相变压器的对称运行。

1)空载运行时的电磁关系

(1)空载运行时的物理情况

如图 2.1 所示,变压器的一次绕组 $U1U2$ 接在交流电源上、二次绕组 $u1u2$ 开路,此运行状态称为变压器的空载运行。

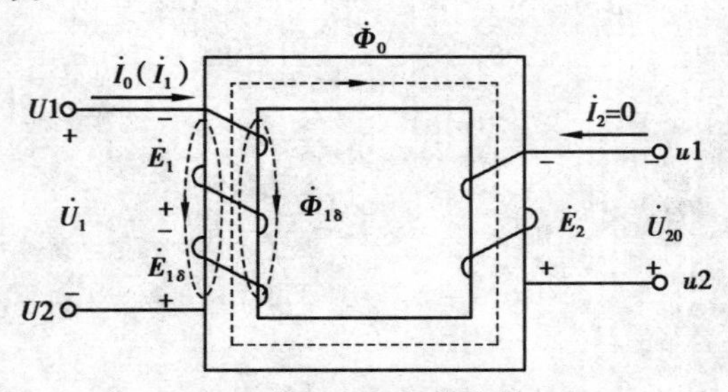

图 2.1　单相变压器的空载运行

当一次侧接入交流电压$\dot{U}_1$时，一次绕组中就有一个交变电流$\dot{I}_0$流过。由于变压器为空载运行，$\dot{I}_2=0$，此时一次绕组中的电流为空载电流$\dot{I}_0$，由空载电流$\dot{I}_0$在一次绕组中建立空载磁动势$\dot{F}_0=N_1\dot{I}_0$，它建立交变的空载磁场。通常将磁通等效地分成主磁通和漏磁通两种。

主磁通$\dot{\Phi}_0$：其磁力线沿铁芯闭合，同时与一次、二次绕组相交链，并产生感应电动势$\dot{E}_1$和$\dot{E}_2$。如果二次绕组与负载接通，则在电动势作用下向负载输出电功率。由于铁磁材料存在饱和现象，主磁通Φ_0与I_0呈非线性关系。

漏磁通$\dot{\Phi}_{1\delta}$：其磁力线主要沿非铁磁材料（油或空气）闭合，仅与一次绕组相交链，不参与能量传递，$\Phi_{1\delta}$与I_0呈线性关系。漏磁通在一次绕组中感应一次漏电动势$\dot{E}_{1\delta}$。

由于铁芯的磁导率远大于空气，故主磁通远大于漏磁通（为主磁通的0.25%左右）。主磁通同时交链着一次绕组和二次绕组，因此在变压器中，从一次侧到二次侧的能量传递过程依靠主磁通作为媒介来实现。

(2)感应电动势分析

①主磁通的感应电动势

在图2.1所示的假定正方向下，设主磁通按正弦规律变化，即

$$\Phi_0=\Phi_m\sin\omega t \tag{2.1}$$

式中：Φ_m表示主磁通的最大值，Wb；$\omega=2\pi f$为磁通变化的角频率。

根据电磁感应定律，主磁通在一次绕组（匝数N_1）、二次绕组（匝数N_2）中感应电动势的瞬时值e_1和e_2为

$$e_1=-N_1\frac{\mathrm{d}\Phi_0}{\mathrm{d}t}=-N_1\omega\Phi_m\cos\omega t=2\pi fN_1\Phi_m\sin(\omega t-90°)=E_{1m}\sin(\omega t-90°) \tag{2.2}$$

$$e_2=-N_2\frac{\mathrm{d}\Phi_0}{\mathrm{d}t}=-N_2\omega\Phi_m\cos\omega t=2\pi fN_2\Phi_m\sin(\omega t-90°)=E_{2m}\sin(\omega t-90°) \tag{2.3}$$

由式(2.2)和式(2.3)可知，一次、二次绕组感应电动势的大小与电源频率、绕组匝数及主磁通的最大值成正比，且在相位上滞后主磁通90°。

感应电动势对应的有效值分别为

$$E_1=\frac{E_{1m}}{\sqrt{2}}=\frac{2\pi fN_1\Phi_m}{\sqrt{2}}=4.44fN_1\Phi_m \tag{2.4}$$

$$E_2=\frac{E_{2m}}{\sqrt{2}}=\frac{2\pi fN_2\Phi_m}{\sqrt{2}}=4.44fN_2\Phi_m \tag{2.5}$$

其对应的相量表达式为

$$\dot{E}_1=-j4.44fN_1\dot{\Phi}_m \tag{2.6}$$

$$\dot{E}_2=-j4.44fN_2\dot{\Phi}_m \tag{2.7}$$

②漏磁通的感应电动势

变压器一次绕组的漏磁通$\dot{\Phi}_{1\delta}$在一次绕组中感应漏电动势$\dot{E}_{1\delta}$，根据前面的分析，同样可

得出

$$\dot{E}_{1\delta} = -\mathrm{j}\frac{2\pi}{\sqrt{2}}fN_1\dot{\Phi}_{1\delta m} = -\mathrm{j}\frac{2\pi}{\sqrt{2}}f\frac{N_1\dot{\Phi}_{1\delta m}}{\dot{I}_0}\dot{I}_0 = -\mathrm{j}2\pi fL_{1\delta}\dot{I}_0 = -\mathrm{j}X_1\dot{I}_0 \tag{2.8}$$

式中：$\dot{\Phi}_{1\delta m}$为一次漏磁通最大值；$L_{1\delta}=\frac{N_1\dot{\Phi}_{1\delta}}{I_0}$为一次绕组的漏感系数，对于已制成的变压器，漏感系数为常数；$X_1=2\pi fL_{1\delta}$为一次绕组漏电抗，由于漏磁通主要经过非铁磁路径，其磁路不饱和，故磁阻很大且为常数，因此，漏电抗很小且为常数，它不随电源电压及负载情况而变。

式(2.8)表明，漏电动势$\dot{E}_{1\delta}$和空载电流成正比，在相位上滞后90°。在电路中，漏电动势$\dot{E}_{1\delta}$可以用一次绕组漏电抗X_1的压降$-\mathrm{j}X_1\dot{I}_0$来替代。由于漏磁通只占主磁通很小一部分，因此，相应的漏电抗和漏电动势也很小。

2)空载电流和空载损耗

(1)空载电流的作用与组成

变压器的空载电流$\dot{I}_0$包含两个分量：一个是励磁分量，其作用是建立主磁通$\dot{\Phi}_0$，其相位与主磁通$\dot{\Phi}_0$相同，是一个无功电流，用$\dot{I}_{0r}$表示；另一个是铁损耗分量，其作用是供给因主磁通在铁芯中交变时，而产生的磁滞损耗和涡流损耗(统称为铁损耗)，此电流是一个有功分量，用$\dot{I}_{0\alpha}$表示。故空载电流$\dot{I}_0$可写成

$$\dot{I}_0 = \dot{I}_{0r} + \dot{I}_{0\alpha} \tag{2.9}$$

(2)空载电流的性质和大小

电力变压器空载电流的无功分量总是远大于有功分量，故空载电流可近似认为是感性无功性质的，即$\dot{I}_{0r}\gg\dot{I}_{0\alpha}$，当忽略$\dot{I}_{0\alpha}$时，则

$$\dot{I}_0 \approx \dot{I}_{0r} \tag{2.10}$$

故有时把空载电流近似称为励磁电流。

空载电流越小越好，其大小常用百分值$I_0\%$表示，即

$$I_0\% = \frac{I_0}{I_N}\times 100\% \tag{2.11}$$

由于采用导磁性能良好的硅钢片，一般的电力变压器，$I_0\%=2\%\sim10\%$。变压器容量越大，I_0相对较小，大型变压器的$I_0\%$在1%以下。

(3)空载损耗

变压器空载运行时，其一次侧从电网中吸收少量的有功功率P_0，这个功率主要用来供给铁芯中的铁损耗以及少量的铜损耗$R_1I_0^2$，由于R_1和I_0均很小，故铜损耗$R_1I_0^2$可以忽略，因此，空载损耗近似等于变压器的铁损耗。空载损耗越小，说明变压器的铁芯和绕组的质量越好，可以通过空载试验来检查铁芯的质量和绕组的匝数是否恰当，以及是否有匝间短路等。

空载损耗占额定容量的0.2%~1%，而且随着变压器容量的增大而下降。为减少空载

损耗,改进设计的方向是采用优质硅钢片、激光化硅钢片或应用非晶态合金等优质铁磁材料。

3)空载时的电动势平衡方程和变比

(1)电动势平衡方程

①一次侧电动势平衡方程

在正弦稳态下,根据基尔霍夫第二定律,由图 2.1 可得

$$\dot{U}_1 = -\dot{E}_1 - \dot{E}_{1\delta} + R_1\dot{I}_0 = -\dot{E}_1 + R_1\dot{I}_0 + jX_1\dot{I}_0 = -\dot{E}_1 + Z_1\dot{I}_0 \tag{2.12}$$

式中:$Z_1=R_1+jX_1$,为一次绕组的漏阻抗,是一个常数。

②二次侧电动势平衡方程

由于二次侧电流$\dot{I}_2=0$,故由基尔霍夫第二定律可得

$$\dot{U}_{20} = \dot{E}_2 \tag{2.13}$$

式中:$\dot{U}_{20}$为二次侧空载电压,即开路电压。

式(2.13)说明变压器空载时二次侧电压与二次绕组电动势相平衡。

(2)变比

在变压器中,一次绕组的电动势 E_1 与二次绕组的电动势 E_2 之比称为变压器的变比,用 k 表示,这是变压器中最重要的参数之一。

$$k = \frac{E_1}{E_2} = \frac{N_1}{N_2} \tag{2.14}$$

当变压器空载运行时,由于空载电流 I_0 很小,故在一次绕组中产生的压降可以忽略不计,外加电源电压$\dot{U}_1$ 与一侧绕组中的感应电动势$\dot{E}_1$ 近似相等,即

$$\dot{U}_1 \approx \dot{E}_1 \tag{2.15}$$

式(2.14)可表示为

$$k = \frac{E_1}{E_2} = \frac{N_1}{N_2} \approx \frac{U_1}{U_{20}} \tag{2.16}$$

由式(2.16)可知,变压器一次、二次绕组中的电压与一次、二次绕组匝数成正比,即变压器具有变换电压的作用。

对于三相变压器,变比指一次绕组与二次绕组的相电动势之比,近似为一次、二次侧额定相电压之比。

4)空载时的等效电路

在变压器中,由于存在电与磁之间相互关系的问题,给变压器的分析、计算带来了很大的麻烦。如果将电与磁的相互关系用纯电路的形式“等效”地表示出来,就可以简化变压器的分析和计算,这就引出了等效电路的目的。

由于漏磁通产生的漏电动势 $E_{1\delta}$,其作用可看作是空载电流 I_0 流过漏电抗 X_1 时所产生的

压降(式 2.8)。仿照对漏磁通的处理方法,由主磁通产生的感应电动势 E_1,其作用也可类似地看作是空载电流 I_0 流过电路中某一元件时所产生的压降,设该电路元件的阻抗参数为 Z_m,它将$\dot{E}_1$ 和$\dot{I}_0$ 联系起来,此时,$-\dot{E}_1$ 可看作空载电流$\dot{I}_0$ 在 Z_m 上的阻抗压降,即

$$-\dot{E}_1 = \dot{I}_0 Z_m \tag{2.17}$$

式中:$Z_m = R_m + jX_m$,称为变压器的励磁阻抗,是表征铁芯损耗和磁化性能的一个等效参数,Ω;R_m 为励磁电阻,是对应铁芯损耗的等效电阻,Ω;X_m 为励磁电抗,表征对应于主磁通的电抗,它是表征铁芯磁化性能的一个参数,Ω。

R_m,X_m 都不是常数,随铁芯饱和程度变化。当电压升高时,铁芯更加饱和,根据铁芯磁化曲线可知,I_0 比 Φ_m 增加得快,而 Φ_m 近似与外施电压 U_1 成正比,故 I_0 比 U_1 增加得快,因此 R_m,X_m 都随外施电压的增加而减小。实际上,当变压器接入的电网电压在额定值附近变化不大时,可认为 Z_m 是个常数。由式(2.12)和式(2.17)可得到用 Z_m、Z_1 表示的电压平衡方程式为

$$\dot{U}_1 = -\dot{E}_1 + Z_1\dot{I}_0 = \dot{I}_0 Z_m + \dot{I}_0 Z_1 = (R_m + jX_m + R_1 + jX_1)\dot{I}_0 \tag{2.18}$$

可得到与式(2.18)对应的等效电路,如图 2.2 所示。等效电路表明,空载变压器可以看作是两个电抗线圈串联的电路。其中一个是没有铁芯的线圈,其阻抗为 $Z_1 = R_1 + jX_1$;另一个是带有铁芯的线圈,其阻抗为 $Z_m = R_m + jX_m$。对于电力变压器,由于 $R_1 \ll R_m$,$X_1 \ll X_m$,故有时把一次绕组漏阻抗 Z_1 忽略不计,则变压器空载时等效电路就成为只有一个励磁阻抗 Z_m 元件的电路了。在外施电压一定时,变压器空载电流的大小主要取决于励磁阻抗的大小。从变压器运行的角度来看,希望空载电流越小越好,因此,变压器采用高磁导率的铁磁材料,以增大励磁阻抗,减小空载电流,这样就提高了变压器运行效率和功率因数。

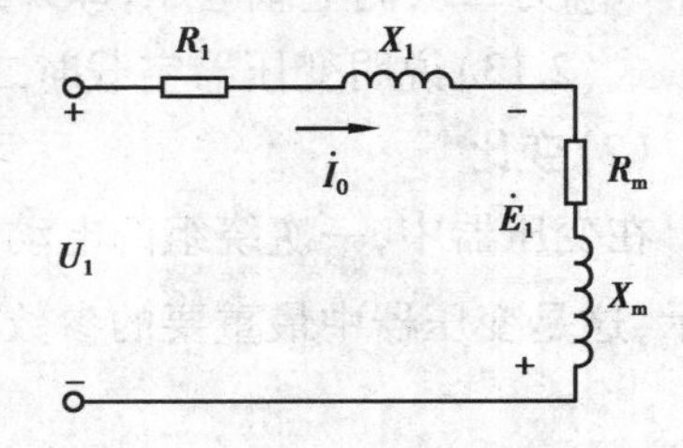

图 2.2　变压器空载时的等效电路图

课题 2　变压器的负载运行

如图 2.3 所示,变压器二次绕组接有负载阻抗 Z_L($Z_L = R_L + jX_L$),即变压器投入了负载运行。负载端电压为$\dot{U}_2$,电流为$\dot{I}_2$,一次绕组电流为$\dot{I}_1$,电能就从变压器的一次侧传递到二次侧。

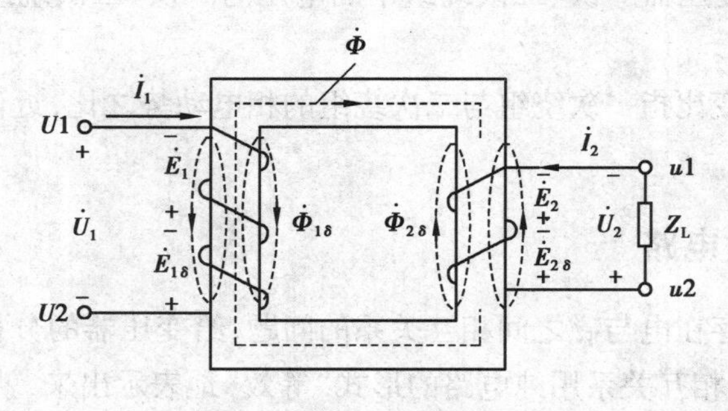

图 2.3　变压器的负载运行

1)变压器负载运行时的电磁关系

变压器空载运行时一次绕组由空载电流$\dot{I}_0$建立了空载时的主磁通,当二次绕组接上负载阻抗时,在$\dot{E}_2$的作用下,二次绕组流过负载电流$\dot{I}_2$,产生二次绕组磁动势$\dot{F}_2=N_2\dot{I}_2$,作用于主磁通的铁芯上。根据楞次定律,该磁动势力图削弱空载时的主磁通,引起$\dot{E}_1$的减小。由于电源电压$\dot{U}_1$不变,因此$\dot{E}_1$的减小会导致一次电流的增加,即由空载电流$\dot{I}_0$变为负载时电流$\dot{I}_1$,其增加的磁动势用以抵消$\dot{F}_2$对空载主磁通的去磁影响,使负载时的主磁通$\dot{\Phi}$基本回升至原来空载时的数值,使得电磁关系达到新的平衡。因此,负载时的主磁通由一次、二次绕组的磁动势共同建立。

2)磁动势平衡方程式

变压器空载时,由一次绕组中磁动势$\dot{F}_0$产生主磁通,负载时产生主磁通的磁动势为一次、二次绕组的合成磁动势$\dot{F}_1+\dot{F}_2$。由于变压器主磁通的大小取决于电源电压$\dot{U}_1$,只要$\dot{U}_1$保持不变,变压器由空载到负载其主磁通Φ基本保持不变(严格来说,空载和负载时的主磁通略有差异),因此,负载时产生主磁通所需的合成磁动势与空载时所需的励磁磁动势近似相等,即磁动势平衡方程为

$$\left.\begin{aligned}\dot{F}_1+\dot{F}_2&=\dot{F}_0\\ N_1\dot{I}_1+N_2\dot{I}_2&=N_1\dot{I}_0\end{aligned}\right\}\tag{2.19}$$

式中:$\dot{F}_1$为一次绕组磁动势;$\dot{F}_2$为二次绕组磁动势;$\dot{F}_0$为产生主磁通的合成磁动势,由于负载时励磁电流由一次侧供给,故$\dot{F}_0=N_1\dot{I}_0$。

将式(2.19)两边同除以N_1得

$$\dot{I}_1+\frac{N_2}{N_1}\dot{I}_2=\dot{I}_0$$

或

$$\dot{I}_1=\dot{I}_0+\frac{-\dot{I}_2}{k}=\dot{I}_0+\dot{I}_{1L}\tag{2.20}$$

式中:$\dot{I}_{1L}=-\dfrac{\dot{I}_2}{k}$,为一次绕组的负载分量电流。

式(2.20)表示,在负载运行时,变压器一次侧电流$\dot{I}_1$有两个分量:一个是励磁电流$\dot{I}_0$,用于建立变压器负载时铁芯中的主磁通$\dot{\Phi}$;另一个是负载分量电流$\dot{I}_{1L}$,用于建立磁动势$N_1\dot{I}_{1L}$去抵消二次侧磁动势$N_2\dot{I}_2$,保持主磁通基本不变,即

$$N_1\dot{I}_{1L}+N_2\dot{I}_2=0\tag{2.21}$$

显然$\dot{I}_{1L}$在负载时才有,故称为一次绕组的负载分量电流。这说明变压器负载运行时,通

过电磁感应关系，将一次、二次侧电流紧密联系起来，即二次侧电流增加或减少的同时必然引起一次侧电流的增加或减少。相应地，当二次侧绕组输出功率增加或减少时，一次侧从电网吸取的功率必然同时增加或减少，这就达到了变压器通过电磁感应传递能量的目的。

变压器负载运行时，由于空载电流$\dot{I}_0 \ll \dot{I}_1$，为方便分析问题，常忽略$\dot{I}_0$，式(2.20)则可近似表示为

$$\dot{I}_1 \approx -\frac{\dot{I}_2}{k}$$

或

$$\frac{I_1}{I_2} \approx \frac{1}{k} = \frac{N_2}{N_1} \tag{2.22}$$

式(2.22)表明，$\dot{I}_1$与$\dot{I}_2$相位上相差接近180°，并且变压器一次、二次绕组中电流的大小与绕组匝数成反比，可见两侧绕组匝数不同，不仅能变换电压，同时也能变换电流。

3)电动势平衡方程式

与空载时电动势平衡方程式一样，由图2.3并根据基尔霍夫第二定律，可得

一次侧：$$\dot{U}_1 = -\dot{E}_1 - \dot{E}_{1\delta} + R_1\dot{I}_1 = -\dot{E}_1 + (R_1 + \mathrm{j}X_1)\dot{I}_1 = -\dot{E}_1 + Z_1\dot{I}_1 \tag{2.23}$$

式中：$\dot{E}_{1\delta}$为一次绕组漏电动势，$\dot{E}_{1\delta} = -\mathrm{j}X_1\dot{I}_1$。

二次侧：$$\dot{U}_2 = \dot{E}_2 + \dot{E}_{2\delta} - R_2\dot{I}_2 = \dot{E}_2 - (R_2 + \mathrm{j}X_2)\dot{I}_2 = \dot{E}_2 - Z_2\dot{I}_2 \tag{2.24}$$

式中：$\dot{E}_{2\delta}$为二次绕组漏电动势，是二次侧电流$\dot{I}_2$产生的仅与二次绕组相交链的漏磁通$\dot{\Phi}_{2\delta}$在二次侧中的感应电动势，类似于$\dot{E}_{1\delta}$，它也可以看成一个漏抗压降，即

$$\dot{E}_{2\delta} = -\mathrm{j}2\pi f L_{2\delta}\dot{I}_2 = -\mathrm{j}X_2\dot{I}_2 \tag{2.25}$$

式中：$L_{2\delta}$为二次绕组的漏感系数，$X_2 = 2\pi f L_{2\delta}$，是对应二次绕组漏磁通的漏电抗；Z_2为二次绕组漏阻抗，$Z_2 = R_2 + \mathrm{j}X_2$。

变压器二次侧电压$\dot{U}_2$也可写成

$$\dot{U}_2 = Z_L\dot{I}_2 \tag{2.26}$$

式中：Z_L为负载阻抗。

综前所述，将变压器负载时的基本电磁关系归纳起来，可得以下基本方程式组

$$\left.\begin{aligned} &\dot{U}_1 = -\dot{E}_1 + \dot{I}_1 Z_1 \\ &\dot{U}_2 = \dot{E}_2 - \dot{I}_2 Z_2 \\ &\dot{I}_0 = \dot{I}_1 + \frac{1}{k}\dot{I}_2 \\ &\dot{E}_1 = -\dot{I}_0 Z_m \\ &\frac{\dot{E}_1}{\dot{E}_2} = k \\ &\dot{U}_2 = \dot{I}_2 Z_L \end{aligned}\right\} \tag{2.27}$$

4）变压器的等效电路

变压器的基本方程式反映了变压器内部的电磁关系，利用式（2.27）可以对变压器进行定量计算。例如，已知电源电压$\dot{U}_1$，变比 k 及阻抗 Z_1,Z_2,Z_m,Z_L，利用上述方程式组可求解出6个未知量：$\dot{I}_0,\dot{I}_1,\dot{I}_2,\dot{E}_1,\dot{E}_2,\dot{U}_2$。但联立方程的求解相当烦琐，并且由于电力变压器的变比 k 值较大，使得一次、二次侧的电压、电流、阻抗等数值的数量级相差很大，计算时精确度降低，也不便于比较。为此希望有一个既能正确反映变压器内部电磁过程，又便于工程计算的纯电路来代替既有电路关系的变压器，这种电路称为等效电路。要想得到这样一种等效电路，首先需要对变压器进行折算。

（1）折算

绕组折算通常是二次绕组折算到一次绕组，当然也可以相反。所谓把二次绕组折算到一次侧，就是用一个匝数为 N_1 的等效绕组，去替代原变压器匝数为 N_2 的二次绕组，折算后的变压器变比 $k=1$，从而可以把一次、二次两个分离的电路画在一起。

折算的目的在于简化变压器的计算，与此同时，需要对变压器二次侧的各电磁量作相应的变换，使折算前后变压器内部的电磁过程、能量传递完全等效。也就是说，从一次侧看进去，各物理量不变。因为变压器二次绕组是通过磁动势$\dot{F}_2$来影响一次侧的，只要保证$\dot{F}_2$不变，则铁芯中合成磁动势$\dot{F}_0$ 不变，主磁通$\dot{\Phi}$不变，$\dot{\Phi}$在一次绕组中感应的电动势$\dot{E}_1$不变，一次侧从电网吸收的电流、有功功率、无功功率不变，对电网等效。如果$\dot{E}_2,\dot{I}_2,R_2,X_2$ 分别表示折算前二次侧的电动势、电流、电阻、漏电抗，为了区别在折算后二次侧物理量的右上角加“′”，如$\dot{E}'_2$，$\dot{I}'_2,R'_2,X'_2$。

①二次侧电流的折算值

根据折算前后二次绕组磁动势$\dot{F}_2$ 不变的原则，有

则

$$\begin{cases} N_1\dot{I}'_2 = N_2\dot{I}_2 \\ \dot{I}'_2 = \dfrac{N_2}{N_1}\dot{I}_2 = \dfrac{\dot{I}_2}{k} \end{cases} \tag{2.28}$$

②二次侧电动势的折算值

由于折算前后主磁通和漏磁通均不改变，根据电动势与匝数成正比的关系，可得

$$\frac{\dot{E}'_2}{\dot{E}_2} = \frac{N'_2}{N_2} = \frac{N_1}{N_2} = k$$

则

$$\dot{E}'_2 = k\dot{E}_2 \tag{2.29}$$

同理

$$E'_{2\sigma} = k\dot{E}_{2\sigma} \tag{2.30}$$

③二次侧漏阻抗的折算值

折算前后二次绕组铜损耗应保持不变，便有

$$R_2' I_2'^2 = R_2 I_2^2$$

则

$$R_2' = R_2 \left(\frac{I_2}{I_2'} \right)^2 = k^2 R_2 \tag{2.31}$$

折算前后二次绕组漏磁无功损耗不变，有

$$X_2' I_2'^2 = X_2 I_2^2$$

则

$$X_2' = X_2 \left(\frac{I_2}{I_2'} \right)^2 = k^2 X_2 \tag{2.32}$$

④二次侧电压的折算值

$$\dot{U}_2' = \dot{E}_2' - Z_2' \dot{I}_2' = k \dot{E}_2 - k^2 Z_2 \frac{1}{k} \dot{I}_2 = k(\dot{E}_2 - Z_2 \dot{I}_2) = k \dot{U}_2 \tag{2.33}$$

⑤负载阻抗的折算值

因阻抗为电压与电流之比，便有

$$Z_L' = \frac{\dot{U}_2'}{\dot{I}_2'} = \frac{k \dot{U}_2}{\frac{1}{k} \dot{I}_2} = k^2 \frac{\dot{U}_2}{\dot{I}_2} = k^2 Z_{\mathrm{L}} \tag{2.34}$$

综上所述，把变压器二次侧折算到一次侧后，电动势和电压的折算值等于实际值乘以变比 k，电流的折算值等于实际值除以变比 k，而电阻、漏抗及阻抗的折算值等于实际值乘以 k^2。

折算以后，变压器负载运行的基本方程式组变为

$$\left.\begin{aligned} \dot{U}_1 &= -\dot{E}_1 + \dot{I}_1 Z_1 \\ \dot{U}_2' &= \dot{E}_2' - \dot{I}_2' Z_2' \\ \dot{I}_0 &= \dot{I}_1 + \dot{I}_2' \\ \dot{E}_1 &= -\dot{I}_0 Z_{\mathrm{m}} \\ E_1 &= E_2' \\ \dot{U}_2' &= \dot{I}_2' Z_{\mathrm{L}}' \end{aligned}\right\} \tag{2.35}$$

折算前后二次侧阻抗功率因数不变，例如

$$\tan \varphi_2' = \frac{X_{2\delta}'}{R_2'} = \frac{k^2 X_{2\delta}}{k^2 R_2} = \tan \varphi_2 \tag{2.36}$$

折算前后输出功率也不变，即

$$U_2' I_2' \cos \varphi_2' = (kU_2)\left(\frac{1}{k} I_2\right) \cos \varphi_2 = U_2 I_2 \cos \varphi_2 \tag{2.37}$$

(2)等效电路

进行折算后，可以将两个独立电路直接连在一起，再把铁芯磁路的工作状况用纯电路的

形式代替，即得到变压器负载时的等效电路。

①T 形等效电路

根据方程组(2.35)可以画出如图 2.4(a)所示的一次、二次侧的电路，显然它是图 2.3(二次绕组经过折算)的等效电路，对变压器一次、二次侧是等效的。根据方程式$\dot{I}_0=\dot{I}_1+\dot{I}'_2$，流过感应电动势$\dot{E}_1$的电流为$\dot{I}_0$，从而得到图 2.4(b)。由方程式$\dot{E}_1=-\dot{I}_0 Z_m$，可以用励磁阻抗替代感应电动势$\dot{E}_1$的作用，得到变压器负载运行时的 T 形等效电路，如图 2.4(c)所示。

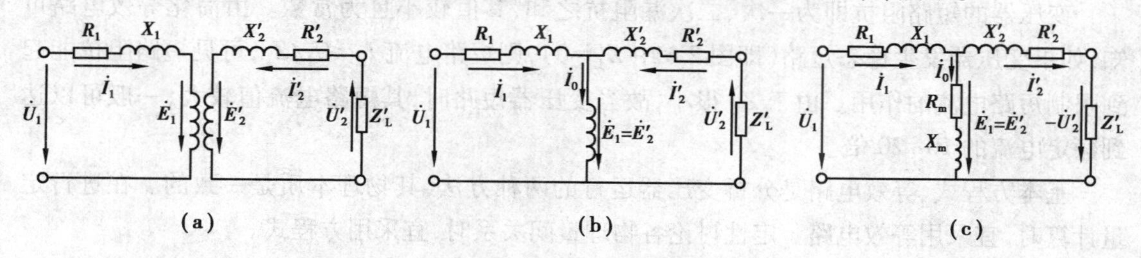

图 2.4　变压器 T 形等效电路的形成过程

等效电路把基本方程式所表示的电磁关系用电路的形式表示出来，即所谓的“场化为路”，是研究变压器和其他电机理论的基本方法之一。

②近似等效电路

T 形等效电路能准确地反映变压器运行时的物理情况，但其结构为串联、并联混合支路，运算较为复杂，为此，提出在一定条件下把等效电路简化。

在 T 形等效电路中，一次绕组漏阻抗压降$Z_1\dot{I}_1=Z_1[\dot{I}_0+(-\dot{I}'_2)]=Z_1\dot{I}_0+Z_1(-\dot{I}'_2)$，因$I_0\ll I_{1N}$，$Z_1\ll Z_m$，故$Z_1 I_0$很小，可略去不计。同时，根据一次绕组电动势平衡方程式$\dot{U}_1=-\dot{E}_1+Z_1\dot{I}_1$可知，由于$Z_1\dot{I}_1$很小，也可忽略不计，则$\dot{U}_1\approx\dot{E}_1$，又$\dot{I}_0=-\dfrac{\dot{E}_1}{Z_m}\approx\dfrac{\dot{U}_1}{Z_m}$，故$I_0$基本不随负载而变，因此，可将励磁支路从 T 形等效电路的中部前移与电源并联，得到如图 2.5 所示的近似等效电路。它只有励磁支路和负载支路两个并联支路，其阻抗元件支路构成一个 Γ 形电路，故也称为 Γ 形等效电路。近似等效电路计算简化了很多，而且对$\dot{I}_1$，$\dot{I}_2$，$\dot{E}_1$的计算不会带来很大误差。

③简化等效电路

由于一般电力变压器$I_0\ll I_N$，故在变压器满载及负载电流较大时，可以近似地认为励磁电流$I_0=0$，即将励磁支路断开，从而得到一个由一次、二次侧绕组的漏阻抗构成的更为简单的串联电路，如图 2.6 所示，称为变压器的简化等效电路。

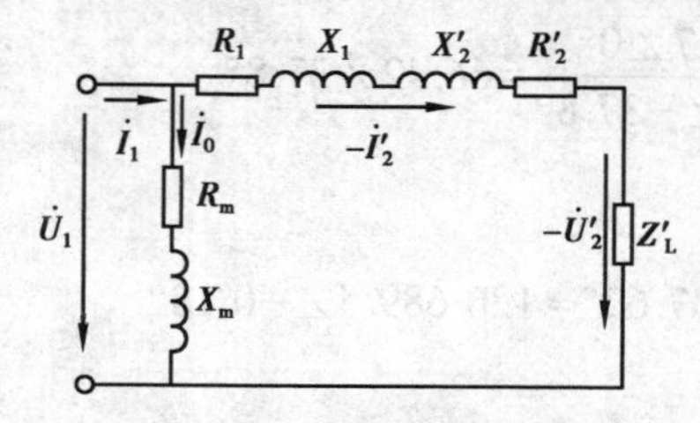

图 2.5　变压器的近似等效电路

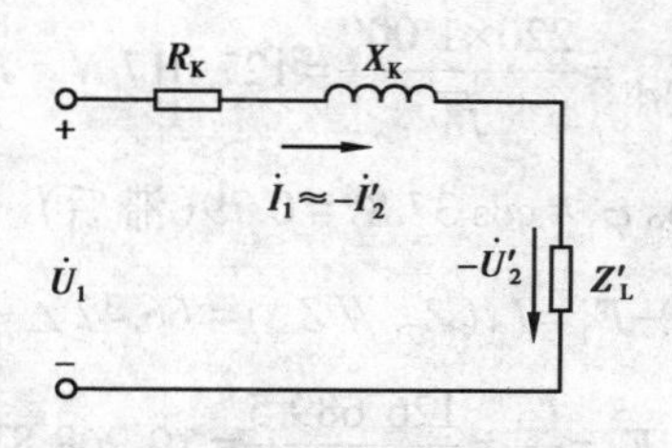

图 2.6　变压器的简化等效电路

在图 2.6 中

$$\left.\begin{aligned} R_k &= R_1 + R_2' \\ X_k &= X_1 + X_2' \\ Z_k &= R_k + jX_k \end{aligned}\right\} \tag{2.38}$$

式中:R_k 为短路电阻;X_k 为短路电抗;Z_k 为短路阻抗。它们通称为短路参数,可由短路试验求得。

变压器的短路阻抗即为一次、二次漏阻抗之和,其值较小且为常数。由简化等效电路可知,如果变压器发生稳态短路(即图 2.6 中 $Z_L'=0$),则短路电流 $I_k=U_1/Z_k$,可见短路阻抗能起到限制短路电流的作用。由于 Z_k 很小,故当变压器短路时,其短路电流值较大,一般可以达到额定电流的 10~20 倍。

基本方程式、等效电路是分析变压器运行的两种方法,其物理本质是一致的。在进行定量计算时,宜采用等效电路。定性讨论各物理量间关系时,宜采用方程式。

例 2.1 一台三相电力变压器:$S_N=31\ 500\ \text{kV}\cdot\text{A}$,$U_{1N}/U_{2N}=220/11\ \text{kV}$,YN,d11 联结,$R_1=R_2'=0.038\ \Omega$,$X_1=X_2'=8\ \Omega$,$R_m=17\ 711\ \Omega$,$X_m=138\ 451\ \Omega$,负载三角形连接,每相阻抗 $Z_L=11.52+j8.64\ \Omega$。当高压侧接额定电压时,试求:

①高压侧电流,从高压侧看进去的 $\cos\varphi_1$。

②低压侧电动势 E_2。

③低压侧电压、电流、负载功率因数、输出功率。

解:对于三相变压器,由于是对称的三相系统,故采用高压 A 相、低压 a 相、负载 a 相构成一台单相变压器,即可用前述等效电路计算,采用 T 型等效电路,如图 2.4(c)所示

变比 $k=\dfrac{U_{1\varphi N}}{U_{2\varphi N}}=\dfrac{220/\sqrt{3}}{11}=11.55$

①$Z_L'=Z_Lk^2=(11.52+j8.64)\times 11.55^2=1\ 536.8+j1\ 152.6=1\ 921\angle 36.87°$

$Z_{2L}=R_2'+jX_2'+Z_L'=0.038+j8+1\ 536.8+j1\ 152.6=1\ 536.84+j1\ 160.6=1\ 925.84\angle 37.06°$

$Z_m=17\ 711+j138\ 451=139\ 579\angle 82.71°$

$$Z_{2L}/\!/Z_m=\frac{Z_{2L}Z_m}{Z_{2L}+Z_m}=\frac{1\ 925.84\angle 37.06°\times 139\ 579\angle 82.71°}{19\ 247.84+j139\ 611.6}=1\ 907.4\angle 37.62°=1\ 510.8+j1\ 164.3$$

从高压侧看进去的等效阻抗

$Z_d=Z_1+Z_{2L}/\!/Z_m=0.038+j8+1\ 510.8+j1\ 164.3=1\ 510.84+j1\ 172.3=1\ 912.3\angle 37.8°$

$$U_{1\varphi N}=\frac{220\times 1\ 000}{\sqrt{3}}=127\ 017\ \text{V}\qquad \dot{I}_1=\frac{\dot{U}_{1\varphi N}}{Z_d}=\frac{127\ 017\angle 0°}{1\ 912.3\angle -37.8°}=66.42\angle 37.8°$$

$\cos\varphi_1=\cos 37.8°=0.79$(滞后)

②$-\dot{E}_1=\dot{I}_1(Z_{2L}/\!/Z_m)=66.42\angle -37.8°\times 1\ 907.4\angle 37.62°=126\ 689.5\angle -0.18°$

$$E_2=\frac{E_1}{k}=\frac{126\ 689.5}{11.55}=10\ 968.8\ \text{V}$$

③$\dot{I}_2=\dfrac{\dot{E}_1}{-Z_{2L}}=\dfrac{126\ 689.5\angle -0.18°}{1\ 928.84\angle 37.06°}=65.78\angle -37.24°$

$\dot{U}'_2=\dot{I}'_2 Z'_L=65.78\angle -37.24°\times 1\ 921\angle 36.87°=126\ 363.8\angle -0.37°$

$\cos\varphi_2=\cos(-0.37°+37.24°)=\cos 36.87°=0.8$（滞后）

低压侧电压　$U_2=\dfrac{U'_2}{k}=\dfrac{126\ 363.8}{11.55}=10\ 940.6\ \text{V}$

低压侧电流　$I_{2L}=\sqrt{3}I'_2 k=\sqrt{3}\times 65.78\times 11.55=1\ 315.9\ \text{A}$

输出功率　$P_2=3U'_2 I'_2\cos\varphi_2=\sqrt{3}U_2 I_{2L}\cos\varphi_2=\sqrt{3}\times 10\ 940.6\times 1\ 315.9\times 0.8=19\ 948.7\ \text{kW}$

课题 3　变压器的参数测定

当用基本方程式组、等效电路求解变压器的运行性能时，必须知道变压器的励磁参数 R_m、X_m 和短路参数 R_k、X_k。这些参数直接影响变压器的运行性能，在设计变压器时可根据所使用的材料及结构尺寸用计算方法求得，对于已制成的变压器，可以通过试验的方法求取。

1）空载试验

变压器的空载试验是在变压器空载运行的情况下进行的，其目的是通过测量空载电流 I_0，一次、二次侧电压 U_1 和 U_{20}、空载损耗 P_0 来计算变压器的变比 k、励磁阻抗 Z_m 等。如图2.7所示是一台单相变压器的空载试验接线图，其中，变压器二次侧开路，在一次侧施加额定电压。

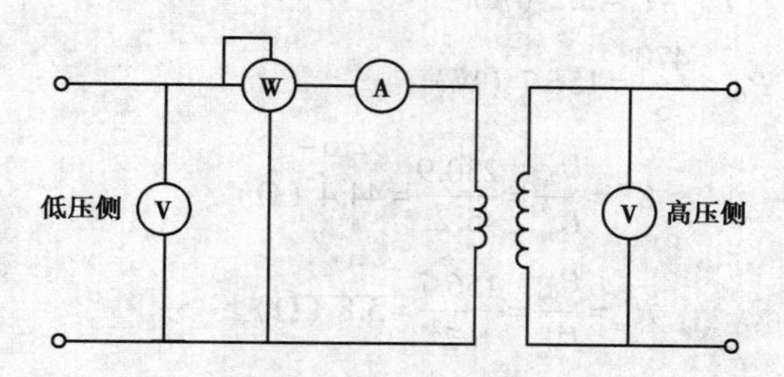

图 2.7　单相变压器空载试验接线图

依据单相变压器空载试验测量结果而得下列参数：

变压器的变比
$$k=\frac{U_{20}(\text{高压})}{U_1(\text{低压})} \tag{2.39}$$

由于 $Z_m \gg Z_1$，可忽略 Z_1，由空载等效电路（图 2.2）可求得

励磁阻抗：

$$Z_m=\frac{U_1}{I_0} \tag{2.40}$$

励磁电阻：

$$R_m = \frac{P_0}{I_0^2} \tag{2.41}$$

励磁电抗：

$$X_m = \sqrt{Z_m^2 - R_m^2} \tag{2.42}$$

在额定电压附近，由于磁路饱和的原因，R_m，X_m 都随电压大小而变化，因此，在空载试验中应求出对应于额定电压的 R_m，X_m 值。

空载试验可在高压侧或低压侧进行，考虑到空载试验电压要加到额定电压，当高压侧的额定电压较高时，为了便于试验和安全，通常在低压侧进行试验，而高压侧开路。空载试验在低压侧进行时，其测得的励磁参数是低压侧的，因此必须乘以 k^2，将其折算成高压侧的励磁参数。

应注意，上面的计算是对单相变压器进行的，如求三相变压器的参数，必须根据一相的空载损耗、相电压、相电流等来计算，而 k 值也应取相电压之比。

例 2.2 一台 S9 系列的三相电力变压器，高、低压侧均为星形连接，$S_N = 200\ \text{kV}\cdot\text{A}$，$\frac{U_{1N}}{U_{2N}} = \frac{10\ \text{kV}}{0.4\ \text{kV}}$，$\frac{I_{1N}}{I_{2N}} = \frac{11.55\ \text{A}}{288.7\ \text{A}}$。在低压侧施加额定电压作空载试验，测得 $P_0 = 470\ \text{W}$，$I_0 = 5.2\ \text{A}$，求励磁参数。

解：计算高、低压侧额定相电压 $U_{1\varphi N} = \frac{10\ 000}{\sqrt{3}} = 5\ 773.5\ \text{V}$，$U_{2\varphi N} = \frac{400}{\sqrt{3}} = 230.9\ \text{V}$

变比 $k = \frac{U_{1\varphi N}}{U_{2\varphi N}} = \frac{5\ 773.5}{230.9} = 25$

空载相电流 $I_{20\varphi} = I_0 = 5.2\ (\text{A})$

每相损耗 $P_{0\varphi} = \frac{470}{3} = 156.7\ (\text{W})$

低压侧励磁阻抗 $Z'_m = \frac{U_{2\varphi}}{I_{20\varphi}} = \frac{230.9}{5.2} = 44.4\ (\Omega)$

低压侧励磁电阻 $R'_m = \frac{P_{0\varphi}}{I_{20\varphi}^2} = \frac{156.7}{5.2^2} = 5.8\ (\Omega)$

低压侧励磁电抗 $X'_m = \sqrt{Z'^2_m - R'^2_m} = \sqrt{44.4^2 - 5.8^2} = 44\ (\Omega)$

以上参数是从低压侧看进去的值，现将它们折算至高压侧

$$Z_m = k^2 Z'_m = 25^2 \times 44.4\ \Omega = 27\ 500\ (\Omega)$$

$$R_m = k^2 R'_m = 25^2 \times 5.8\ \Omega = 3\ 625\ (\Omega)$$

$$X_m = k^2 X'_m = 25^2 \times 44\ \Omega = 27\ 500\ (\Omega)$$

2）短路试验

变压器的短路试验是在二次绕组短路的条件下进行的，其目的是测定短路参数 R_k，X_k 和

额定铜损耗等。如图 2.8 所示是一台单相变压器的短路试验接线图，一次侧通过调压器接到电源上，施加的电压比额定电压低得多，以使一次侧电流接近额定值，此时测得一次侧电压 U_k、电流 I_k、输入功率 P_k。在试验时，当一次侧绕组中电流达到额定值时，根据磁动势平衡方程，二次侧绕组中电流也达到额定值，此时一次侧电压称为短路电压。

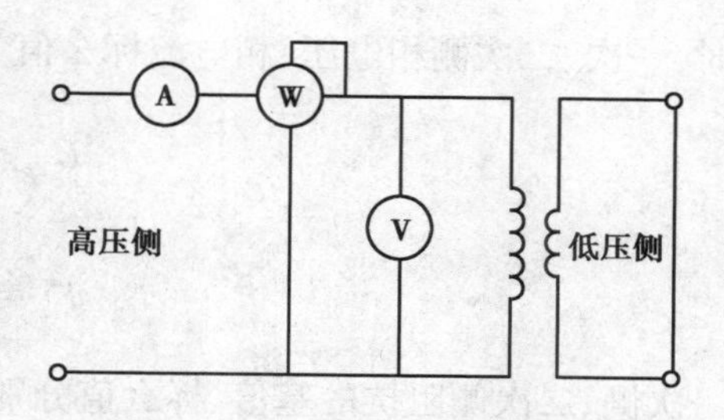

图 2.8　单相变压器短路试验接线图

由于短路试验时外加电压比额定电压低得多，铁芯中主磁通很小，励磁电流完全可以忽略，这时的铁损耗很小，可以忽略，认为短路损耗即为一次、二次绕组电阻上的铜损耗。也就是说，铁芯的饱和程度低，故 Z_m 就很大，等效电路中的励磁支路处于开路状态。根据测量结果，由所测数据可算得短路参数如下：

短路阻抗：

$$Z_k = \frac{U_k}{I_k} \tag{2.43}$$

短路电阻：

$$R_k = \frac{P_k}{I_k^2} \tag{2.44}$$

短路电抗：

$$X_k = \sqrt{Z_k^2 - R_k^2} \tag{2.45}$$

理论上短路试验既可以在高压侧进行，也可以在低压侧进行，所求得的 Z_k 是折算到测量侧的。但为了安全，一般是在高压侧进行试验，故测得的短路参数是属于高压侧的数值，若需要折算到低压侧时，应除以 k^2。

和空载试验一样，上面的分析是针对单相变压器，若求三相变压器的参数，必须根据一相的负载损耗、相电压、相电流来计算。

短路试验时要注意，不能在一次绕组加额定电压时，将二次绕组短路，因为这会使变压器一次、二次绕组中的电流都很大，变压器将立即损坏。

课题 4　标幺值

在电力工程的计算中，电压、电流、阻抗、功率等通常不用它们的实际值表示，而用其实际值与某一选定的同一单位的固定值之比来表示，此选定的同单位的固定值称为基值，此比值称为该物理量的标幺值或相对值，即

$$标幺值 = \frac{实际值(任意单位)}{基值(与实际值同单位)} \tag{2.46}$$

对于三相变压器一般取额定相电压作为电压基值，取额定相电流作为电流基值，额定视在功率作为功率基值，各基值之间也应符合电路定律。

为了区别，在各物理量符号右上角加“ * ”表示该物理量的标幺值。当选用额定值为基值

时,一次、二次侧相电压、相电流标幺值为

$$\left.\begin{aligned} U_{1\varphi}^* &= \frac{U_{1\varphi}}{U_{1\varphi N}}; U_{2\varphi}^* = \frac{U_{2\varphi}}{U_{2\varphi N}} \\ I_{1\varphi}^* &= \frac{I_{1\varphi}}{I_{1\varphi N}}; I_{2\varphi}^* = \frac{I_{2\varphi}}{I_{2\varphi N}} \end{aligned}\right\} \tag{2.47}$$

一次侧、二次侧阻抗的基值、标幺值分别为

$$\left.\begin{aligned} Z_{1\varphi N} &= \frac{U_{1\varphi N}}{I_{1\varphi N}}; Z_{2\varphi N} = \frac{U_{2\varphi N}}{I_{2\varphi N}} \\ Z_{1k}^* &= \frac{I_{1\varphi N} Z_{1k}}{U_{1\varphi N}}; Z_{2k}^* = \frac{I_{2\varphi N} Z_{2k}}{U_{2\varphi N}} \end{aligned}\right\} \tag{2.48}$$

已知标幺值和基值,就很容易求得实际值为

$$\text{实际值} = \text{基值} \times \text{标幺值} \tag{2.49}$$

各标幺值乘以100则变成相应物理量的百分值。

采用标幺值具有下列优点:

①便于比较变压器或电机的性能和参数。尽管变压器或电机容量和电压等级相差很大,但用标幺值表示的参数及性能数据变化范围却很小,便于分析比较。例如,变压器空载电流标幺值 I_0^* 为0.02~0.1;短路阻抗标幺值 Z_k^* 为4%~17.5%。

②采用标幺值表示电压和电流时,可直观地反映变压器的运行情况,如 $U_2^* = 0.9$,表示变压器二次侧电压低于额定值;$I_2^* = 1.1$,表示变压器已过载10%。

③用标幺值后,不需要再将二次侧的物理量折算到一次侧,折算前后各物理量相等,即可省去折算。例如:

$$I_2^* = \frac{I_2}{I_{2N}} = \frac{\dfrac{I_2}{k}}{\dfrac{I_{2N}}{k}} = \frac{I_2'}{I_{1N}} = I_2'^*$$

④采用标幺值后,某些物理量意义尽管不同,但它们却具有相同的数值。例如:

$$u_k^* = Z_k^*; u_{kr}^* = R_k^* = P_{kN}^*; u_{kx}^* = X_k^* \tag{2.50}$$

式中:短路阻抗电压 $u_k = I_{1\varphi N} Z_k$;阻抗电压的电阻分量 $u_{kr} = I_{1\varphi N} R_k$;阻抗电压的电抗分量 $u_{kx} = I_{1\varphi N} X_k$。

标幺值的缺点是其量纲为1,物理概念比较模糊,也无法用量纲作为检查计算结果是否正确的手段。

例2.3 一台三相电力变压器铭牌数据为:$S_N = 20\,000$ kV·A,$U_{1N}/U_{2N} = 110/10.5$,高压侧是星形连接,低压侧是三角形连接,$Z_k^* = 0.105$,$P_0 = 23.7$ kW,$I_0^* = 0.65\%$,$P_{kN} = 104$ kW。若将此变压器高压侧接入110 kV电网,低压侧接一对称三角形连接的负载,每相阻抗 $Z_L = 16.37 + j7.93\ \Omega$,试求低压侧电流、电压和高压侧电流及从高压侧看进去的功率因数。

解:采用近似等效电路

$$R_k^* = P_{kN}^* = \frac{P_{kN}}{S_N} = \frac{104}{20\ 000} = 0.005\ 2$$

$$X_k^* = \sqrt{Z_k^{*2} - R_k^{*2}} = \sqrt{0.105^2 - 0.005\ 2^2} \approx 0.105$$

$$Z_m^* = \frac{U_{1\varphi N}^*}{I_0^*} = \frac{1}{0.006\ 5} = 153.85$$

$$R_m^* = \frac{P_0^*}{I_0^{*2}} = \frac{\frac{P_0}{S_N}}{I_0^{*2}} = \frac{\frac{23.7}{20\ 000}}{0.006\ 5^2} = 28.05$$

$$X_m^* = \sqrt{Z_k^{*2} - R_k^{*2}} = \sqrt{153.85^2 - 28.05^2} = 151.21$$

低压侧额定相电压 $U_{2\varphi N} = 10\ 500\ \text{V}$

低压侧额定相电流 $I_{2\varphi N} = \frac{S_N}{3U_{2\varphi N}} = \frac{20\ 000\times10^3}{3\times10\ 500} = 634.92\ \text{A}$

低压侧阻抗基值 $Z_{2\varphi N} = \frac{U_{2\varphi N}}{I_{2\varphi N}} = \frac{10\ 500}{634.92} = 16.54\ \Omega$

负载相阻抗标幺值 $Z_L^* = \frac{16.37+\text{j}\,7.93}{16.54} = 0.99+\text{j}\,0.48 = 1.1\angle 25.8°$

负载支路电流标幺值 $\dot{I}_2^* = \frac{U_{1\varphi N}^*}{Z_k^* + Z_L^*} = \frac{1\angle 0°}{0.005\ 2+\text{j}0.105+0.99+\text{j}0.45} = 0.867\angle -30.44°$

低压侧线电流 $I_{2L} = \sqrt{3}I_2^* \cdot I_{2\varphi N} = \sqrt{3}\times0.867\times634.92 = 953.5\ \text{A}$

低压侧相电压标幺值 $U_{2\varphi}^* = \dot{I}_2^* \cdot Z_L^* = 0.867\angle -30.44°\times1.1\angle 25.8° = 0.954\angle -4.57°$

低压侧线电压 $U_{2L} = U_{2\varphi}^* \times U_{2\varphi N} = 0.954\times10\ 500 = 10\ 017\ \text{V}$

高压侧空载电流标幺值 $\dot{I}_0^* = \frac{U_{1\varphi N}^*}{R_m^* + \text{j}X_m^*} = \frac{1}{28.4+\text{j}\,151.21} = 0.006\ 5\angle -79.36°$

高压侧相电流标幺值 $\dot{I}_1^* = \dot{I}_0^* + \dot{I}_2^* = 0.006\ 5\angle -79.36° + 0.867\angle -30.44° = 0.87\angle -30.75°$

高压侧额定电流 $I_{1N} = \frac{S_N}{\sqrt{3}U_{1N}} = \frac{20\ 000\times10^3}{\sqrt{3}\times110\times10^3} = 104.97\ \text{A}$

高压侧电流 $I_1 = I_1^* I_{1N} = 0.87\times104.97 = 91.32\ \text{A}$

从高压侧看进去 $\cos\varphi_1 = \cos(0° - 30.75°) = 0.86$(滞后)

课题5 变压器的运行特性

电力系统的用电负载是经常变化的,负载变化所引起的变压器输出电压的变化程度,既与负载的大小和性质有关,又与变压器本身的主要特性及性能指标有关。变压器在运行时的主要特性有外特性和效率特性,而表征变压器运行性能的主要指标有电压变化率和效率。

1)外特性及电压变化率

(1)变压器的外特性

当电源电压和负载的功率因数为常数时,变压器二次侧电压随负载电流规律地变化,即 $U_2=f(I_2)$,此曲线称为变压器的外特性曲线。

变压器在负载运行中,由于内部存在电阻和漏抗,故当负载电流流过时,变压器内部将产生阻抗压降,使二次侧电压随着负载电流的变化而变化。如图 2.9 所示为不同性质负载时,变压器的外特性曲线。由图 2.9 可知,变压器二次侧电压的大小不仅与负载电流的大小有关,而且还与负载的功率因数有关。

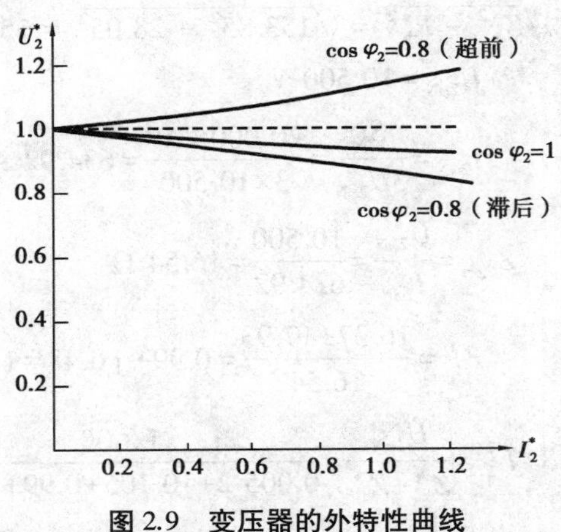

图 2.9 变压器的外特性曲线

(2)电压变化率

为了描述二次侧电压 U_2 随负载电流 I_2 变化的程度,引入电压变化率的概念,它反映了变压器供电电压的稳定性。电压变化率 ΔU 定义为:变压器一次绕组施加额定电压,二次空载电压 U_{20} 与带负载后在某一功率因数下二次电压 U_2 之差,与二次侧额定电压 U_{2N} 之比,即

$$\Delta U=\frac{U_{20}-U_2}{U_{2N}}\times 100\%=\frac{U_{2N}-U_2}{U_{2N}}\times 100\%=\frac{U_{1N}-U_2'}{U_{1N}}\times 100\% \tag{2.51}$$

电压变化率是表征变压器运行性能的重要指标之一。ΔU 越小,说明变压器二次绕组输出的电压越稳定,因此,要求变压器的 ΔU 越小越好。电力变压从空载到满载,电压变化率为 3%~5%。

电压变化率除用定义公式求取外,还可以用简化相量图求出,如图 2.10 所示是对应于变压器简化等效电路的相量图,根据几何关系,可得

$$U_{1N}-U_2'\approx\overline{oc}-\overline{oa}=\overline{ab}+\overline{bc}=I_1R_k\cos\varphi_2+I_1X_k\sin\varphi_2$$

于是

$$\Delta U=\frac{U_{1N}-U_2'}{U_{1N}}\times 100\%$$

$$=\frac{I_1R_k\cos\varphi_2+I_1X_k\sin\varphi_2}{U_{1N}}\times 100\%$$

$$= \beta(R_k^* \cos\varphi_2 + X_k^* \sin\varphi_2) \times 100\% \tag{2.52}$$

式中：$\beta = \frac{I_1}{I_{1N}} = \frac{I_2}{I_{2N}} = I_1^* = I_2^*$ 为负载电流的标幺值，又称为负载系数，反映了负载的大小。

从式(2.52)可知，变压器的电压变化率决定于短路参数、负载系数、负载功率因数。在电力变压器中，一般 $X_k \gg R_k$，当负载为纯电阻时($\varphi_2=0$)，电压变化率较小；感性负载时($\varphi_2>0$)，$\cos\varphi_2$，$\sin\varphi_2$ 均为正，电压变化率较大且为正值，二次侧端电压 U_2 随负载电流 I_2 的增大而下降；容性负载时($\varphi_2<0$)，ΔU 可能为正值，也可能为负，当 $|R_k^* \cos\varphi_2| < |X_k^* \sin\varphi_2|$，则电压变化率为负值，二次侧端电压 U_2 随负载电流 I_2 的增加而升高。

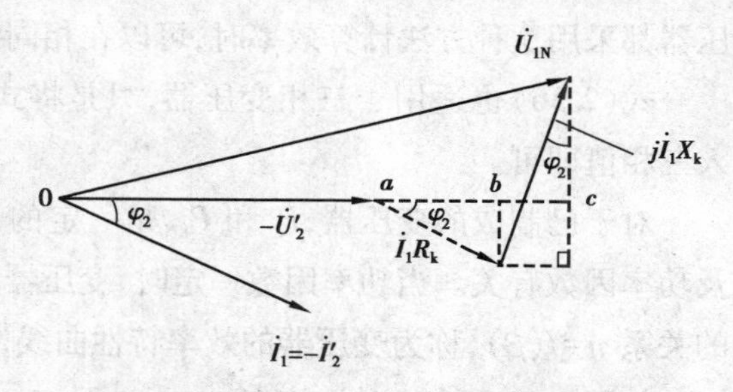

图 2.10　简化等效电路相量图

2)效率

变压器的效率 η 反映了其运行的经济性，也是一项重要的运行性能指标。一般用百分数表示，其定义为

$$\eta = \frac{P_2}{P_1} \times 100\% \tag{2.53}$$

式中：P_2 为二次绕组输出的有功功率；P_1 为一次绕组输入的有功功率。

因变压器无转动部分，没有机械损耗，它的效率一般都较高，大多数在 95%以上。大型变压器效率可达 99%以上，所以不宜采用直接测量 P_1，P_2 计算效率的方法。工程上常采用间接法来计算变压器的效率，即通过空载试验和短路试验，测出变压器的空载损耗 P_0 和额定短路损耗 P_{kN}，再按下式计算效率：

$$\eta = \frac{P_2}{P_1} = \frac{P_1 - \sum p}{P_1} = \left(1 - \frac{\sum p}{P_2 + \sum p}\right) \times 100\% \tag{2.54}$$

式中：$\sum p$ = 铁损耗 + 铜损耗，为总损耗功率。

用式(2.54)计算效率时，作以下几个假定：

①以额定电压下空载损耗 P_0 作为铁损耗，并认为铁损耗不随负载而变化。

②以额定电流下的短路损耗 P_{kN} 作为铜损耗，并认为铜损耗与负载系数的平方(β^2)成正比。

③计算 P_2 时，忽略负载运行时二次侧电压的变化，有

$$P_2 = U_{2N} I_2 \cos\varphi_2 = \beta U_{2N} I_{2N} \cos\varphi_2 = \beta S_N \cos\varphi_2 \tag{2.55}$$

式中：S_N 为变压器的额定容量。

应用上述 3 个假定后,式(2.54)变为

$$\eta=\left(1-\frac{P_0+\beta^2 P_{kN}}{\beta S_N \cos\varphi_2+P_0+\beta^2 P_{kN}}\right)\times 100\% \tag{2.56}$$

采用这些假定引起的误差不超过 0.5%,而且对于所有的电力变压器都采用这种方法计算效率时,可以在相同的基础上进行比较。

式(2.56)也适用于三相变压器,只是将式中的 P_0,P_{kN} 和 S_N 均带入三相值即可。

对于已制成的变压器,P_0 和 P_{kN} 是一定的,因此,效率与负载大小及功率因数有关。当功率因数一定时,变压器的效率与负载系数之间的关系 $\eta=f(\beta)$,称为变压器的效率特性曲线,如图 2.11 所示。

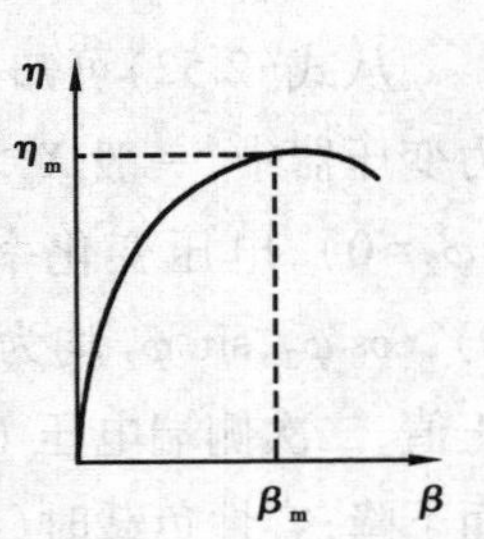

图 2.11 变压器的效率特性曲线

从图 2.11 可知,在一定的 $\cos\varphi_2$ 下,$\beta=0$,$\eta=0$;当 β 较小时,$\beta^2 P_{kN}<P_0$,η 随 β 的增大而增大;当 β 较大时,$\beta^2 P_{kN}>P_0$,η 随 β 的增大而下降。因此,在 β 增加的过程中,有一个 β 值对应的效率达到最大,将式(2.56)对 β 取一阶导数,并令其为零

$$\frac{d\eta}{d\beta}=0 \tag{2.57}$$

经过对 η 的运算,可得到变压器产生最大效率时的负载系数 β_m,为

$$\beta_m=\sqrt{\frac{P_0}{P_{kN}}}$$

或

$$\beta_m^2 P_{kN}=P_0 \tag{2.58}$$

式(2.58)表明,当铜损耗等于铁损耗时,变压器的效率达到最大 η_m

$$\eta_m=\left(1-\frac{2P_0}{\beta_m S_N\cos\varphi_2+2P_0}\right)\times 100\% \tag{2.59}$$

由于电力变压器长期接在电网上运行,铁损耗是常年损耗,而负载系数 β 随时间变化较大,一般变压器不可能总在额定负载下运行,因此,为提高变压器的运行效率,设计时使铁损耗相对小些,一般取 $\beta_m=0.5\sim0.6$。

例 2.4 采用例 2.3 变压器的数据,高压侧施加额定电压,低压侧线电流为 953.5 A,负载功率因数 $\cos\varphi_2=0.9$(滞后),求电压变化率、低压侧线电压、效率。

解:负载系数 $\beta=\frac{I_2}{I_{2\varphi N}}=\frac{\frac{953.5}{\sqrt{3}}}{634.92}=0.867$

负载功率因数 $\cos\varphi_2=0.9$,$\sin\varphi_2=0.435$

由例 2.3 可知:$R_k^*=0.005\ 2$;$X_k^*=0.105$

电压变化率
$$\begin{aligned}\Delta U&=\beta(R_k^*\cos\varphi_2+X_k^*\sin\varphi_2)\\&=0.867(0.005\ 2\times0.9+0.105\times0.435)\end{aligned}$$

$$= 0.044$$

低压侧线电压 $U_{2L} = (1-0.044) \times 10\ 500\ \text{V} = 10\ 038\ \text{V}$

效率 $$\eta = \left(1 - \frac{P_0 + \beta^2 P_{kN}}{\beta S_N \cos\varphi_2 + P_0 + \beta^2 P_{kN}}\right) \times 100\%$$

$$\left(1 - \frac{23.7 + 0.867^2 \times 104}{0.867 \times 20\ 000 \times 0.9 + 23.7 + 0.867^2 104}\right) \times 100\%$$

$$= 99.4\%$$

技能训练 1 变压器绕组同名端的判别

1) 变压器绕组同名端的概念

因为变压器的一次、二次绕组绕在同一个铁芯柱上，它们被同一个主磁通所交链，故当磁通交变时，在两个绕组中感应出的电动势有一定的方向关系，即任一瞬间，当一次绕组的某一端点瞬时电位为正(高电位)时，二次绕组也必有一个电位为正的对应端点。这两个具有正极性或另两个具有负极性的端点，称为同名端或同极性端，用符号“·”表示。

对一台已经制成的变压器，由于其绕组经过浸漆处理，并且安装在封闭的铁壳内，因此无法辨认其同名端。变压器同名端的判定可用直观法和实验测试法进行识别。

2) 同名端的识别

(1) 直观法

对两个绕向已知的绕组，可这样判断：当电流从两个同名端流入或流出时，铁芯中所产生的磁通方向是一致的。

同名端可能在绕组的对应端，如图 2.12(a) 中 1 端和 3 端为同名端，也可能在绕组的非对应端，如图 2.12(b) 中 1 端和 4 端为同名端，这取决于绕组的绕向。当一次、二次绕组的绕向相同时，同名端在两个绕组的对应端；当一次、二次绕组绕向相反时，同名端在两个绕组的非对应端。

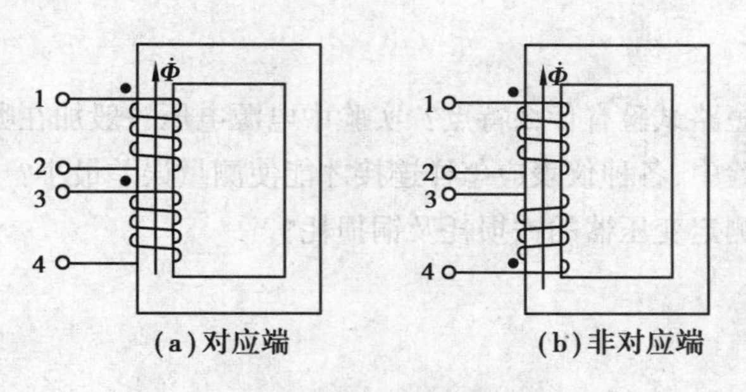

(a) 对应端 (b) 非对应端

图 2.12 线圈的同名端

(2)实验测试法

①直流法

测定变压器同名端的直流法如图 2.13 所示,用 1.5 V 或 3 V 的直流电源。直流电源接在高压绕组上,而直流毫伏表接在低压绕组的两端。当开关 S 闭合瞬间,若毫伏表的指针向正方向摆动,则接直流电源正极的端子与接直流毫伏表正极的端子为同名端。

②交流法

测定变压器同名端的交流法如图 2.14 所示,图中将变压器一次、二次绕组各取一个接线端子连接在一起,如图中的接线端子 2 和 4,并且在一个绕组上(图中为 N_1 绕组)加一个较低的交流电压 u_{12},再用交流电压表分别测量出 u_{12},u_{13},u_{34} 各端电压值,如果测量结果为 $u_{13}=u_{12}-u_{34}$,则说明变压器一次、二次绕组 N_1,N_2 为反极性串联,由此可知,接线端子 1 和接线端子 3 为同名端。如果测量结果为 $u_{13}=u_{12}+u_{34}$,则接线端子 1 和接线端子 4 为同名端。

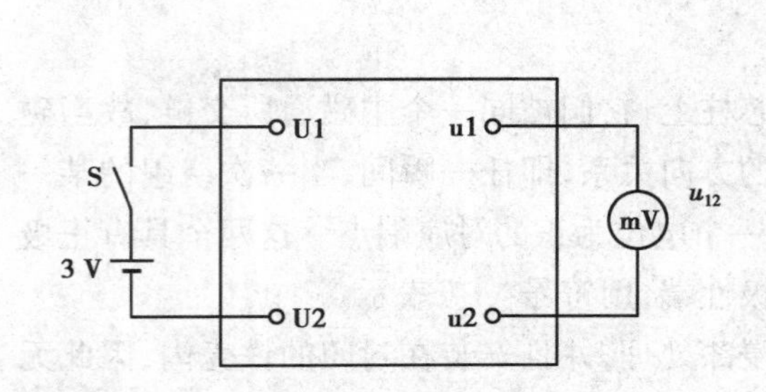

图 2.13 测定同名端的直流法

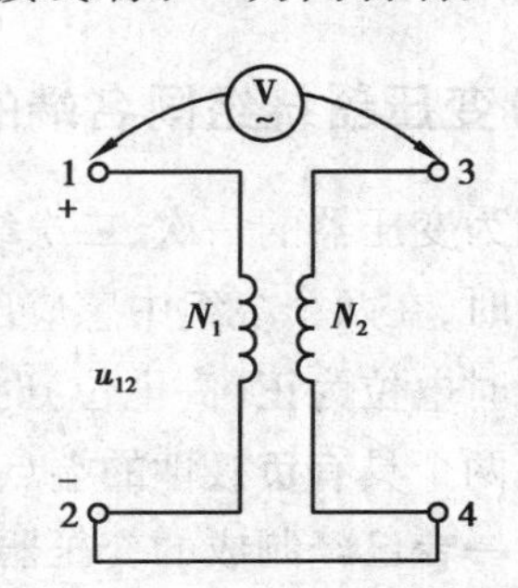

图 2.14 测定同名端的交流法

技能训练 2 单相变压器的空载试验和负载实验

1)实验目的

①通过空载实验测定变压器的变比和参数。

②通过负载实验测取变压器的运行特性。

2)预习要点

①变压器的空载和短路试验有什么特点?实验中电源电压一般加在哪一方较合适?

②在空载和负载试验中,各种仪表应怎样连接才能使测量误差最小?

③如何用实验方法测定变压器的铁损耗及铜损耗?

3)实验项目

(1)空载实验

测取空载特性 $U_0=f(I_0)$,$P_0=f(U_0)$,$\cos\phi_0=f(U_0)$。

(2)负载实验

①纯电阻负载

保持 $U_1=U_N$, $\cos\phi_2=1$ 的条件下,测取 $U_2=f(I_2)$。

②阻感性负载

保持 $U_1=U_N$, $\cos\phi_2=0.8$ 的条件下,测取 $U_2=f(I_2)$。

4)实验方法

(1)实验设备

实验设备见表2.1。

表2.1 实验设备

序 号	型 号	名 称	数量/件
1	D33	交流电压表	1
2	D32	交流电流表	1
3	D34.3	单三相智能功率、功率因数表	1
4	DJ11	三相组式变压器	1
5	D42	三相可调电阻器	1
6	D43	三相可调电抗器	1
7	D51	波形测试及开关板	1

(2)屏上排列顺序

D33,D32,D34.3,DJ11,D42,D43。

(3)空载实验

①在三相调压交流电源断电的条件下,按图2.15所示接线。被测变压器选用三相组式变压器DJ11中的一只作为单相变压器,其额定容量 $P_N=77$ W, $U_{1N}/U_{2N}=220/55$ V, $I_{1N}/I_{2N}=0.35/1.4$ A。变压器的低压线圈a,x接电源,高压线圈A,X开路。

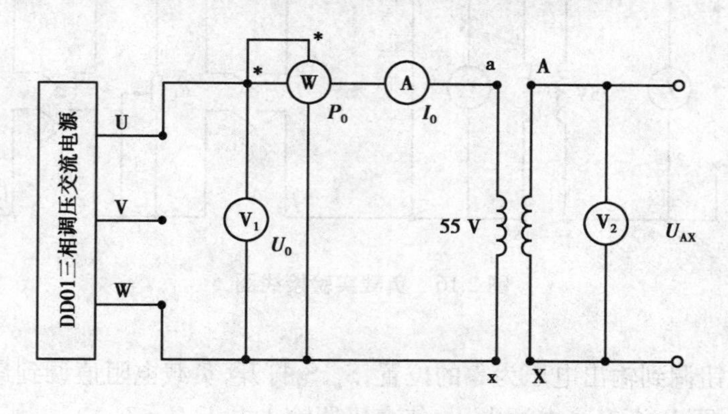

图2.15 空载实验接线图

②选好所有电表量程。将控制屏左侧调压器旋钮向逆时针方向旋转到底,即将其调到输

出电压为零的位置。

③合上交流电源总开关，按下“开”按钮，便接通了三相交流电源。调节三相调压器旋钮，使变压器空载电压 $U_0=1.2U_N$，然后逐次降低电源电压，在 $1.2\sim0.2U_N$，测取变压器的 U_0，I_0，P_0。

④测取数据时，$U=U_N$点必须测，并在该点附近测的点较密，共测取数据 6~7 组。记录于表 2.2 中。

⑤为了计算变压器的变比，在 U_N下测取一次侧电压的同时测出二次侧电压数据也记录于表 2.2 中。

表 2.2　空载实验数据记录表

序　号	试验数据				计算数据
	U_0/V	I_0/A	P_0/W	U_{AX}/V	$\cos\phi_0$
1					
2					
3					
4					
5					
6					
7					

(4)负载实验

实验线路如图 2.16 所示。变压器低压线圈接电源，高压线圈经过开关 S_1和 S_2，接到负载电阻 R_L和电抗 L_1上。R_L选用 D42 上 900 Ω 加上 900 Ω 共 1 800 Ω 阻值，L_1选用 D43，功率因数表选用 D34.3，开关 S_1和 S_2选用 D51 挂箱。

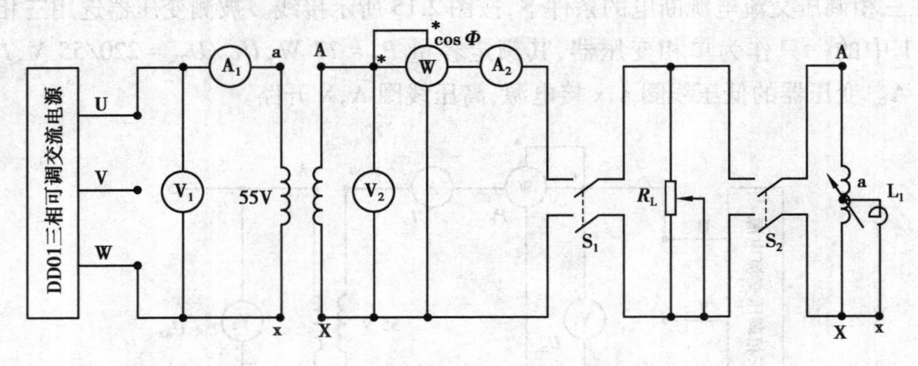

图 2.16　负载实验接线图

①纯电阻负载

a.将调压器旋钮调到输出电压为零的位置，S_1，S_2打开，负载电阻值调到最大。

b.接通交流电源，逐渐升高电源电压，使变压器输入电压 $U_1=U_N$。

c.保持 $U_1=U_N$，合上 S_1，逐渐增加负载电流，即减小负载电阻 R_L的值，从空载到额定负载的范围内，测取变压器的输出电压 U_2和电流 I_2。

d.测取数据时，$I_2=0$、$I_2=I_{2N}=0.35$ A必测，共取数据6~7组，记录于表2.3中。

表2.3 纯电阻负载实验数据记录表 $U_1=U_N=$______V

序号	1	2	3	4	5	6	7
U_2/V							
I_2/A							

②阻感性负载($\cos\phi_2=0.8$)

a.用电抗器L_1和R_L并联作为变压器的负载，S_1，S_2打开，电阻及电抗值调至最大。

b.接通交流电源，升高电源电压至$U_1=U_{1N}$。

c.合上S_1、S_2，在保持$U_1=U_N$及$\cos\phi_2=0.8$条件下，逐渐增加负载电流，从空载到额定负载的范围内，测取变压器U_2和I_2。

d.测取数据时，其$I_2=0$、$I_2=I_{2N}$两点必测，共测取数据6~7组记录于表2.4中。

表2.4 阻感性负载实验数据记录表 $U_1=U_N=$______V

序号	1	2	3	4	5	6	7
U_2/V							
I_2/A							

5)注意事项

在变压器实验中，应注意电压表、电流表、功率表的合理布置及量程选择。

6)实验报告

(1)计算变比

由空载实验测出变压器的一次、二次电压的数据，分别计算出变比，再取其平均值作为变压器的变比。

(2)绘出空载特性曲线和计算励磁参数

①绘出空载特性曲线$U_0=f(I_0)$，$P_0=f(U_0)$，$\cos\phi_0=f(U_0)$。

②计算励磁参数。从空载特性曲线上查出对应于$U_0=U_N$时的I_0和P_0值，并算出励磁参数。

(3)画电路图

利用空载实验测定的参数，画出被试变压器折算到低压侧的T型等效电路。

课题6 三相变压器的磁路、联结组、电动势波形

变换三相交流电的变压器为三相变压器，目前电力系统均采用三相变压器。在三相变压器对称运行时，各相电流、电压大小相等且相位互差120°，因此分析计算时可用一相进行研

究。前面导出的基本方程式、等效电路及参数测定等可直接运用于三相的任意一相。

1)三相变压器的磁路系统

三相变压器磁路系统按其铁芯结构可分为组式磁路和芯式磁路。

(1)组式磁路变压器

三相组式变压器由3台单相变压器组成,相应的磁路称为组式磁路。由于每相的主磁通各沿自己的磁路闭合,彼此不相关联。当一次侧外加三相对称电压时,各相的主磁通必然对称,由于磁路三相对称,显然其三相空载电流也是对称的。三相组式变压器的磁路系统如图2.17所示。

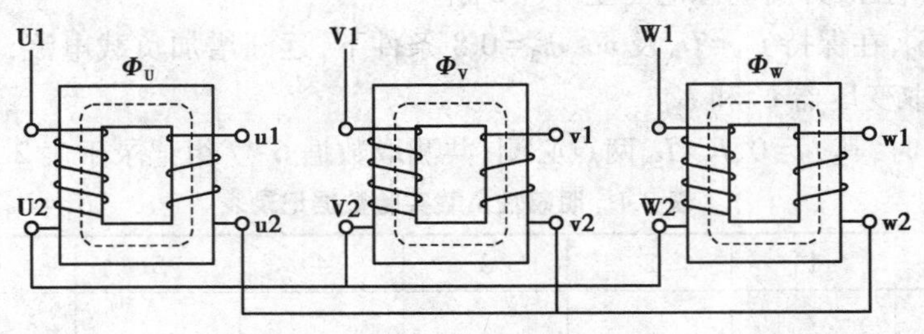

图2.17 三相组式变压器

(2)芯式磁路变压器

三相芯式变压器的铁芯结构是从三相组式变压器铁芯演变来的。如果把3台单相变压器铁芯合并成如图2.18(a)所示,其每相有一个铁芯柱,3个铁芯柱用铁轭连接起来,构成三相铁芯。当三相变压器一次绕组外施对称的三相电压时,三相主磁通是对称的,中间铁芯柱内磁通$\dot{\Phi}_U+\dot{\Phi}_V+\dot{\Phi}_W=0$,即中间铁芯柱无磁通通过,因此可将中间铁芯柱省掉,变成如图2.18(b)所示的磁路。为了制造方便和降低成本,将中间相铁轭缩短,并把3个铁芯柱布置在同一平面内,便得到三相芯式变压器铁芯结构,如图2.18(c)所示。

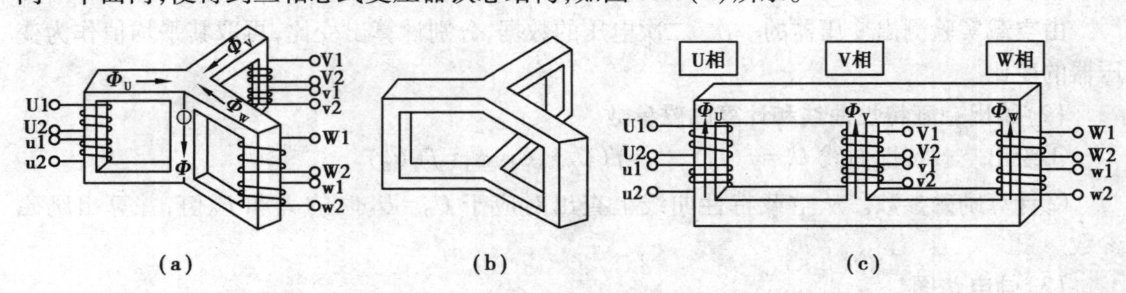

图2.18 三相芯式变压器的磁路

三相芯式变压器的三相磁路是彼此相关的,且三相磁路长度不相等,中间V相磁路较短,两边U、W相磁路较长,磁阻也较V相大。当外施三相对称电压时,三相空载电流不相等,V相较小,U、W相较大。但由于空载电流较小,它的不对称对变压器负载运行的影响不大,可以略去不计。

与三相组式变压器相比,三相芯式变压器省材料、效率高、占地少、成本低、运行维护方便,在目前电力系统中,应用广泛。只有在超高压、大容量巨型变压器中,由于受运输条件限制或为了减小备用容量，才采用三相组式变压器。

2)三相变压器的电路系统——联结组别

变压器绕组使用不同的连接方法时，一次绕组和二次绕组对应的线电压之间可以形成不同的相位，因此必须掌握判断三相变压器的联结组别的方法。三相变压器绕组的联结不仅是构成电路的需要，还关系到一次、二次绕组电动势谐波的大小以及并联运行等问题。

(1)三相绕组的连接方法

为了在使用变压器时能正确连接而不至发生错误，变压器绕组的每个出线端都有一个标志，其绕组首、末端的标志见表2.5。

表2.5 绕组首端末端的标志规定

绕组名称	单相变压器		三相变压器		中性点
	首端	末端	首端	末端	
高压绕组	U1	U2	U1,V1,W1	U2,V2,W2	N
低压绕组	u1	u2	u1,v1,w1	u2,v2,w2	n

在三相变压器中，一次绕组或二次绕组都采用星形和三角形两种连接方法。采用星形联结时，用字母Y或y表示，把三相绕组的3个首端U1,V1,W1(或u1,v1,w1)向外引出，将3个末端U2,V2,W2(或u2,v2,w2)连接在一起，如图2.19(a)所示，连接在一起的公共点称为中性点，用字母N或n表示；采用三角形联结时，用字母D或d表示，把一相绕组的末端和另一相绕组的首端连接在一起，顺次连接成一闭合回路，再从首端U1,V1,W1(或u1,v1,w1)向外引出，如图2.19(b)、(c)所示。其中，在图2.19(b)中，三相绕组按U1→U2→W1→W2→V1→V2的顺序连接，称为逆序(逆时针)三角形联结；在图2.19(c)中，三相绕组按U1→U2→V1→V2→W1→W2的顺序连接，称为顺序(顺时针)三角形联结。

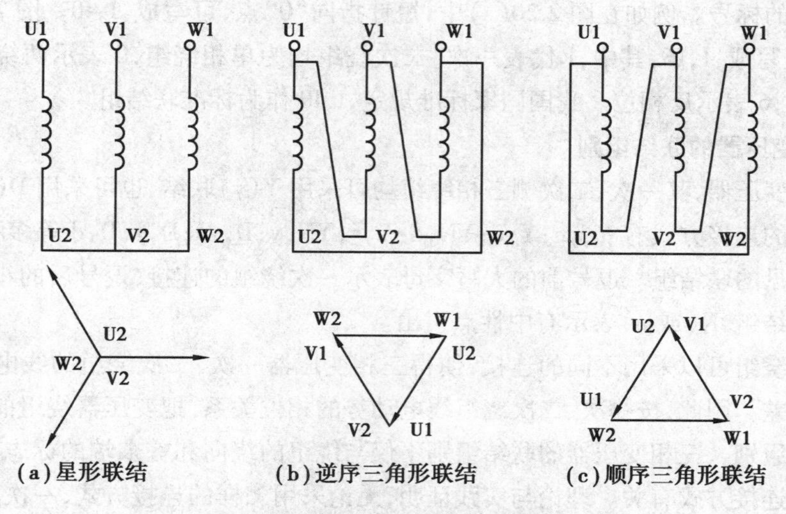

图2.19 三相绕组的连接方法及相量图

(2)单相变压器的联结组别

由于一台三相变压器可以看成由 3 台单相变压器组成,因此要清楚三相变压器一次、二次绕组线电动势(线电压)间的相位关系,需要掌握单相变压器一次、二次绕组电动势(电压)间的相位关系。

单相变压器的首端和末端有两种不同的标法:一种是将一次、二次绕组的同名端都标为首端(或末端),如图 2.20(a)所示,这时一次、二次绕组电动势$\dot{E}_U$ 和$\dot{E}_u$ 同相位(感应电动势的参考方向均规定从首端指向末端);另一种标法是把一次、二次绕组的异名端都标为首端(或末端),如图 2.20(b)所示,这时$\dot{E}_U$ 和$\dot{E}_u$ 反相位。

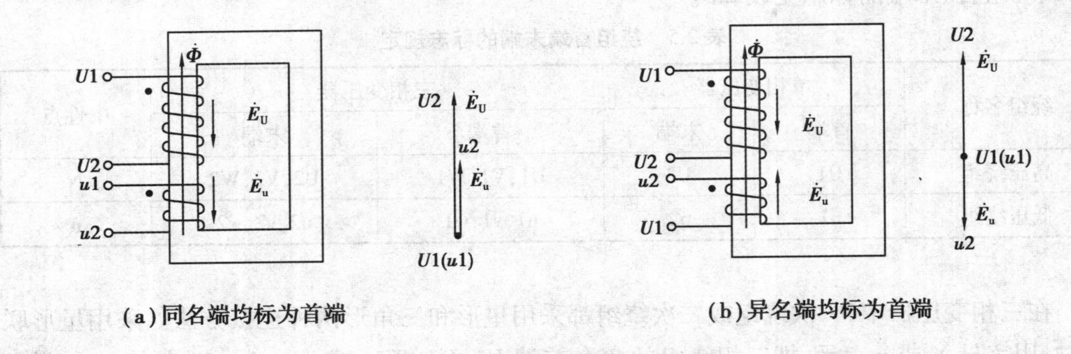

(a)同名端均标为首端　　(b)异名端均标为首端

图 2.20　单相变压器相位关系

综上分析可知,在单相变压器中,一次、二次绕组感应电动势之间的相位关系要么同相位,要么反相位,它取决于绕组的绕向和首末端的标记,即同名端同样标号电动势同相位。

为了形象地表示一次、二次绕组电动势之间的相位关系,采用时钟表示法。所谓时钟表示法,就是把一次绕组的电动势相量$\dot{E}_U$ 看作时钟的长针,并固定地指向"12"("0")点上,将二次绕组绕组电动势相量$\dot{E}_u$ 看作时钟的短针,看其指在哪一个数字上,这个数字即为单相变压器联结组别的标号。例如在图 2.20(a)中,短针指向"0"点,可写成:I,I0。图 2.20(b)短针指向"6"点,可写成:I,I6,其中,I 代表一次、二次绕组均为单相绕组,0 表示两绕组的电动势(电压)同相位,6 表示反相位。我国国家标准规定,I,I0 作为标准联结组。

(3)三相变压器的联结组别

对于三相变压器,其一次、二次侧三相绕组均可采用 Y(y)联结,也可采用 D(d)联结。因此三相变压器的连接方式有 Y,yn;Y,d;YN,d;Y,y;YN,y;D,yn;D,y;D,d 等多种组合,其中前 3 种为最常见的联结组。逗号前的大写字母表示一次绕组的连接,逗号后的小写字母表示二次绕组的联结组,N(或 n)表示有中性点引出。

由于三相绕组可以采用不同的连接,使得三相变压器一次、二次绕组的线电动势之间出现不同的相位差。因此,按一次、二次绕组线电动势的相位关系,把变压器绕组的连接分成各种不同的联结组别。三相变压器的联结组别不仅与绕组的绕向和首末端的标志有关,而且还与三相绕组的连接方式有关。理论与实践证明,无论采用怎样的连接方式,一次、二次绕组线电动势的相位差总是 30°的整数倍。因此,仍采用时钟表示法,即规定一次绕组线电动势$\dot{E}_{UV}$

为长针，指向钟面上的"0"点，二次绕组线电动势$\dot{E}_{uv}$为短针，这时短针所指的数字即为三相变压器的联结组别的标号，将该数字乘以30°，就是二次绕组线电动势滞后于一次绕组相应线电动势的相位角。

不同连接方式变压器的联结组别如下：

①Y，y联结

如图2.21（a）所示，变压器一次、二次绕组都采用星形接线，并且首端为同名端，这时一次、二次侧对应的相电动势之间相位相同，同时一次、二次侧对应的线电动势$\dot{E}_{UV}$与$\dot{E}_{uv}$之间的相位也相同，如图2.21（b）所示。这时如把$\dot{E}_{UV}$（长针）指向"0"点，则$\dot{E}_{uv}$（短针）也指向"0"点，这种连接方式称为Y，y0联结，其在时钟上的表示如图2.21（c）所示。

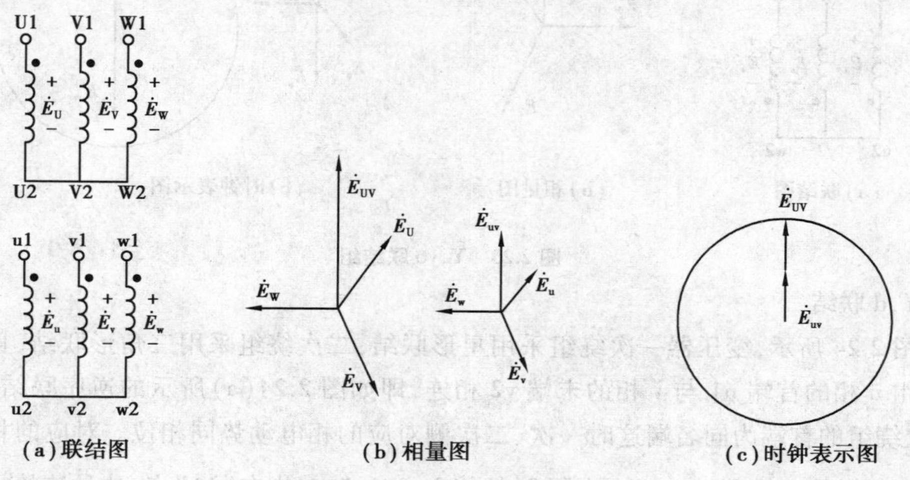

图2.21 Y，y0联结

若高压绕组的三相标志不变，而将低压绕组的三相标志依次后移一个铁芯柱，在相位图上相当于把各相应的电动势顺时针方向旋转了120°（即4个点），则可以得到Y，y4联结；如后移两个铁芯柱，则得"8"点钟接线，记为Y，y8联结，如图2.22所示。

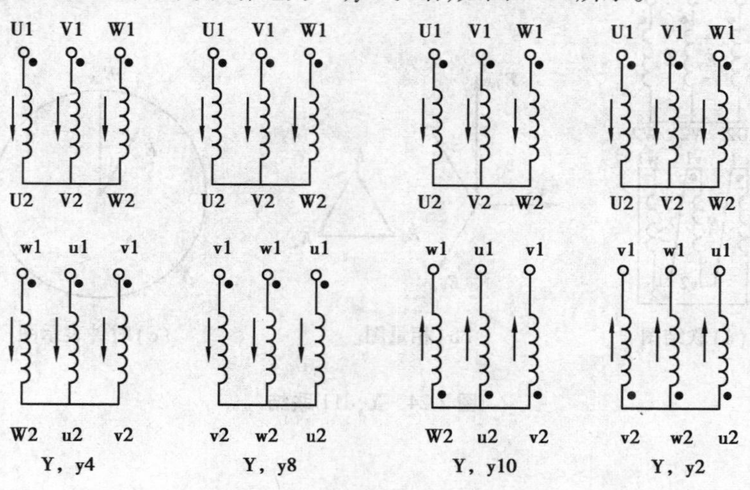

图2.22 其他Y，y联结

若在图 2.21 中，变压器一次、二次绕组的首端不是同名端，而是异名端，这时一次、二次绕组对应的电动势相量均相反，$\dot{E}_{uv}$ 指向“6”点，成为 Y，y6 联结，如图 2.23 所示。同理，将低压侧三相绕组依次后移一个或两个铁芯柱，便得到 Y，y10 或 Y，y2 联结，如图 2.22 所示。

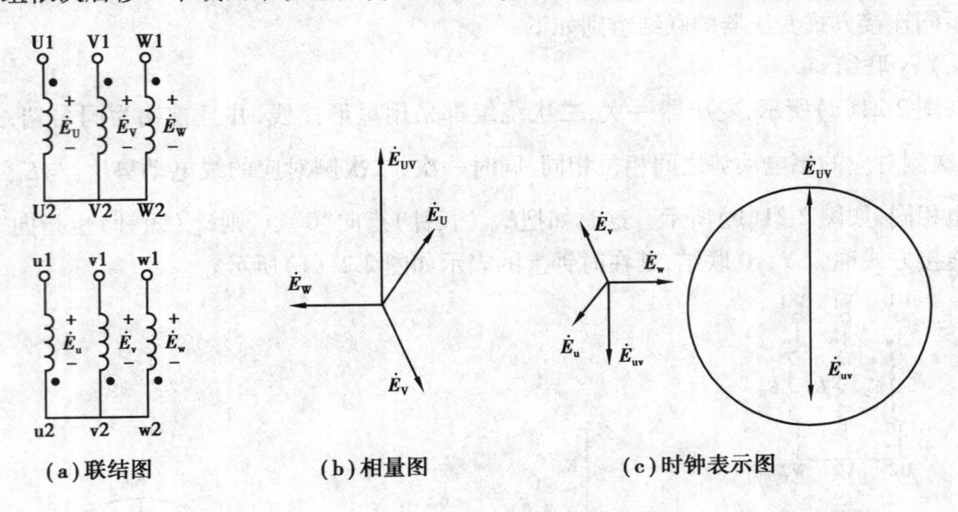

(a)联结图　(b)相量图　(c)时钟表示图

图 2.23　Y，y6 联结组

②Y，d 联结

如图 2.24 所示，变压器一次绕组采用星形联结，二次绕组采用三角形联结，且变压器二次绕组 u 相的首端 u1 与 v 相的末端 v2 相连，即如图 2.24(a)所示的逆序联结，同时一次、二次绕组的首端为同名端这时一次、二次侧对应的相电动势同相位。对应的相量图如图 2.24(b)所示。其中$\dot{E}_{uv}=-\dot{E}_{v}$，也即$\dot{E}_{uv}$超前$\dot{E}_{UV}$30°，时钟指向“11”点，这种连接方式称为 Y，d11 联结，如图 2.24(c)所示。同理，高压绕组三相标志不变，低压绕组三相标志依次后移，则得到 Y，d3 和 Y，d7 联结，如图2.25所示。

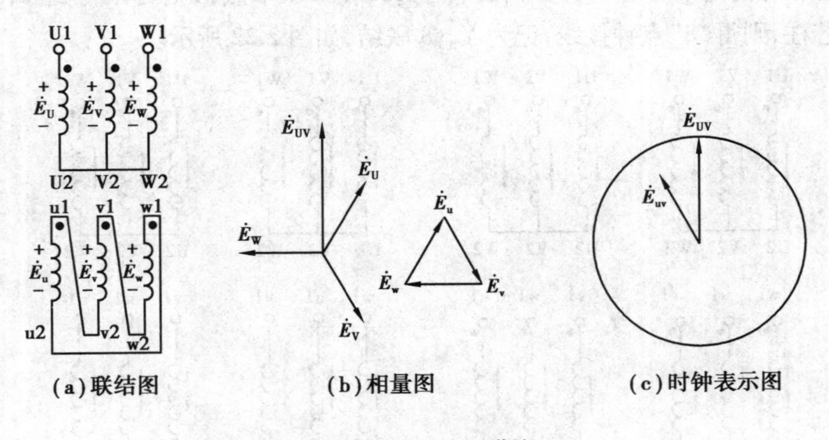

(a)联结图　(b)相量图　(c)时钟表示图

图 2.24　Y，d11 联结

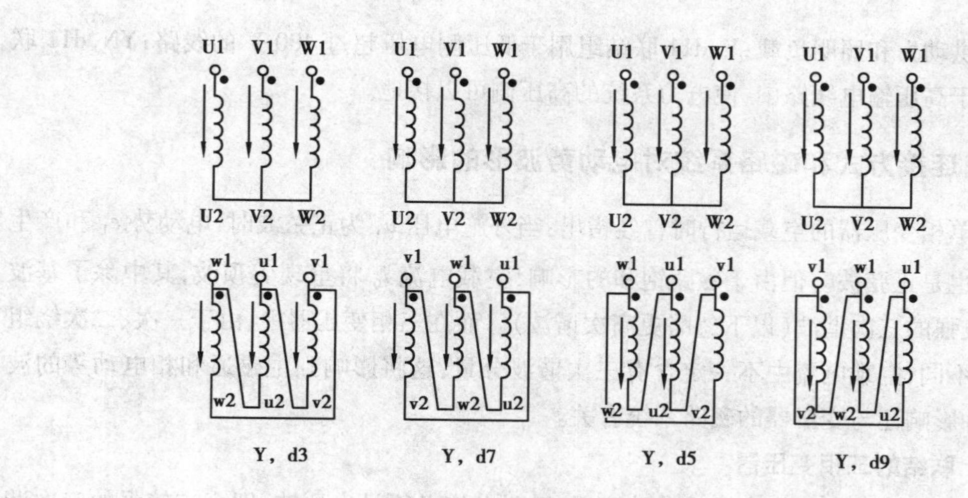

图 2.25　其他 Y,d 联结

如图 2.26 所示,变压器一次绕组仍采用星形联结,二次绕组仍采用三角形联结,但是变压器二次绕组 u 相的首端 u1 与 w 相的末端 w2 相连,如图 2.26(a)所示的顺序联结,同时一次、二次绕组的首端为同名端。这时一次、二次侧对应相的相电动势同相。对应的相量图如图 2.26(b)所示,其中$\dot{E}_{uv}=\dot{E}_{u}$,也即$\dot{E}_{uv}$滞后$\dot{E}_{UV}$30°,时钟指向"1"点,这种连接方式称为 Y,d1 联结,如图 2.26(c)所示。同理,若高压绕组三相标志不变,低压绕组三相标志依次后移,可以得到 Y,d5 和 Y,d9 联结,如图 2.25 所示。

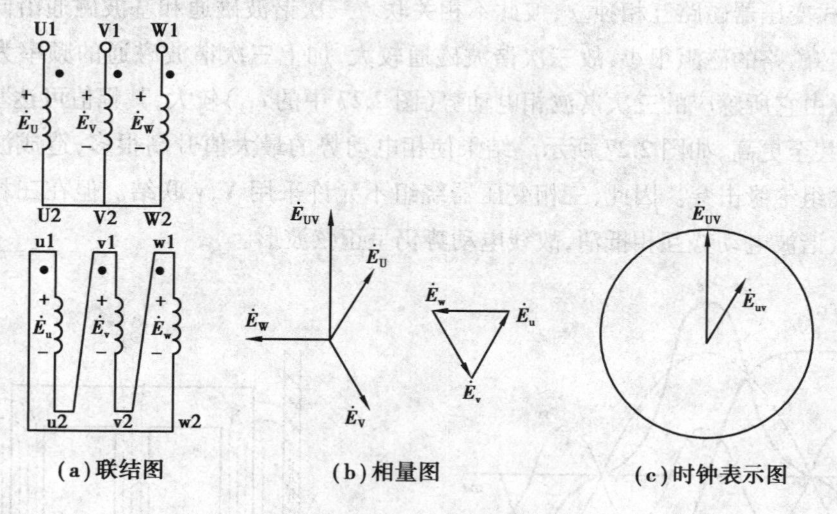

图 2.26　Y,d1 联结

综上所述,对 Y,y 联结,可得 0,2,4,6,8,10 等六个偶数组别。而对于 Y,d 联结,可得 1,3,5,7,9,11 等六个奇数组别,总共可得 12 个组别。

三相电力变压器的联结组别还有许多种,但为了制造及运行方便的需要,国家标准规定了三相双绕组电力变压器只采用 5 种标准联结组,即 Y,yn0;Y,d11;YN,d11;YN,y0 和 Y,y0,其中以前 3 种最常用。Y,yn0 联结组的二次侧可引出中性线,成为三相四线制,用于配电变压器时可兼供动力和照明负载；Y，d11 联结组用于低压侧电压超过 400 V 的线路；YN，d11 联结组主要用于高压输电线路中，使电力系统的高压侧可以接地。

3）绕组连接方式和磁路系统对电动势波形的影响

在分析单相变压器的空载运行时曾经指出：当外施电压 u_1 为正弦波时，电动势 e_1 和产生 e_1 的主磁通也是正弦波。但由于磁路饱和的影响，空载电流 i_0 将呈现尖顶波，其中除了基波外，还含有较强的三次谐波（以下忽略更高次谐波）。而在三相变压器中，由于一次、二次绕组的连接方法不同，空载电流中不一定含有三次谐波分量，这将影响到主磁通和相电动势的波形，而且这种影响还与变压器的磁路系统有关。

（1）Y，y 联结的三相变压器

如前所述，要在铁芯柱中产生正弦波磁通，励磁电流必须呈尖顶波，即含有较强的三次谐波。在三相系统中，各相电流的三次谐波之间的相位差 3×120°＝360°，即各相三次谐波电流在时间上同相位。在一次侧采用星形联结的三相绕组中，三次谐波电流不能流通，即空载电流中不含有三次谐波分量而接近正弦波形。由于变压器磁路的饱和特性，正弦波形的空载电流必激励出呈平顶波的主磁通。平顶波的主磁通中除基波磁通外，还含有三次谐波磁通，而三次谐波磁通的大小将决定于磁路系统的结构。

①组式变压器

三相组式变压器磁路互相独立，彼此不相关联。三次谐波磁通和基波磁通沿同一磁路闭合。由于铁芯磁路的磁阻很小，故三次谐波磁通较大，加上三次谐波磁通的频率为基波频率的 3 倍，所以由它所感应的三次谐波相电动势（图 2.27 中的 e_{13}）较大，其幅值可达基波幅值的 45%～60%，甚至更高，如图 2.27 所示。结果使相电动势的最大值升高很多，造成波形严重畸变，可能将绕组绝缘击穿。因此，三相变压器绕组不允许采用 Y，y 联结。但在三相线电动势中，由于三次谐波电动势互相抵消，故线电动势仍呈正弦波形。

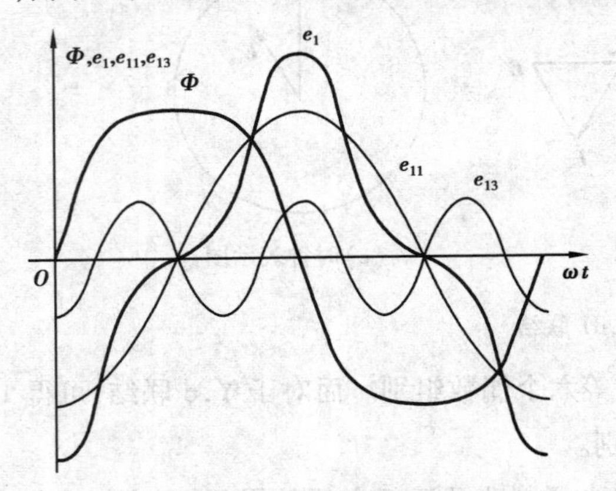

图 2.27　Y，y 联结三相变压器的相电动势波形

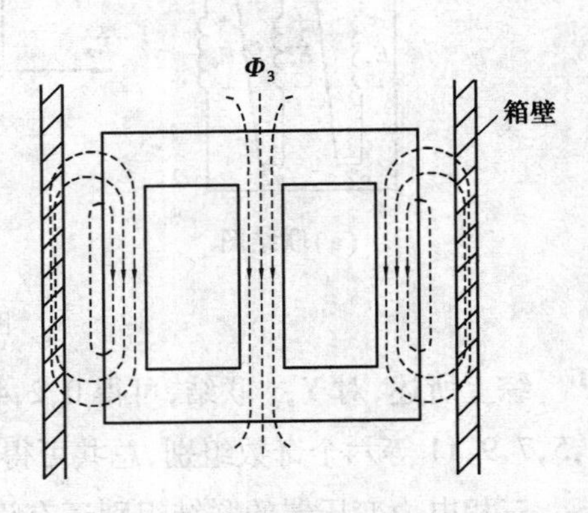

图 2.28　三相芯式铁芯中三次谐波磁通的路径

②三相芯式变压器

这种变压器的磁路各相彼此关联，而三相三次谐波磁通大小相等且方向相同，不能沿铁芯闭合，只能借助油箱和油箱壁等形成回路，如图 2.28 所示。这样三次谐波磁通就遇到很大的磁阻，使得它们大为削弱，主磁通接近正弦波，因此相电动势中三次谐波很小，电动势波形也接近正弦波。但由于三次谐波磁通通过油箱壁或其他铁构件时，将在这些构件中产生涡流损耗，引起变压器局部过热，降低变压器的效率，因此，变压器容量大于 1 800 kV · A 时，不宜采用芯式 Y，y 联结。

(2) YN，y 联结的三相变压器

由于变压器的一次侧与电源之间有中性线连接，空载电流的三次谐波分量有通路，故 i_0 呈尖顶波，主磁通及相电动势均为正弦波形，所以三相变压器可采用这种联结。

(3) D，y 及 Y，d 联结的三相变压器

①D，y 联结变压器

对于 D，y 联结的三相变压器，由于一次侧为三角形联结，在绕组内有三次谐波空载电流的通路，故 i_0 呈尖顶波，主磁通及相电动势均为正弦波形，其情况与 YN，y 联结相同。

②Y，d 联结变压器

对于 Y，d 联结的三相变压器，由于一次绕组为星形联结，无三次谐波空载电流通路，故 i_0 为正弦波，而主磁通为平顶波。主磁通中的三次谐波 $\dot{\Phi}_3$ 在二次绕组中感应的三次谐波电动势，滞后 $\dot{\Phi}_3$ 90°。在三次谐波电动势作用下，二次侧闭合的三角形回路中产生三次谐波电流。由于二次绕组电阻远小于其三次谐波电抗，三次谐波电流约滞后三次谐波电动势 90°，三次谐波电流建立的磁通 $\dot{\Phi}_{23}$ 的相位与 $\dot{\Phi}_3$ 接近相反，其结果大大削弱了 $\dot{\Phi}_3$ 的作用，因此合成磁通及其感应电动势均接近正弦波。

我国制造的 1 600 kV · A 以上的变压器，一次、二次侧总有一侧是接成三角形的，保证相电动势接近正弦波，从而避免相电动势波形畸变的影响。

(4) Y，yn 联结的三相变压器

变压器二次侧为 yn 联结，负载可为三次谐波电流提供通路，使相电动势波形有所改善。但由于负载阻抗的影响，为在二次绕组中产生一定的三次谐波电流，需要较大的三次谐波电动势，因此相电动势波形仍得不到较大的改善。这种连接基本与 Y，y 联结一样，只适用于容量较小的三相芯式变压器，而组式 Y，yn 联结仍不能采用。

课题 7　变压器的并联运行

在大容量的变电站中，常采用几台变压器并联的运行方式，即将这些变压器的一次、二次绕组分别连接到一次、二次侧的公共母线上，共同向负载供电，如图 2.29 所示。

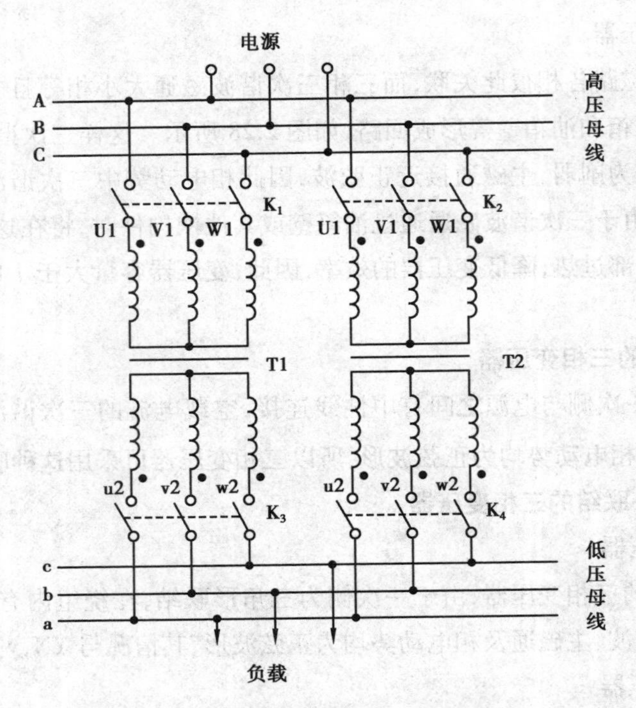

图 2.29　两台变压器并联运行的接线图

并联运行的优点有：

①提高供电的可靠性。并联运行时，如果某一台变压器发生故障或检修时，可以将它从电网中切除，另几台可继续供电而不中断供电。

②可以减少变压器的备用容量。

③可根据负载变化的情况，随时调整投入并联运行的台数，以提高变压器的运行效率。

④对负荷逐渐增加的变电所，可减少安装时的一次投资。

当然，并联变压器的台数过多也不经济，因为一台大容量变压器的造价要比总容量相同的几台小容量变压器的造价低，占地面积也小。

1)并联运行的理想条件

(1)变压器并联运行的理想情况

①空载时并联运行的各变压器绕组之间无环流，以免增加绕组的铜损耗。

②带负载后，各变压器的负载系数相等，即各变压器所分担的负载电流按各自容量大小成正比例分配，以使并联运行的各台容量得到充分利用。

③带负载后，各变压器所分担的负载电流应与总的负载电流同相位。这样在总的负载电流一定时，各变压器所分担的电流最小。如果各变压器的二次电流一定，则共同承担的负载电流为最大。

(2)并联运行需满足的条件

要达到上述理想并联运行的情况，并联运行的各变压器需满足下列条件：

①各变压器一次、二次侧额定电压应分别相等,即变比相同。

②各变压器的联结组别必须相同。

③各变压器的短路阻抗的标幺值要相等,且短路阻抗角也相等。

如果满足了前两个条件,则可保证空载时变压器绕组之间无环流,满足第三个条件时各台变压器能合理分担负载。在实际并联运行时,同时满足上述3个条件不容易也不现实,因此除条件②必须严格满足外,条件①、③允许有一定的误差。

2)并联条件不满足时的运行分析

为使分析明了,在分析某一条件不满足时,假设其他条件都是满足的,且以两台变压器并联运行为例来分析。

(1)变比不等的变压器并联运行

设两台变压器的联结组别相同,短路阻抗相等,但变比不相等,即 $k_{\mathrm{I}} \neq k_{\mathrm{II}}$。若它们一次侧接同一电源,一次电压相等,则二次空载电流必然不相等,分别为$\dot{U}_1/k_{\mathrm{I}}$和$\dot{U}_2/k_{\mathrm{II}}$,它们即为折算到二次侧的电压,从而得到并联运行时的简化等效电路,如图2.30所示。空载时,两变压器绕组之间的环流为

$$I_c = \frac{\dfrac{\dot{U}_1}{k_{\mathrm{I}}} - \dfrac{\dot{U}_1}{k_{\mathrm{II}}}}{Z_{k_{\mathrm{I}}} + Z_{k_{\mathrm{II}}}} \tag{2.60}$$

式中:$Z_{k_{\mathrm{I}}}$、$Z_{k_{\mathrm{II}}}$分别是变压器Ⅰ、Ⅱ折算到二次侧的短路阻抗。

由于变压器短路阻抗很小,因此即使变比差值很小,也能产生较大的环流。这既占用了变压器的容量,又增加了变压器的损耗,是很不利的。为保证空载环流不超过额定电流的10%,通常规定并联运行的变压器的变比差对变比的几何平均值之比应小于1%,即

$$\Delta k = \frac{k_{\mathrm{I}} - k_{\mathrm{II}}}{\sqrt{k_{\mathrm{I}} k_{\mathrm{II}}}} < 1\% \tag{2.61}$$

式中:$\sqrt{k_{\mathrm{I}} k_{\mathrm{II}}}$为变比的几何平均值。

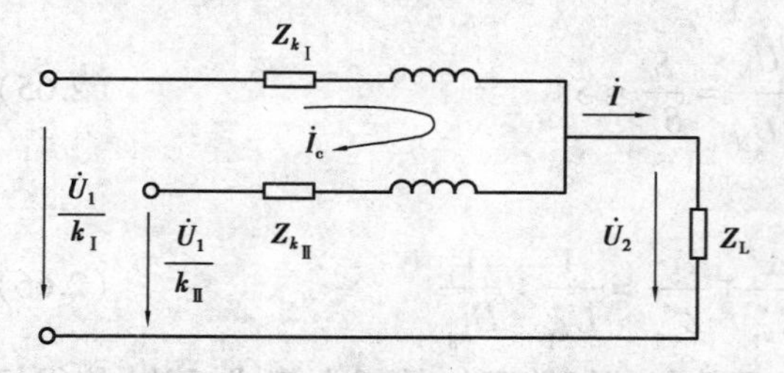

图2.30 变比不等的变压器并联运行

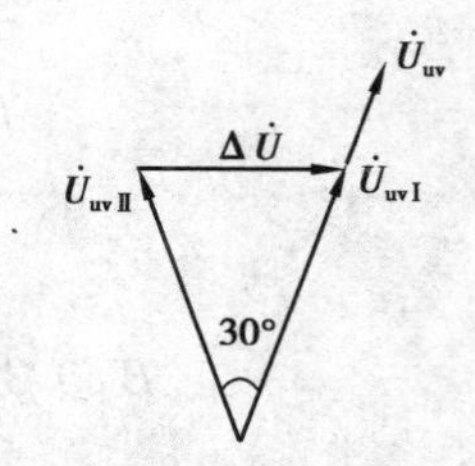

图2.31 Y,y0与Y,d11并联时二次电压向量图

(2)联结组别不同时的并联运行

联结组别不同的变压器,虽然一次、二次侧额定电压相同,在并联运行的情况下,由前面

联结组别的分析可知,二次侧线电压之间的相位至少相差 30°,因此,会产生很大的电压差。例如,Y,y0 与 Y,d11 两台变压器并联,如图 2.31 所示,此时二次绕组线电压之间的电压差 ΔU,其数值为

$$\Delta U = |\dot{U}_{\mathrm{uvI}} - \dot{U}_{\mathrm{uvII}}| = 2U_{\mathrm{uvI}} \sin \frac{30°}{2} = 0.518U_{\mathrm{uv}} \tag{2.62}$$

由于变压器短路阻抗很小,这么大的电压差将在两台并联变压器绕组中产生几倍于额定电流的空载环流,会烧毁绕组,故联结组别不同的变压器绝不允许并联运行。

(3)短路阻抗不等时变压器的并联运行

设两台变压器一次、二次额定电压对应相等,联结组别相同,环流不存在。满足了上面两个条件,可以把变压器并联在一起。略去励磁电流,得到如图 2.32 所示的等效电路。由图可知,两变压器阻抗压降相等,即

$$I_{\mathrm{I}} Z_{k_{\mathrm{I}}} = I_{\mathrm{II}} Z_{k_{\mathrm{II}}} \tag{2.63}$$

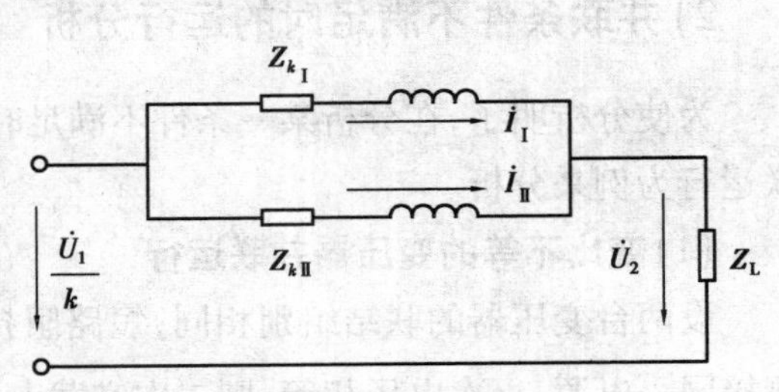

图 2.32 短路阻抗不等时并联运行的简化等效电路

由于并联的两变压器容量不等,故负载电流的分配是否合理不能直接从实际值来判断,而应从标幺值(负载系数)来判断。由式(2.63)得

$$\frac{I_{\mathrm{I}}}{I_{\mathrm{NI}}} \times Z_{k_{\mathrm{I}}} \frac{I_{\mathrm{NI}}}{U_{\mathrm{N}}} = \frac{I_{\mathrm{II}}}{I_{\mathrm{NII}}} \times Z_{k_{\mathrm{II}}} \frac{I_{\mathrm{NII}}}{U_{\mathrm{N}}}$$

即

$$\beta_{\mathrm{I}} Z^*_{k_{\mathrm{I}}} = \beta_{\mathrm{II}} Z^*_{k_{\mathrm{II}}}$$

故有

$$\beta_{\mathrm{I}} : \beta_{\mathrm{II}} = \frac{1}{Z^*_{k_{\mathrm{I}}}} : \frac{1}{Z^*_{k_{\mathrm{II}}}} \tag{2.64}$$

式中:β_{I},β_{II} 分别为第Ⅰ,Ⅱ台变压器的负载系数。

由于

$$\beta = \frac{I_2}{I_{\mathrm{N}}} = \frac{(\sqrt{3})I_2 U_{\mathrm{N}}}{(\sqrt{3})I_{\mathrm{N}} U_{\mathrm{N}}} = \frac{S}{S_{\mathrm{N}}} = S^* \tag{2.65}$$

故

$$\beta_{\mathrm{I}} : \beta_{\mathrm{II}} = S^*_{\mathrm{I}} : S^*_{\mathrm{II}} = \frac{1}{Z^*_{k_{\mathrm{I}}}} : \frac{1}{Z^*_{k_{\mathrm{II}}}} = \frac{1}{U^*_{k_{\mathrm{I}}}} : \frac{1}{U^*_{k_{\mathrm{II}}}} \tag{2.66}$$

式(2.66)表明,并联运行的各变压器的负载系数与其短路阻抗的标幺值成反比,使得短路阻抗标幺值大的变压器分担的负载小,而短路阻抗标幺值小的变压器分担的负载大。当短路阻抗标幺值小的变压器满载时,短路阻抗标幺值大的变压器欠载,故变压器的容量不能充分利用;当短路阻抗标幺值大的变压器满载时,短路阻抗标幺值小的变压器必然过载,长时间过载是不允许的。因此为了充分利用变压器容量,理想的负载分配应使各台变压器的负载系

数相等，这样变压器并联运行时，要求短路阻抗标幺值相等。

为使各台变压器所承担的电流相同，还要求各台变压器的短路阻抗角相等。一般来说，变压器的容量相差越大，它们的短路阻抗角相差也越大，因此，要求并联运行的各变压器中，最大容量和最小容量之比不大于3。

技能训练3　三相变压器变比及联结组别的测定

1)测定变比

(1)实验设备

实验设备见表2.6。

表2.6　实验设备

序　号	型　号	名　称	数量
1	D33	交流电压表	1件
2	D32	交流电流表	1件
3	D34.3	单三相智能功率、功率因数表	1件
4	DJ12	三相芯式变压器	1件
5	D42	三相可调电阻器	1件
6	D51	波形测试及开关板	1件

(2)屏上排列顺序

D33，D32，D34-3，DJ12，D42，D51。

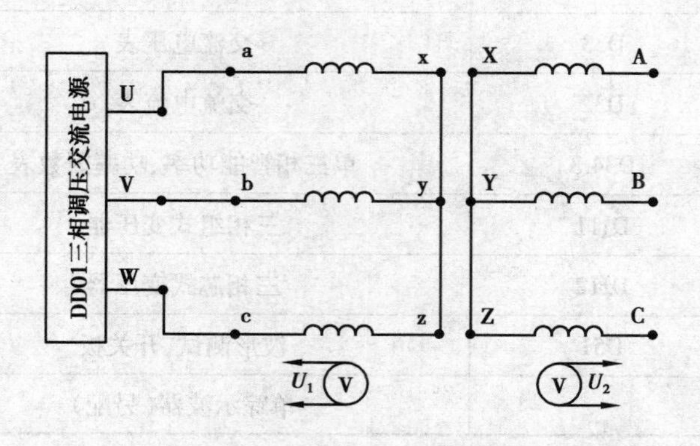

图2.33　三相变压器变比实验接线图

(3)测定变比

实验线路如图 2.33 所示，被测变压器选用 DJ12 三相三线圈芯式变压器，额定容量 P_N = 152/152/152W；U_N = 220/63.6/55 V；I_N = 0.4/1.38/1.6 A；Y，d，y 联结。实验时低压线圈接电源，高压线圈开路。将三相交流电源调到输出电压为零的位置。开启控制屏上电源总开关，按下"开"按钮，电源接通后，调节外施电压 $U = 0.5\ U_N = 27.5$ V 测取高、低线圈的线电压 U_{AB}，U_{BC}，U_{CA}，U_{ab}，U_{bc}，U_{ca}，记录于表 2.7 中。

表 2.7　实验数据

高压绕组线电压/V		低压绕组线电压/V		变比/k	
U_{AB}		U_{ab}		k_{AB}	
U_{BC}		U_{bc}		k_{BC}	
U_{CA}		U_{ca}		k_{CA}	

计算变比 k：

$$k_{AB} = \frac{U_{AB}}{U_{ab}}, k_{BC} = \frac{U_{BC}}{U_{bc}}, k_{CA} = \frac{U_{CA}}{U_{ca}}$$

平均变比：

$$k = \frac{1}{3}(k_{AB} + k_{BC} + k_{CA})$$

2)测定极性并判定联结组

(1)实验设备

实验设备见表 2.8。

表 2.8　实验设备

序　号	型　号	名　称	数　量
1	D33	交流电压表	1 件
2	D32	交流电流表	1 件
3	D34.3	单三相智能功率、功率因数表	1 件
4	DJ11	三相组式变压器	1 件
5	DJ12	三相芯式变压器	1 件
6	D51	波形测试，开关板	1 件
7		单踪示波器(另配)	1 台

(2)屏上排列顺序

D33，D32，D34.3，DJ12，DJ11，D51。

(3)测定极性

①测定相间极性

被测变压器选用三相芯式变压器 DJ12,用其中高压和低压两组绕组,额定容量 P_N = 152/152 W;U_N = 220/55 V;I_N = 0.4/1.6 A;Y,y 联结。测得阻值大的为高压绕组,用 A、B、C、X、Y、Z 标记。低压绕组标记用 a、b、c、x、y、z。

a.按图 2.34 接线。A,X 接电源的 U,V 两端子,Y,Z 短接。

b.接通交流电源,在绕组 A,X 间施加约 50%U_N的电压。

c.用电压表测出电压 U_{BY},U_{CZ}、U_{BC},若 $U_{BC} = |U_{BY}-U_{CZ}|$,则首末端标记正确;若 $U_{BC} = |U_{BY}+U_{CZ}|$,则标记不对,需将 B,C 两相任一相绕组的首末端标记对调。

d.用同样的方法,将 B,C 两相中的任一相施加电压,另外两相末端相连,定出每相首、末端正确的标记。

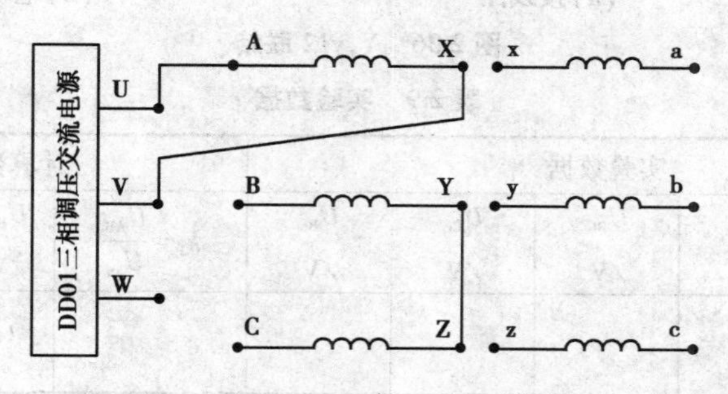

图 2.34 测定相间极性接线图

②测定高压、低压侧极性

a.暂时标出三相低压绕组的标记 a,b,c,x,y,z,然后按图 2.35 接线,高压、低压侧中性点用导线相连。

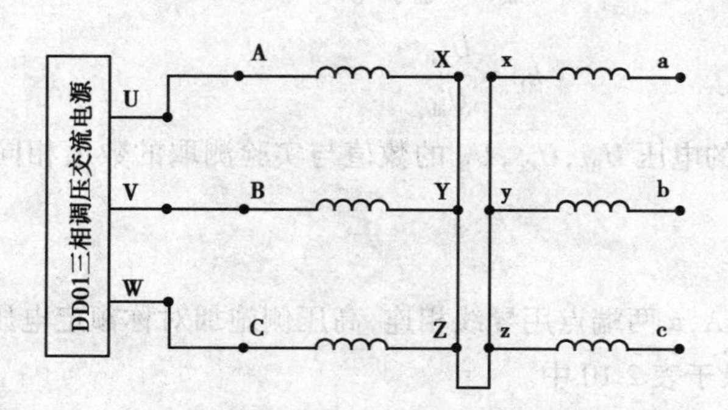

图 2.35 测定高压、低压侧极性接线图

b.高压三相绕组施加约 50%的额定电压,用电压表测量电压 U_{AX},U_{BY},U_{CZ},U_{ax},U_{by},U_{cz},U_{Aa},U_{Bb},U_{Cc}。若 $U_{Aa} = U_{Ax} - U_{ax}$,则 A 相高、低压绕组同相,并且首端 A 与 a 端点为同极性;若 $U_{Aa} = U_{AX} + U_{ax}$,则 A 与 a 端点为异极性。

c.用同样的方法判别出 B,b,C,c 两相高压、低压侧的极性。

d.高低压三相绕组的极性确定后,根据要求连接出不同的联结组。

(4)检验联结组

①Y,y12

按图2.36接线，其中A,a两端点用导线连接，在高压侧施加三相对称的额定电压，测出U_{AB},U_{ab},U_{Bb},U_{Cc}及U_{Bc}，将数据记录于表2.9中。

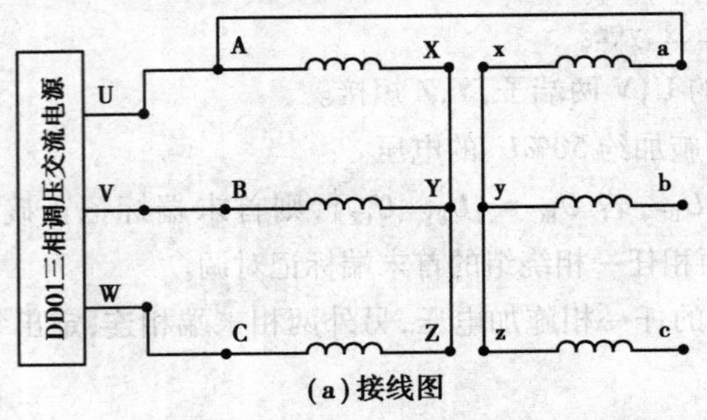

(a)接线图

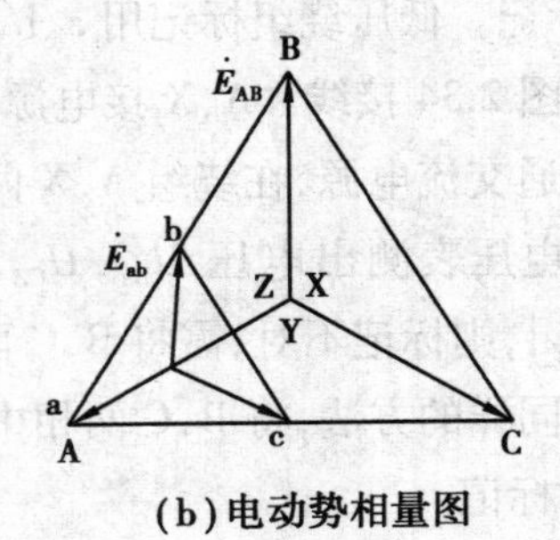

(b)电动势相量图

图2.36 Y,y12联结

表2.9 实验数据

实验数据					计算数据			
U_{AB} /V	U_{ab} /V	U_{Bb} /V	U_{Cc} /V	U_{Bc} /V	$k_L=\frac{U_{AB}}{U_{ab}}$	U_{Bb} /V	U_{Cc} /V	U_{Bc} /V

根据Y,y12联结的电动势相量图可得

$$U_{Bb}=U_{Cc}=(k_L-1)U_{ab}$$

$$U_{Bc}=U_{ab}\sqrt{k_L^2-k_L+1}$$

$$k_L=\frac{U_{AB}}{U_{ab}}$$

若用两式计算出的电压U_{Bb},U_{Cc},U_{Bc}的数值与实验测取的数值相同，则表示绕组连接正确，属Y,y12联结。

②Y,d11

按图2.37接线。A,a两端点用导线相连，高压侧施加对称额定电压，测取U_{AB}、U_{ab}、U_{Bb}、U_{Cc}及U_{Bc}，将数据记录于表2.10中。

表2.10 实验数据

实验数据					计算数据			
U_{AB} /V	U_{ab} /V	U_{Bb} /V	U_{Cc} /V	U_{Bc} /V	$k_L=\frac{U_{AB}}{U_{ab}}$	U_{Bb} /V	U_{Cc} /V	U_{Bc} /V

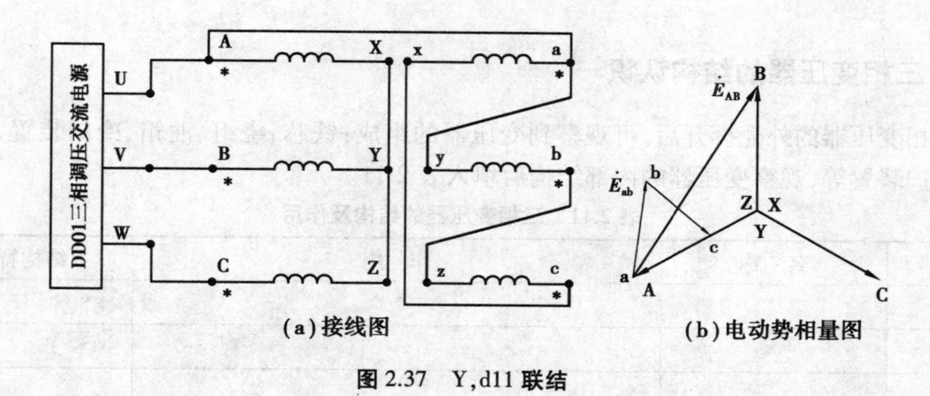

图 2.37　Y,d11 联结

根据 Y,d11 联结的电动势相量图可得

$$U_{Bb} = U_{Cc} = U_{Bc} = U_{ab}\sqrt{k_L^2 - \sqrt{3}k_L + 1}$$

若由上式计算出的电压 U_{Bb}、U_{Cc}、U_{Bc} 的数值与实测值相同,则绕组连接正确,属 Y,d11 联结。

技能训练 4　三相变压器的拆装与通电调试

1)三相变压器的拆卸

(1)设备及材料准备

变压器应装有铭牌。铭牌上应注明制造厂名,额定容量、一次和二次侧额定电压、电流、阻抗及联结组别等技术数据。变压器的容量、规格及型号必须符合设计要求。附件备件齐全,并有出厂合格证及技术文件。型钢:各种规格型钢应符合设计要求,并无明显锈蚀。螺栓:除地脚螺栓及防振装置螺栓外,均应采用镀锌螺栓,并配相应的平垫圈和弹簧垫。其他材料:电焊条、防锈漆、调和漆等均应符合设计要求,并有产品合格证。

(2)主要机具

①安装机具:台钻、砂轮、电焊机、气焊工具、电锤、台虎钳、活扳子、榔头、套丝板。

②测试器具:钢卷尺、钢板尺、水平尺、线坠、摇表、万用表、电桥及测试仪器。

(3)作业条件

施工图及技术资料齐全无误。

(4)拆卸方法

①断电,进行机身放电,拆下一次、二次侧外接线。清扫变压器外部,检查油箱、散热器、储油柜、防爆管、瓷套管等有无渗漏现象。

②放出变压器油,当油面放至接近铁芯、铁轭顶面时,即可拆除储油柜、防爆管、气体继电器。拆除箱盖上的连接螺栓,用起重设备将箱盖连同变压器铁芯绕组一起吊出箱壳。

2)三相变压器的结构认识

三相变压器的外壳拆开后,可观察到变压器的组成:铁芯、绕组、油箱、冷却装置、绝缘套管和保护装置等,观察变压器的内部结构后填入表 2.11。

表 2.11 三相变压器的结构及作用

序 号	名 称	作 用	结构特征
1			
2			
3			
4			
5			
6			
7			

3)三相变压器的装配

变压器拆卸完成后,便可进行装配。变压器装配的步骤是:用干燥的热油冲洗变压器器身,把变压器中的残油完全放出,并擦干箱底;将变压器铁芯吊入箱壳,安装附属部件;密封好油箱,再将变压器油注入变压器,进行油箱密封试验。

4)三相变压器装配后的连接要求

①连接紧密,连接螺栓的锁紧装置齐全,瓷套管不受外力。

②零线沿器身向下接至接地装置的线段,固定牢靠。

③器身各附件间连接的导线有保护管,接线盒固定牢靠,盒盖齐全。

④引向变压器的母线及其支架、电线保护管和接零线等均应便于拆卸,不妨碍变压器检修时移动。各连接用的螺栓螺纹漏出螺母 2~3 扣,保护管颜色一致,支架防腐完整。

⑤变压器及其附件外壳和其他非带电金属部件均应接地,并符合有关要求。

5)变压器通电调试运行前的检查

检查各种交接试验单据是否齐全,变压器一次、二次侧引线相位、相色正确,接地线等要接触良好。变压器应清理擦拭干净,顶盖上无遗留杂物,本体及附体无缺损,且不掺油。通风设施安装完毕,工作正常,事故排油设施完好,消防设施齐全。油浸变压器的油系统油门应拉开,油门指示正确,油位正常。油浸变压器的电压切换位置处于正常电压挡位。保护装置整定值符合规定要求,操作及联动试验正常。

6)三相变压器通电调试运行

①变压器空载投入冲击试验。变压器第一次投入时,可全压冲击合闸,冲击合闸时一般

可由高压侧投入。变压器第一次受电后,持续时间应不少于10 min,无异常情况。

②变压器空载运行检查方法主要是听声音。正常时发出嗡嗡声,异常时有以下几种情况发生:声音比较大而均匀时,可能是外加电压比较高;声音比较大而嘈杂时,可能是铁芯部分有松动;有吱吱的放电声音,可能是铁芯部分和套管表面有闪络;有爆裂声响,可能是铁芯部分有击穿现象。

③变压器调试运行。经过空载冲击试验后,可空载运行24~28 h,确认无异常后便可带半负荷进行运行。经过变压器半负荷通电调试运行符合安全运行规定后,再进行满负荷调试运行。变压器满负荷调试运行48 h,再次检查变压器温升、油位、渗油、冷却器运行。经过满负荷试验合格后,方可投入运行。

思考题与习题

2-1 变压器中主磁通与漏磁通的作用有什么不同?写出空载和负载时产生各磁通的磁动势。

2-2 变压器空载电流的性质和作用如何?其大小与哪些因素有关?

2-3 变压器的简化等效电路与T型等效电路相比,忽略了什么物理量?这两种等效电路各适用于什么场合?

2-4 什么叫变压器的空载试验?进行空载试验的目的是什么?

2-5 在分析变压器时,为何要进行折算?折算的条件是什么?如何进行具体折算?若用标幺值时是否还需要折算?

2-6 采用标幺值有何优点?

2-7 什么叫变压器的外特性?一般希望电力变压器的外特性曲线呈什么形状?

2-8 什么叫变压器的电压变化率?电力变压器的电压变化率应控制在什么范围内为好?

2-9 什么叫变压器的同名端?如何判定变压器的同名端?

2-10 什么叫三相变压器的联结组别?常用的联结组别有哪些?

2-11 变压器并联运行必须满足哪些条件?

2-12 一台单相变压器,各物理量的正方向如图2.38所示,试写出电动势和磁动势平衡方程式。

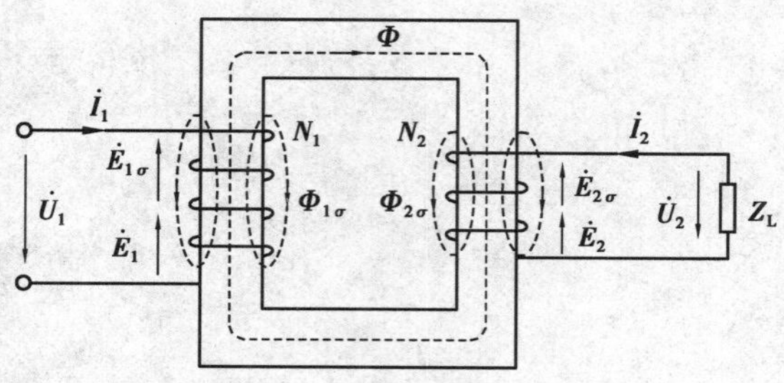

图2.38 习题2-12的附图

2-13　有一台单相变压器，额定容量 $S_N=100\ \text{kV}\cdot\text{A}$，额定电压 $U_{1N}/U_{2N}=6\ 000/230\ \text{V}$，$f=50\ \text{Hz}$。一次、二次绕组的电阻和漏电抗的数值为：$R_1=4.32\ \Omega$，$R_2=0.006\ 3\ \Omega$；$X_1=8.9\ \Omega$，$X_2=0.013\ \Omega$，试求：

(1)折算到一次侧的短路电阻 R'_k、短路电抗 X'_k 及短路阻抗 Z'_k。

(2)折算到二次侧的短路电阻 R'_k、短路电抗 X'_k 及短路阻抗 Z'_k。

(3)将上面的参数用标幺值表示。

2-14　画出图 2.39 中各变压器的一次、二次侧电动势相量图，并判断其联结组别。

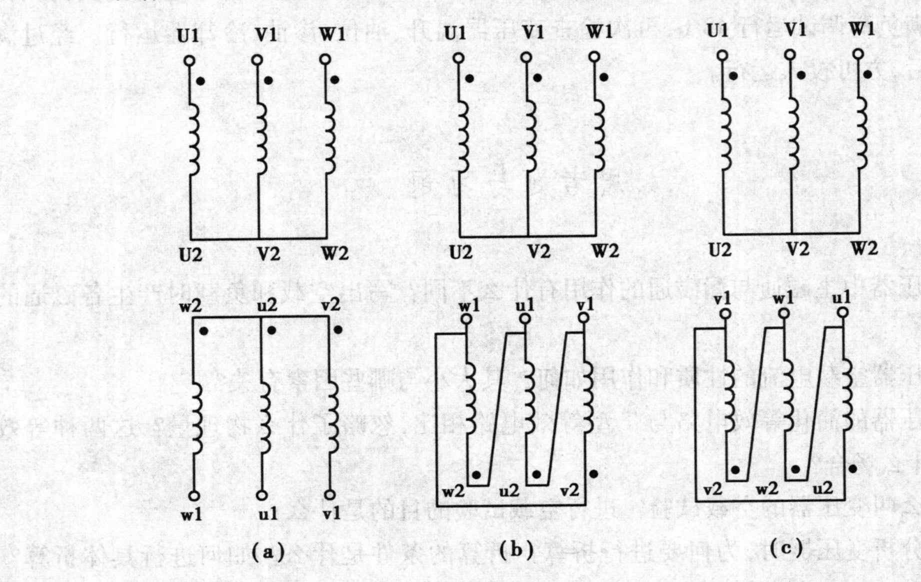

图 2.39　习题 2-14 的附图

项目 3
特殊用途变压器

【学习目标与任务】

学习目标:1.熟悉常见特殊用途变压器的用途、特点和工作原理。

2.掌握常见特殊用途变压器的使用注意事项。

学习任务:1.能准确辨别常见特殊用途变压器的结构。

2.具有电压互感器维护与检修的能力。

随着工业的不断发展,相应地出现了适用于各种用途的特殊变压器。特殊用途变压器一般用于一定的场合,它们具有特殊的用途和结构。使用特殊用途变压器时,一定要了解其结构特点,正确、安全地使用。

课题 1 自耦变压器

在高电压、大容量的输电系统中,自耦变压器常用于连接两个电压等级相近的电力网,作为联络变压器使用。自耦变压器的二次接点若采用滑动接触,则二次电压可以连续调节,这种自耦变压器称为调压器。此外,自耦变压器还可用作异步电动机的启动补偿器。

1)结构特点

普通的双绕组变压器的一次、二次绕组是互相绝缘的,它们之间只有磁的耦合,而没有电的直接联系。如果将双绕组变压器一次、二次绕组串联起来作为新的一次侧,而二次绕组仍作二次侧与负载阻抗相连接,便得到一台降压自耦变压器,图 3.1 是自耦变压器的外形及原理示意图。一次侧和二次侧公共部分的线圈称为公共绕组,非公共部分的线圈称为串联绕组。显然,自耦变压器的特点在于一次、二次绕组之间不仅有磁的耦合,还有电的直接联系。

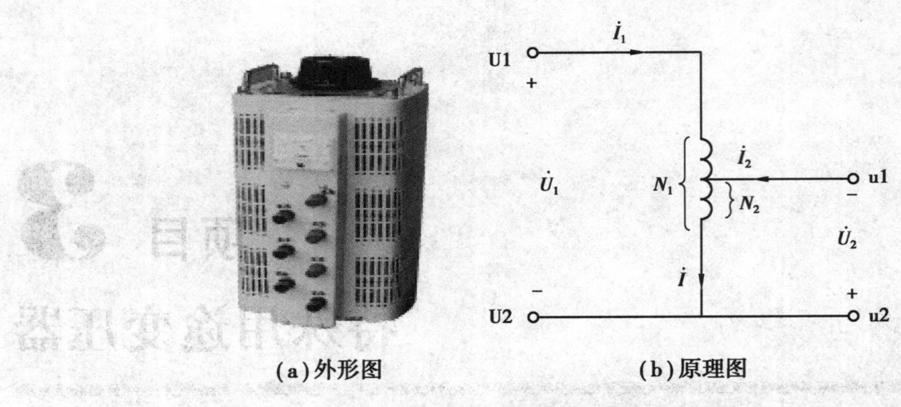

(a)外形图　　(b)原理图

图 3.1　自耦变压器的示意图

原理上,自耦变压器只是一个绕组的变压器。作为降压变压器使用时,从绕组中抽出一部分线匝作为二次侧,如图 3.1(b)所示。作为升压变压器时,所施加电压只加在绕组的一部分线匝上。升压自耦变压器和降压自耦变压器的原理相同。

2)电压、电流及容量关系

(1)电压关系

自耦变压器也是利用电磁感应原理工作的。当在一次绕组 U1U2 两端施加交变电压$\dot{U}_1$时,铁芯中产生交变磁通,并分别在一次、二次绕组中产生感应电动势,若忽略漏阻抗压降,则有

$$\begin{aligned} U_1 &\approx E_1 = 4.44 f N_1 \Phi_m \\ U_2 &\approx E_2 = 4.44 f N_2 \Phi_m \end{aligned} \tag{3.1}$$

自耦变压器的变比为

$$k_a = \frac{E_1}{E_2} = \frac{N_1}{N_2} = \frac{U_1}{U_2} \tag{3.2}$$

对于降压变压器,$k_a>1$。

(2)电流关系

负载运行时,外加电压为额定电压,主磁通近似为常数,总的励磁磁动势仍等于空载磁动势,即磁动势平衡方程式为

$$(N_1 - N_2)\dot{I}_1 + N_2\dot{I} = N_1\dot{I}_0 \tag{3.3}$$

由图 3.1(b)可知

$$\dot{I} = \dot{I}_1 + \dot{I}_2 \tag{3.4}$$

将式(3.4)代入式(3.3)中,得

$$(N_1 - N_2)\dot{I}_1 + N_2(\dot{I}_1 + \dot{I}_2) = N_1\dot{I}_0$$

经整理得

$$N_1\dot{I}_1 + N_2\dot{I}_2 = N_1\dot{I}_0 \tag{3.5}$$

若忽略励磁电流,得

$$N_1\dot{I}_1 + N_2\dot{I}_2 = 0$$

则

$$\dot{I}_1 = -\frac{N_2}{N_1}\dot{I}_2 = -\frac{\dot{I}_2}{k_a} \tag{3.6}$$

可见,一次、二次绕组电流的大小与匝数成反比,在相位上互差 180°。因此,流经公共绕组中的电流为

$$\dot{I} = \dot{I}_1 + \dot{I}_2 = -\frac{\dot{I}_2}{k_a} + \dot{I}_2 = \left(1 - \frac{1}{k_a}\right)\dot{I}_2 \tag{3.7}$$

在数值上,有

$$I = I_2 - I_1 \text{ 或 } I_2 = I + I_1 \tag{3.8}$$

式(3.8)表明,自耦变压器的输出电流为公共绕组中电流与一次绕组电流之和,由此可知,流经公共绕组中的电流总是小于输出电流 I_2。当变比 k_a 接近 1 时,则 I_1 与 I_2 的数值相差不大,即公共绕组中的电流很小,因此这部分绕组可用截面积较小的导线绕制。而公共部分的匝数几乎就是绕组的全部匝数,小电流在这里引起的损耗也小,经济效果显著。

(3)容量关系

普通双绕组变压器的铭牌容量和绕组的额定容量相等,但在自耦变压器中两者不相等。以单相自耦变压器为例,其铭牌容量为

$$S_N = U_{1N}I_{1N} = U_{2N}I_{2N} \tag{3.9}$$

而串联绕组 U1u1 段额定容量为

$$S_{U1u1} = U_{U1u1}I_{1N} = \frac{N_1 - N_2}{N_1}U_{1N}I_{1N} = \left(1 - \frac{1}{k_a}\right)S_N \tag{3.10}$$

公共绕组 u1u2 段额定容量为

$$S_{u1u2} = U_{u1u2}I = U_{2N}I_{2N}\left(1 - \frac{1}{k_a}\right) = \left(1 - \frac{1}{k_a}\right)S_N \tag{3.11}$$

比较式(3.10)和式(3.11)可知,串联绕组段额定容量与公共绕组段的额定容量相等,并均小于自耦变压器的铭牌容量。自耦变压器的变比越接近 1,绕组容量就越小,其优越性就越显著。因此,自耦变压器适用于一次、二次侧电压相差不大,即 $k_a<2$ 的场合。当变比 $k_a>2$ 时,好处就不多了。实际应用的自耦变压器,其变比一般为 1.2~2.0。

自耦变压器工作时,其输出容量为

$$S_2 = U_2I_2 = U_2(I + I_1) = U_2I + U_2I_1 \tag{3.12}$$

式(3.12)表明,自耦变压器的输出功率由两部分组成,其中,第一部分 U_2I 为电磁功率,是通过电磁感应作用从一次侧传递到负载中,与双绕组变压器传递方式相同;第二部分 U_2I_1 为传导功率,它是直接由电源经串联绕组传导到负载中,这部分功率只有在一次、二次绕组之

间有了电的联系时,才有可能出现,它不需要增加绕组容量。也正因为如此,自耦变压器的绕组容量才小于其额定容量。

3)自耦变压器的优缺点

①由于自耦变压器的绕组容量小于其额定容量,因此,与相同容量的双绕组变压器相比,自耦变压器体积小、材料少、重量轻。

②自耦变压器的有功损耗和无功损耗均低于同容量的普通变压器。

③自耦变压器短路阻抗的标幺值比构成它的双绕组变压器短路阻抗标幺值小,故短路电流较大。突然短路时会引起电动力增大,因此,必须加强自耦变压器的机械结构。

④由于自耦变压器一次、二次侧电路直接连在一起,当一次侧过电压时,会引起二次侧产生严重的过电压。为了避免危险,通常一次、二次侧都需要装避雷器。

课题2　互感器

互感器是一种用于测量的小容量变压器,其容量从几伏安到几百伏安。互感器有电流互感器和电压互感器两种,它们的工作原理与变压器相同。

采用互感器有两个目的:一是为了工作人员和仪表的安全,将测量回路与高压电网相互隔离;二是可以用小量程电流表测量大电流,用低量程电压表测量高电压。我国规程规定,电流互感器二次侧额定电流为5 A或1 A,电压互感器二次侧额定电压通常为100 V。

1)电流互感器

(1)电流互感器的结构

图3.2所示为电流互感器的原理及外形图,其一次绕组匝数很少,只有一匝到几匝,导线截面较大,且串联在被测电路中;二次绕组匝数比较多,导线截面较小,并与负载(阻抗很小的仪表)接成闭合回路。因此,电流互感器正常运行时相当于变压器的短路运行。

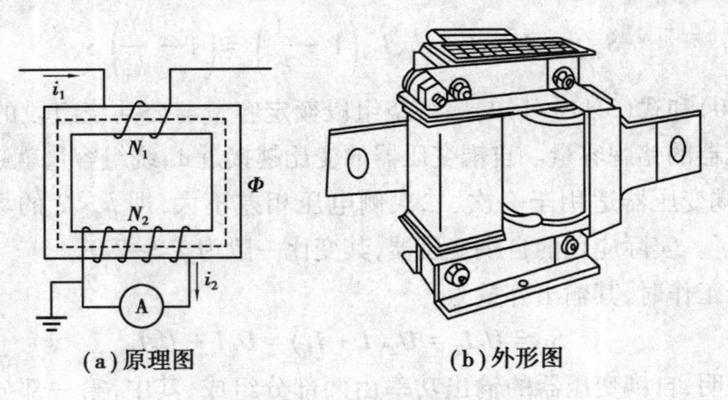

(a)原理图　(b)外形图

图3.2　电流互感器

（2）电流互感器的工作原理

如果忽略励磁电流，由变压器的磁动势平衡关系可得

$$\frac{I_1}{I_2}=\frac{N_2}{N_1}=k_i$$

即

$$I_1=k_iI_2 \tag{3.13}$$

式中：k_i 称为电流互感器的电流比，是个常数，标在电流互感器铭牌上。只要读出接在电流互感器二次绕组一侧电流表的读数，则一次电路的待测电流值利用式（3.13）得到。一般二次电流表用量程为5 A的仪表，只要改变接入的电流互感器的电流比，就可测量大小不同的一次电流。特别指出，I_1 只决定于系统，不决定于互感器。

与变压器一样，式（3.13）仅是一个近似计算公式，即利用电流互感器进行电流测量时存在一定的误差，根据误差的大小，我国规程规定测量用互感器有0.2级和0.5级两种。如0.5级的电流互感器表示在额定电流时，测量误差最大不超过±0.5%。电流互感器精确度越高，测量误差越小，但价格越贵。

（3）电流互感器使用的注意事项

①电流互感器的选择。使用时应根据被测电流的范围，选择合适的电流互感器的一次绕组额定电流与电流比，如200/5、500/5等。同时还要注意电流互感器的额定电压的选择，电流互感器的额定电压等级必须与被测线路电压等级相适应。

②运行中的电流互感器二次侧不得开路。因为一旦二次侧开路，电流互感器处于空载运行状态，此时一次侧被测线路电流全部为励磁电流，使铁芯处于高度饱和状态。一方面，导致铁芯损耗加剧、过热而损坏互感器绝缘；另一方面，使二次侧感应出很高的电压，不但使绝缘击穿，而且危及工作人员和设备的安全。此外，电流互感器二次侧开路，铁芯中的剩磁还会影响互感器的准确度。因此，在一次侧电路工作时，如需检修和拆换电流线圈，必须将电流互感器二次侧短路。

③为防止绝缘击穿带来的不安全，电流互感器二次绕组的一端以及铁芯均应可靠接地。

④电流互感器在连接时，必须注意一次、二次绕组接线端的极性。一次、二次绕组的电流正方向应如图3.2所示，此时 I_1 与 I_2 同向，如果接错不仅会使功率表、电度表倒走，而且在三相测量电路中还会引起其他严重故障。

（4）钳形电流表

为了在现场不切断电源的情况下测量电流，把电流表和电流互感器合起来制成钳形电流表。图3.3所示为钳形电流表的实物及原理电路图，互感器的铁芯成钳形，可以张开。使用时只要张开钳嘴，将待测电流的一根导线放入钳中，然后将铁芯闭合，钳形电流表就会显示读数。钳形电流表可以通过转换开关的拨挡，变换不同的量程，但拨挡时不允许带电进行操作。钳形电流表一般准确度不高，通常为2.5~5级。为了使用方便，表内还有不同量程的转换开关供测不同等级电流以及电压。

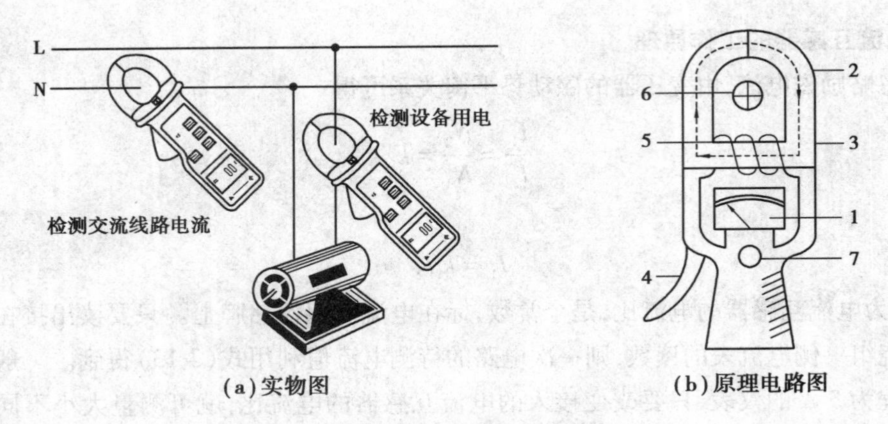

(a)实物图　　(b)原理电路图

图 3.3　钳形电流表

1—电流表;2—电流互感器;3—铁芯;4—手柄;

5—二次绕组;6—被测导线;7—量程开关

2)电压互感器

(1)电压互感器的结构

图 3.4 所示为电压互感器的外形及原理图,工作时电压互感器一次侧直接并联在被测的高压电路上,二次绕组与测量仪表和继电器的电压线圈、电压传感器等并联。由于这些负载阻抗很大,因此,电压互感器实际上相当于一台二次侧处于空载运行状态的变压器。电压互感器一次绕组匝数多,二次绕组匝数少。

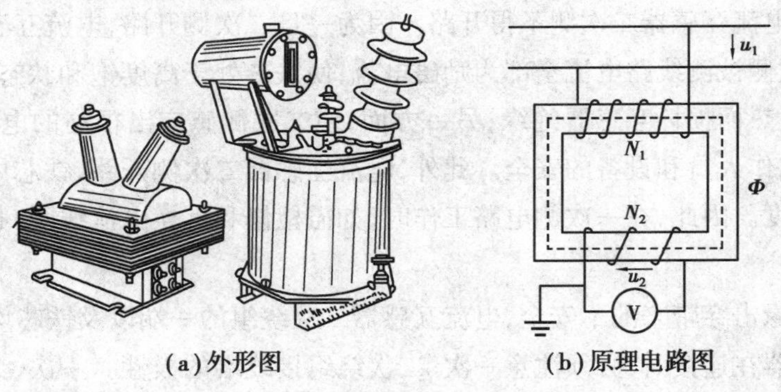

(a)外形图　　(b)原理电路图

图 3.4　电压互感器

(2)电压互感器工作原理

如果忽略漏阻抗压降,则有

$$\frac{U_1}{U_2}=\frac{N_1}{N_2}=k_u$$

即

$$U_1=k_u U_2 \tag{3.14}$$

式中:k_u 为电压互感器的电压比,是个常数,标在电压互感器铭牌上。

只要读出二次侧电压表的读数,一次侧电路的电压可利用式(3.14)得到。一般二次侧电压表均用量程为 100 V 的仪表,只要改变接入的电压互感器的电压比,就可测量高低不同的电压。

实际的电压互感器，一次、二次漏阻抗上都有压降。因此，一次、二次绕组电压比只是一个近似常数，必然存在误差。我国规程规定测量用电压互感器有0.2级和0.5级两个等级，每个等级允许误差可以参考有关技术标准。

(3)电压互感器使用的注意事项

①电压互感器的选择可从其电压等级和容量两个方面考虑。电压互感器一次绕组的额定电压应略大于被测电压，由于二次绕组的额定电压一般为100 V，与电压互感器配套的交流电压表量程应为100 V。电压互感器的容量应大于二次侧回路所有测量仪表的负载功率。

②电压互感器的二次侧不允许短路。如果二次侧短路，则会产生很大的短路电流，绕组将因过热而烧毁，为此电压互感器的一次、二次绕组都应安装熔断器。

③安装电压互感器时，电压互感器的铁芯及二次绕组的一端要可靠接地，以防止一次、二次绕组之间绝缘损坏或击穿时，一次绕组的高压窜入二次绕组，危及人身和设备安全。

④电压互感器有一定的额定容量，使用时二次绕组回路不宜接入过多的仪表，以免影响电压互感器的测量精度。

课题3　整流变压器

与整流器组成整流装置，从交流电源取得直流电能的变压器称为整流变压器。整流装置是现代工业中最常用的直流电源，广泛应用于电力牵引、直流输电等领域。整流变压器除了将电源电压变换成整流器所需要的电压外，还可以通过相位角的变换，改善交流侧及直流侧的运行特性。

1)整流变压器的原理及特点

整流变压器的运行原理和普通电力变压器相同，整流变压器就是降压变压器。整流变压器首先将交流电网电压变换成一定大小及相位的电压，再用整流器进行整流，输出给直流拖动设备。但是整流变压器所接负载一般是整流器加直流拖动设备，由于负载的特殊性，使得它与普通变压器又有不同之处。城市轨道交通中使用的整流变压器如图3.5所示。

图3.5　整流变压器外形图

整流变压器的一次侧接交流电力系统,称为网侧;二次侧接整流器,称为阀侧。与普通变压器相比,整流变压器具有以下特点:

①虽然整流变压器用正弦波从一次侧供电,但由于二次绕组每一相只在部分周期才有电流。因此,一次绕组的电流波形是非正弦的,这个特点确定了整流变压器二次侧容量大于一次侧容量。

②整流变压器的二次侧电流较大,而电压较低,因而,绕组和引线都要求有较高的机械强度。

③整流变压器可作单相、三相和多相,相数越多直流脉动越小,输出波形越平直。

④整流变压器的阻抗比普通变压器大,其外形较粗短,整流变压器的体积和重量,一般都比电力变压器大。

⑤整流变压器的容量利用率较低,例如,单相半波不可控整流电路的整流变压器利用系数约为 0.3,而普通变压器的利用系数接近 1。

2) 整流变压器的分类及结构特点

(1) 整流变压器的分类

①整流变压器的种类很多,按相数的不同分类,可分为单相、三相和多相(如六相或十二相等)。

②按整流电路的形式分类,可分为三相桥式整流变压器、双反星形带平衡电抗器的整流变压器和双反星形三相五柱式整流变压器。

③按调压方式分类,可分为不调压、无载调压和有载调压式整流变压器。

④按冷却方式分类,可分为干式和油浸式整流变压器。

(2) 整流变压器的结构特点

①整流变压器的铁芯采用优质冷轧硅钢片,在较大型整流变压器中,为了降低空载损耗,铁芯片采用全斜接缝。

②网侧绕组多采用连续式结构,调压绕组多采用层式结构。而阀侧绕组一般为双饼式结构,由于利用了电子计算机计算电场和线圈的冲击特性,使得绕组结构具有优良的电气特性和耐冲击强度。

③对于较大型整流变压器,油箱采用了折扳式结构,不仅美化了外形,而且大大提高了油箱的机械强度。

④整流变压器阀侧出线既有箱顶出线,又有箱壁出线,方便与整流装置的连线。

⑤整流变压器阀侧出线端子采用环氧浇注成形低压导电杆,使得变压器外形美观紧凑。

⑥整流变压器装有各种温度计、瓦斯继电器、释压器、互感器等保护装置,对于高电压产品采用隔膜式储油柜,以保证变压器的安全可靠运行。

3) 整流变压器的用途

整流变压器是变流器的电源。变流器是一种用以变换电能形式的电气设备,就其功能而言，可分为整流器、逆变器和变频器。整流器是把交流电压变为固定的或可调的直流电压；逆变器是把固定的直流电压变成固定或可调的交流压；变频器是把固定的交流频率变成可调的交流频率。整流变流器的用途很广泛，主要用于：

①牵引用直流电源。用于城市电力机车或矿山的直流电网，由于阀侧接架空线，短路故障较多，直流负载变化幅度大，电力机车经常启动，造成不同程度的短时过载。这类变压器的温升限值和电流密度均较低，阻抗比相应的电力变压器大30%左右。

②电化学工业。这是应用整流变压器最多的行业，电解有色金属化合物以制取铝、镁、铜及其他金属；电解食盐以制取氯碱；电解水以制取氢和氧。

③传动用直流电源。主要用来为电力传动中的直流电机供电，如轧钢机的电枢和励磁。

④直流输电用。这类整流变压器的电压一般在110 kV以上，容量在数万千伏安。

技能训练5　电压互感器的维护与检修

1）电压互感器的检修

电压互感器小修作业指导书见表3.1—3.4。

表3.1　基本条件

工作任务	电压互感器小修作业	作业指导书编号	
工作条件	无风沙、无雨雪	工种	变电检修
工作组成员及分工	作业人员共3人（不含高压试验和继电保护人员），工作负责人（监护人）1人，检修人员2人，各检修工随工作进程，由负责人指派担任相应工作。工作人员必须经安全培训考试合格后，持证上岗		
作业人员职责	工作负责（监护）人职责：办理工作票，组织并合理分配工作，进行安全教育，督促、监护工作人员遵守安全规程，检查工作票所记安全措施是否正确完备，安全措施是否符合现场实际条件。工作前必须对工作人员交代安全事项，对整个检修的安全、技术事项、工作内容等负责，工作结束后总结经验与不足之处，工作负责（监护）人不得兼做其他工作。 工作班成员：认真学习本作业指导书，严格遵守、执行安全规程和现场“安全措施卡”，互相关心施工安全		
标准作业时间	依具体工作而定		

表 3.2 所需工具、器材

常用工具		专用工具	
名称	数量	名称	数量
8 in 活扳手	2 把		
12~14 in 呆扳手	1 把		
汽油壶	2 kg 1 个		
6 in 活扳手	1 把		

表 3.3 所需耗材

序号	名称	规格	单位	数量
1	汽油		kg	1
2	砂布	100 号	张	2
3	导电膏			少许
4	螺丝	12 mm	套	3
5	棉纱		kg	0.5

表 3.4 作业步骤

序号	作业程序	质量要求及其监督检查	危险点分析及控制措施
1	小修准备工作		
1.1	技术准备	(1)熟悉技术资料、明确有关技术要求及质量标准 (2)编制施工作业指导书,内容包括设备性能、结构、小修程序、质量要求、工艺方法及注意事项 (3)进行技术交底和组织分工	使参加工作的人员明确质量要求、工艺方法及注意事项
1.2	材料、工具准备	按需要准备消耗材料及施工工具	材料妥善放置,工器具要定点放置整齐
2	电压互感器小修	(1)检查电压互感器一次、二次接线,应接触良好,线夹无裂纹,接地可靠 (2)检查电压互感器外瓷套应完好,无损伤、裂纹 (3)检查本地固定螺丝,应完好 (4)检查设备线夹,应无裂纹 (5)检查一次、二次接地,应接地可靠 (6)清擦外瓷套,按规定涂防污涂料	

2)电压互感器的维护

(1)电压互感器运行前的维护

按照电器试验规程进行全面试验并合格;外壳接地良好且无裂纹;油浸互感器无漏油。

(2)电压互感器日常维护

经常保持其表面清洁并定期检查,应检查接地线是否良好,电压互感器发热温度是否过高,电压互感器内部是否有放电声或其他噪声,电压互感器是否有严重漏油或喷油、臭味或冒烟等现象,电压互感器引线与外壳间是否有火花放电现象,电压互感器一次侧熔丝是否熔断。

思考题与习题

3-1　自耦变压器的绕组容量为什么小于其额定容量?一次、二次侧的功率是如何传递的?

3-2　同普通双绕组变压器相比,自耦变压器的结构特点是什么?自耦变压器的优缺点是什么?

3-3　电流互感器的作用是什么?能否在直流电路中使用?为什么?

3-4　电流互感器二次侧为什么不允许开路?电压互感器二次侧为什么不允许短路?

3-5　使用电压互感器进行测量时应注意哪些事项?

3-6　电流互感器和电压互感器产生误差的主要原因是什么?

3-7　和普通电力变压器相比,整流变压器有哪些特点?

3-8　有一台单相双绕组变压器额定容量为10 kV·A,额定电压230/2 300 V。现将高压绕组和低压绕组串联组成一个自耦变压器,使变比 k_a 尽量接近1,并将自耦变压器高压侧接到2 300 V交流电源。试求:

(1)自耦变压器开路时低压侧电压 U_{20}。

(2)自耦变压器的额定容量、传导功率和电磁功率。

3-9　一台单相双绕组变压器的数据为:S_N = 20 kV·A,U_{1N}/U_{2N} = 220/110 V,现把它改接为330/220 V的自耦变压器,求:

(1)自耦变压器的高、低压侧额定电流是多少?

(2)自耦变压器的输出容量是多少?

项目 4 交流电动机

【学习目标与任务】

学习目标：1.掌握交流电动机的结构、工作原理和铭牌。

2.熟悉交流电机绕组展开图的画法。

学习任务：1.能对交流电动机进行拆装及检修。

2.具有单相异步电动机常见故障处理及维修方法的能力。

课题 1 三相异步电动机

1) 三相异步电动机的结构

异步电动机主要由定子和转子两大部分组成，利用电磁感应原理实现将电能转换为机械能。定子相当于变压器的一次侧，转子相当于变压器的二次侧。图 4.1 所示为三相异步电动机的结构图。转子装在定子腔内，定子和转子之间存在较小的空气隙，称为气隙。

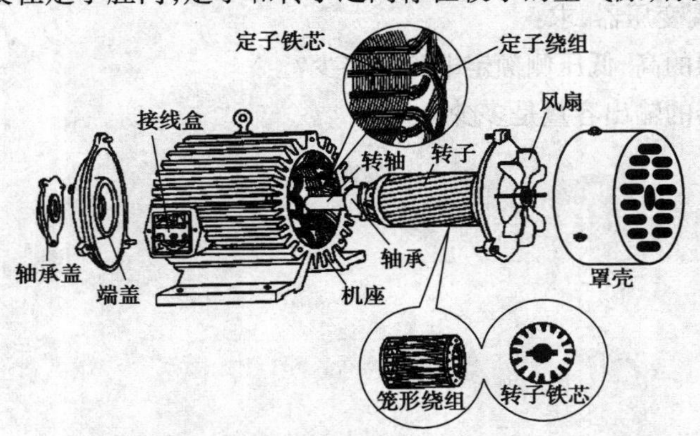

图 4.1　三相异步电动机结构图

(1)定子

异步电动机定子的主要作用是建立旋转磁场。定子是电动机中静止不动的部分,主要由定子铁芯、定子绕组、机座、端盖等组成。

①定子铁芯

定子铁芯固定在机座内,是电动机主磁路的一部分。为了减少交变磁场中铁芯产生的涡流损耗和磁滞损耗,铁芯通常由厚0.35~0.5 mm表面涂有绝缘漆的硅钢片冲制、叠压而成。一般大容量电动机定子硅钢片采用扇形冲片,图4.2所示为三相异步电动机的定子铁芯及冲片。当定子铁芯较长时,为了增加散热面,在轴向长度上每隔3~6 cm留有径向通风沟。为了嵌放定子绕组,在定子铁芯内圆冲出许多形状相同的槽。常用的定子铁芯槽形有半闭口槽、半开口槽和开口槽3种,如图4.3所示。其中,半闭口槽由于电动机的效率和功率因数较高,导致绕组嵌线和绝缘都较困难,一般用于小型低压电机中;半开口槽可嵌放成型绕组,一般用于大型、中型低压电机;开口槽用以嵌放成型绕组,绝缘方法简便,主要用于3 kV以上的高压电机中。

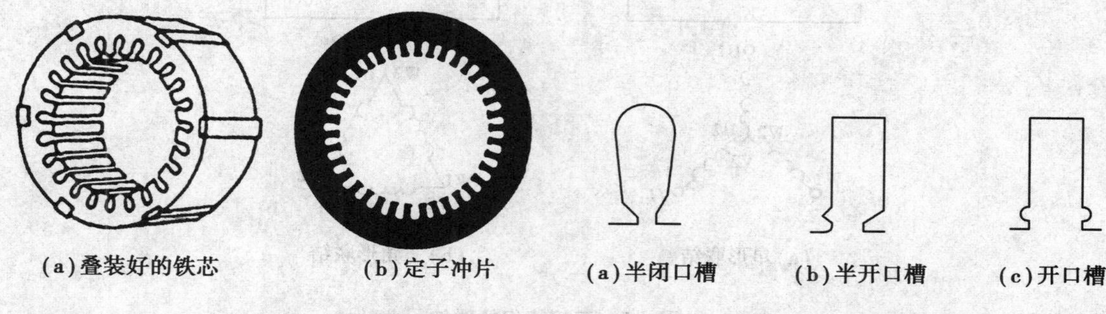

(a)叠装好的铁芯　(b)定子冲片

图4.2　三相异步电动机定子铁芯及冲片

(a)半闭口槽　(b)半开口槽　(c)开口槽

图4.3　异步电动机的定子槽形

②定子绕组

定子绕组是电动机的电路部分,其主要作用是通过电流产生旋转磁场,以实现机电能量的转换。为满足异步电动机的运行要求,三相定子绕组U1U2,V1V2,W1W2,每相绕组的形状、尺寸、匝数都相同,每个绕组又由若干线圈连接而成,线圈由带有绝缘的铜导线或铝导线绕制。小型异步电动机采用高强度漆包圆线,大型异步电动机采用矩形截面成型线圈。三相定子绕组在空间按相位差120°的电角度对称嵌入定子铁芯内圆槽,当给电动机通入三相交流电时,定子绕组中产生旋转磁场,如图4.4所示。三相定子绕组的连接方式有星形联结或三角形联结,三相绕组的6个出线端都引至接线盒上,首端分别为U1、V1、W1,末端分别为U2、V2、W2,如图4.5所示。有的电机用AX、BY、CZ表示三相绕组,其中A、B、C表示绕组的首端,X、Y、Z表示绕组的末端。

三相定子绕组之间及绕组与定子铁芯槽间均垫以绝缘材料,定子绕组在槽内嵌放完毕后再用胶木槽楔紧固。常用的绝缘材料有聚酯薄膜青壳纸、聚酯薄膜、聚酯薄膜玻璃漆布箔、聚四氟乙烯薄膜。

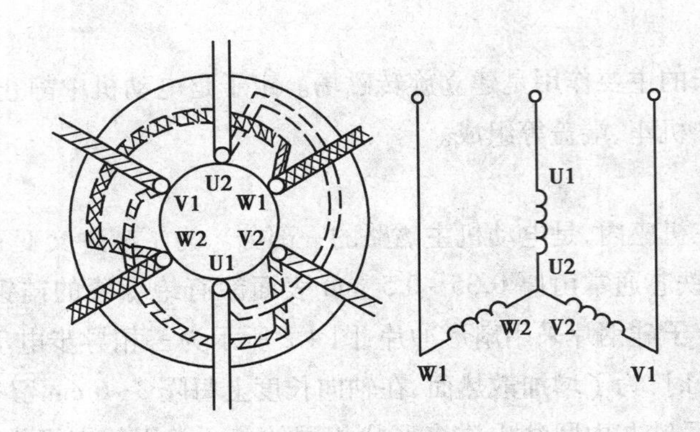

图 4.4　三相异步电动机的定子绕组

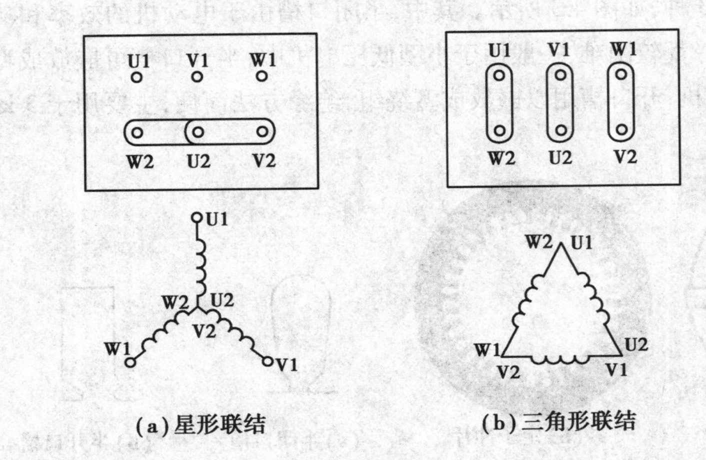

(a) 星形联结

(b) 三角形联结

图 4.5　三相绕组的联结

③机座

机座的主要作用是固定和支撑定子铁芯，因此，要求其有足够的机械强度和刚度，能够承受运输和运行中的各种作用力。中、小型电动机通常采用铸铁机座，为增加散热面，在机座外表面有散热筋。大容量电动机采用钢板焊接机座，为满足通风散热要求，机座内表面和定子铁芯隔开适当的距离以形成空腔，作为冷却空气的通道。三相异步电动机机座的外形如图4.6所示。

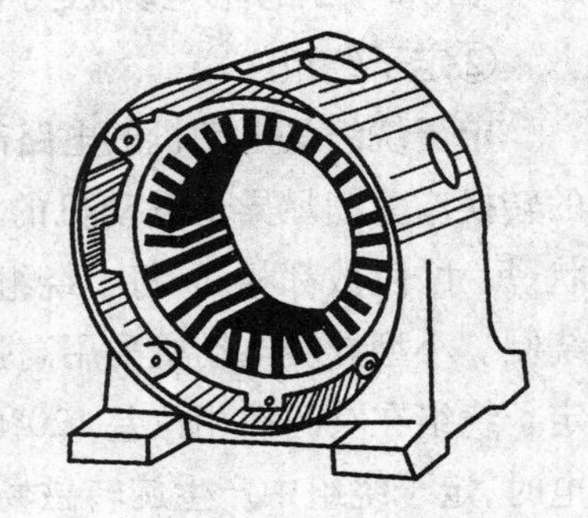

图 4.6　三相异步电动机的机座

④端盖

定子机座两端装有端盖，端盖由铸铁或钢板制成。有的端盖中央还装有轴承，轴承用来支撑转子。

(2) 转子

异步电动机转子主要是利用旋转磁场感应产生转子电流，从而产生电磁转矩。转子是电动机的旋转部分，主要由转子铁芯、转子绕组、转轴和风扇等组成。

①转子铁芯

转子铁芯也是电机主磁路的一部分，通常是由 0.5 mm 厚的硅钢片叠压成圆柱体套装在转轴上，转子铁芯表面均匀分布的槽内嵌放有转子绕组。

②转子绕组

转子绕组是转子的电路部分，其作用是产生感应电动势及电流，并形成电磁转矩而使电动机旋转。转子绕组分为鼠笼式和绕线式两种。

a.鼠笼式绕组

鼠笼式绕组的电动机也称为鼠笼式异步电动机，其结构较简单。在转子铁芯的每一个槽中，插入一根裸导条，在铁芯两端分别用两个短路环把导条连成一个整体，形成一个自身闭合的短接回路。如不考虑铁芯，仅由转子导条和端环构成的转子绕组外形像一个松鼠笼子，故称为鼠笼式绕组，如图 4.7 所示。为了节约用铜，一般中、小型鼠笼式电动机的导条、端环和端环外的风扇由铝液铸成一体，如图 4.7(a)所示。大型鼠笼式电动机则用铜导条和铜端环焊接而成，如图 4.7(b)所示。

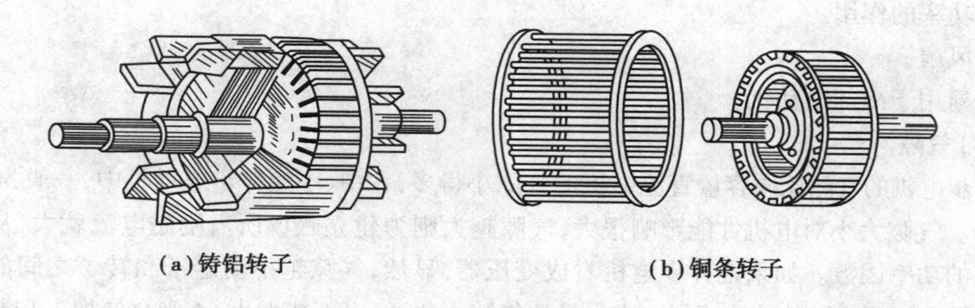

(a)铸铝转子　　(b)铜条转子

图 4.7　鼠笼式转子外形图

由于鼠笼式转子导条的两端分别被两个端环短路，形成一个闭合的绕组，并且此绕组在结构上是对称的，因此，鼠笼式绕组实质上是一个对称的多相绕组。

b.绕线式绕组

绕线式绕组的电动机也称为绕线式异步电动机。绕线式绕组是指转子铁芯槽内放置三相对称绕组，它和定子绕组相似，其极数、相数设计得和定子相等。绕线式绕组一般接为星形，转子三相绕组末端接在一起，始端分别引至轴上的三个互相绝缘的铜质滑环上，再经过电刷接在转子回路的可调变阻器上，其转子结构及接线如图 4.8 所示。调节该变阻器的电阻值可达到调节电动机转速的目的，而鼠笼式异步电动机转子绕组由于被本身的端环直接短路，故转子电流无法按需要进行调节。有的绕线式电动机还装有电刷短路装置，在电动机启动完毕且不需要调节转速时，把电刷提起并同时将 3 个滑环短路，以减小电刷的磨损和摩擦损耗。

与鼠笼式异步电动机相比，绕线式电动机存在结构复杂、维修较麻烦、造价高等缺点。因此，对启动性能要求较高和需要调速的场合才选用绕线式电动机。

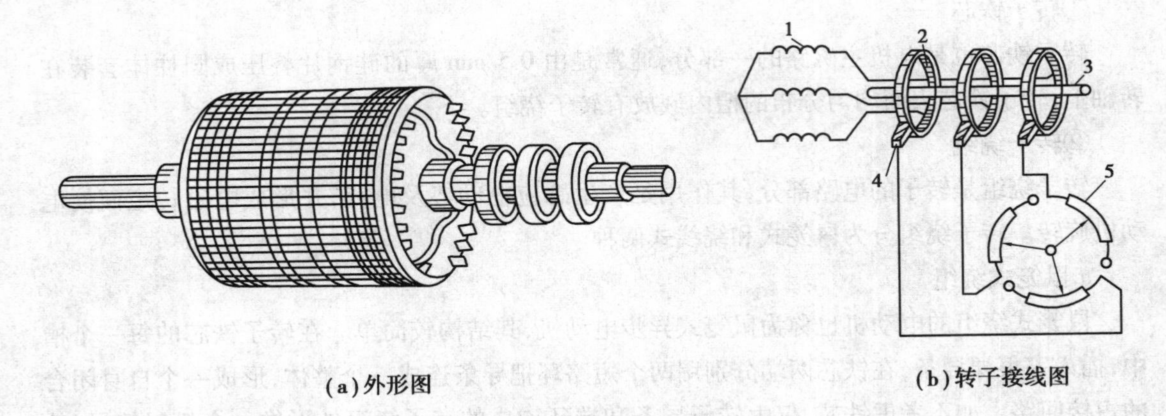

(a)外形图

(b)转子接线图

图 4.8 绕线式转子结构示意图

1—绕组;2—滑环;3—轴;4—电刷;5—变阻器

③转轴

转子的转轴用强度和刚度较高的中碳钢加工而成,一是为了支撑和固定转子铁芯;二是起传递功率的作用。

④风扇

风扇用于冷却电动机。

(3)气隙

异步电机的气隙比同容量直流电机的气隙小得多,在中、小型异步电动机中,一般为 0.2~1.5 mm。气隙大小对电机性能影响很大,气隙越大则为建立磁场所需励磁电流就大,从而降低电机的功率因数。如果把异步电机看成变压器,显然,气隙越小则定子和转子之间的相互感应(即耦合)作用就越好。因此,应尽量让气隙小些,但也不能太小,否则会使加工和装配困难,运转时定子与转子的铁芯相碰。

2)三相异步电动机的基本工作原理

(1)转动原理

图 4.9 所示为三相异步电动机原理图,其基本工作原理如下:

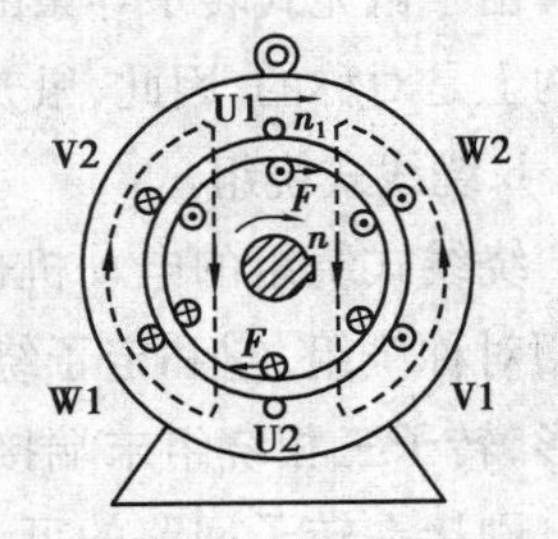

图 4.9 三相异步电动机原理图

①电生磁:当三相异步电动机定子绕组 U1U2, V1V2, W1W2 通入三相对称电流时,在气隙中便产生圆形旋转磁场,这个磁场的转速 n_1 称为同步转速,它与 f_1 及 p 的关系为

$$n_1 = \frac{60 f_1}{p} \tag{4.1}$$

式中,f_1 为电网的频率,Hz;p 为电动机的磁极对数;n_1 为转速,r/min。

②磁生电:由于旋转磁场与转子绕组存在着相对运动,旋转磁场切割转子绕组,在转子绕组中产生感应电动势。由于转子绕组自成闭合回路,因此,该电动势将在转子绕组形成电流。转子绕组感应电动势的方向由右手定则确定,若略去转子阻抗,则感应电动势的方向即是感

应电流的方向。

③电磁力:转子绕组中的感应电流与旋转磁场相互作用,在转子上产生电磁力,电磁力的方向按左手定则判定。该电磁力在转子轴上形成电磁转矩,使异步电动机以转速 n 旋转。如果电动机转轴上带有机械负载,则机械负载随着电动机的旋转而旋转,从而将定子绕组输入的三相交流电能转化为轴端输出的机械能。

综合以上分析可知,三相异步电动机转动的基本工作原理是:三相对称绕组中通入三相对称电流产生圆形旋转磁场;转子导体切割旋转磁场感应电动势和电流;转子载流导体在磁场中受到电磁力的作用,从而形成电磁转矩,使转子旋转。

异步电动机旋转磁场的方向取决于异步电动机三相电流的相序,因此,三相异步电动机的转向与电流的相序一致。要改变转向,只需改变电流的相序即可,即任意对调电动机的两根电源线,便可使电动机反转。异步电动机的定子和转子之间能量的传递靠电磁感应作用,故异步电动机又称为感应电动机。

(2)转差率 s

从转动原理分析可知,异步电动机转子转动的方向虽与旋转磁场转动方向相同,但转子的转速 n 不能达到同步转速 n_1,即 $n<n_1$。这是因为,两者如果相等,转子与旋转磁场就不存在相对运动,转子绕组中也就不再感应出电动势和电流,转子不会受到电磁转矩的作用,当然不可能继续转动。由此可知,异步电动机转子的转速 n 总是和同步转速 n_1 存在一定的差异,"异步"也从这得名。n 和 n_1 的差异是异步电动机产生电磁转矩的必要条件。

同步转速 n_1 与转子的转速 n 之差称为转差,通常将转差(n_1-n)与旋转磁场的转速 n_1 的比值称为异步电动机的转差率,用 s 表示,即

$$s=\frac{n_1-n}{n_1} \tag{4.2}$$

由式(4.2)可知,当转子尚未转动时(如启动瞬间),$n=0$,此时 $s=1$;当转子转速接近同步转速(空载运行)时,$n\approx n_1$ 时,$s\approx 0$。因此,异步电动机正常运行时 s 值的范围是 $0<s<1$。由于异步电动机额定转速 n_N 与旋转磁场的转速 n_1 接近,故一般额定转差率 s_N 为 0.01~0.06。转差率是分析异步电动机运行性能的一个重要物理量,通过转差率 s 的大小和正负可确定异步电机的运行状态。

(3)异步电机的运行状态

由前面分析可知,只要异步电动机转子的转速与旋转磁场的转速存在差异,转子绕组中就会感应出电动势和电流,从而产生电磁转矩。异步电机可能有 3 种状态:电动机运行、发电机运行和电磁制动运行。

①电动机运行状态

从电动机工作原理的分析可知,当转子转速小于同步转速,且与旋转磁场转向相同时($n<n_1$,$0<s<1$),异步电动机为电动机运行状态。这时,转子感应电流与旋转磁场相互作用,在转子上产生电磁力作用,如图 4.10(b)所示。图中 N,S 表示旋转磁场的等效磁极;转子导体中的"×"和"."表示转子感应电动势及电流的有功分量;f 表示转子受到的电磁力。由分析判断可知:电磁转矩与转子转向相同,该电磁转矩为驱动性质,电动机便在此电磁转矩作用下克服

制动的负载转矩做功,向负载输出机械功率。也就是说,定子把从电网吸收的电功率转换为机械功率,从而输送给转轴上的负载。

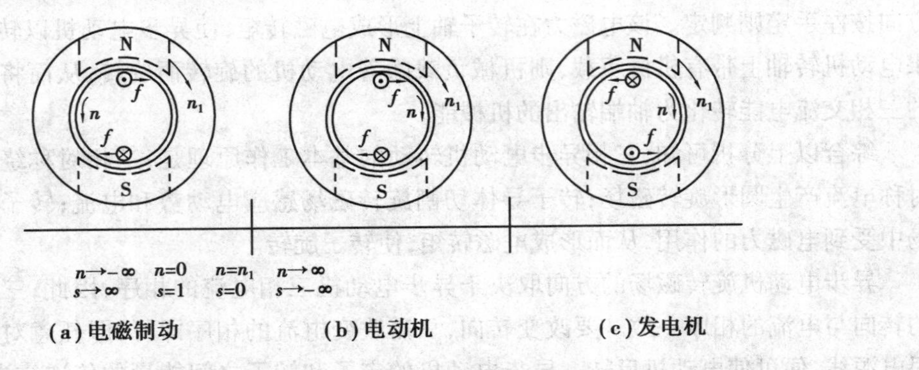

图 4.10 异步电动机三种运行状态

②发电机运行状态

当原动机驱动异步电动机,使其转子转速 n 超过旋转磁场的转速 n_1,且两者同方向($n>n_1,-\infty<s<0$)时,旋转磁场切割转子绕组,产生的转子电流与电动机状态时反向。旋转磁场与该转子电流相互作用,将产生制动性质的电磁力和电磁转矩,如图 4.10(c)所示。若要维持转子转速 n 大于 n_1 时,原动机必须向异步电动机输入机械功率,以克服电磁转矩做功,从而将输入的机械功率转化为定子侧的电功率输送给电网。此时,异步电动机运行于发电机状态。异步电动机运行状态是可逆的,既可以作发电机运行,又可作电动机运行。

③电磁制动运行状态

当异步电动机定子绕组产生旋转磁场的同时,一个外施转矩驱动转子以转速 n 逆着旋转磁场的方向旋转($n<0,1<s<\infty$),这时旋转磁场切割转子绕组的方向与电动机状态相同,产生的电磁力和电磁转矩与电动机状态也相同,但此时电磁转矩对外加转矩是制动性质的,如图 4.10(a)所示。这种由电磁感应产生制动作用的称为电磁制动运行状态,此时一方面定子绕组从电网吸收电功率;另一方面驱动转子反转的外加转矩克服电磁转矩做功,向电动机输入机械功率。从两个方面输入的功率转变为电动机内部的损耗,再转化为热能消耗掉。

例 4.1 有一台三相异步电动机,其额定转速 $n_N=1\ 440$ r/min,所接电源频率为 50 Hz,试求该电动机的极对数以及额定转速运行时的转差率。

解:由于异步电动机额定转速与同步转速接近,故

$$p=\frac{60f_1}{n_1}\approx\frac{60f_1}{n_N}=\frac{60\times 50}{1\ 440}=2.083$$

取 $p=2$

$$n_1=\frac{60f_1}{p}=\frac{60\times 50}{2}=1\ 500\ \text{r/min}$$

$$s_N=\frac{n_1-n_N}{n_1}=\frac{1\ 500-1\ 440}{1\ 500}=0.04$$

3)三相异步电动机的铭牌和主要系列

(1)铭牌

每台异步电动机的机座上都装有一块醒目的铭牌,其上标明了异步电动机的型号、额定值和有关技术数据,是电动机运行的依据。异步电动机通常按铭牌所规定的额定值和工作条件运行。

①型号

型号是电动机名称、规格、形式等的一种产品代号,表明电动机的种类和特点。异步电动机的型号由汉语拼音大写字母、国际通用符号和阿拉伯数字3个部分组成,电动机铭牌见表4.1。

表4.1 三相异步电动机的铭牌

	三相异步电动机		
	型号 Y200L2-6	功率 30 kW	电流 57.63 A
频率 50 Hz	电压 380 V	转速 1 470 r/min	联结法△
防护等级 IP54	重量 270 kg	工作制 S1	F级绝缘
××电机厂			

中、小型异步电动机型号:

[1][2][3][4]-[5]

其代表意义为:

[1]产品名称:用字母Y表示三相异步电动机。

[2]机座中心高度:用mm表示。

[3]机座类型:L—长机座;M—中机座;S—短机座。

[4]铁芯长度:用数字表示。

[5]磁极数。

例如,Y200L2-6表示机座中心高度200 mm,长机座,铁芯长度号为2,磁极数为6的异步电动机。大型异步电动机型号:

[1][2]-[3]/[4]

其代表意义为:

[1]产品名称:用字母Y表示异步电动机。

[2]功率:单位为kW。

[3]磁极数。

[4]定子铁芯外径:用mm表示。

②额定值

a.额定功率 P_N:指电动机在额定状态下运行时,转子转轴上输出的机械功率,单位为W或kW。

b.额定电压 U_N:指在额定运行状态下运行时,加在电动机定子绕组上的线电压值,单位为

V 或 kV。

c.额定电流 I_N：指在额定运行状态下运行时，流入电动机定子绕组中的线电流值，单位为 A 或 kA。

d.额定频率 f_N：指在额定状态下运行时，电动机定子侧电压的频率，单位为 Hz。我国电网 $f_N = 50$ Hz。

e.额定功率因数 $\cos\varphi_N$：指电动机在额定输出功率下，定子绕组相电压与相电流之间相位角的余弦，$\cos\varphi_N$ 为 0.70~0.90。电动机空载运行时，功率因数约为 0.2。

f.额定转速 n_N：指额定运行的电动机转子的运转速度，单位为 r/min。

对于三相异步电动机，其额定值之间的关系为

$$P_N = \sqrt{3} U_N I_N \cos\varphi_N \eta_N$$

式中：η_N 为电动机的额定效率。

③接线

接线是指在额定电压运行下，电动机定子三相绕组的接线方式，有星形联结和三角形联结两种。具体采用哪种接线方式取决于相绕组能承受的电压设计值。例如，380/220 V，Y/△ 是指线电压为 380 V 时，采用星形联结，线电压为 220 V 时采用三角形联结。

④防护等级

电动机外壳防护等级的标志，以字母“IP”和其后面的两位数字表示。“IP”为国际防护的缩写，IP 后面第一位数字代表第一种防护形式（防尘）的等级，共分 0~6 七个等级。第二个数字代表第二种防护形式（防水）的等级，共分 0~8 九个等级，数字越大，表示防护的能力越强。

此外，铭牌上还标有电动机定子绕组的相数、电动机绝缘等级、温升、重量、工作制等。绕线式电动机还标有转子绕组的线电压和线电流。

(2)三相异步电动机的主要系列

我国生产的异步电动机种类很多，其符合国际电工协会的标准，具有国际通用性，技术、经济指标较高。主要产品系列有：

Y 系列为一般的小型鼠笼式全封闭自冷式三相异步电动机，主要用于金属切削机床、通用机械、矿山机械和农业机械等。

YD 系列是变极多速三相异步电动机。

YR 系列是三相绕线式异步电动机，该系列异步电动机电源容量小，不能用在同容量鼠笼式异步电动机启动的生产机械上。

YZ 和 YZR 系列是起重和冶金用三相异步电动机，YZ 是鼠笼式异步电动机，YZR 是绕线式异步电动机。

YB 系列是防爆式鼠笼异步电动机。

YCT 系列是电磁调速异步电动机。

YQ 系列是高启动转矩异步电动机。

4)三相异步电动机的绕组

绕组是三相异步电动机的主要组成部分，也是容易损坏的部位。掌握绕组的基础知识及

连接方法,是进行故障处理及维修的先决条件。绕组分为定子绕组和转子绕组两种,以下讨论三相定子绕组。

(1)定子绕组的基本知识

①分类

定子绕组的结构形式较多,按槽内导体层数可分为单层绕组和多层绕组。一般小型异步电动机采用单层绕组,大中型异步电动机采用双层绕组。按绕组节距可分为整距绕组和短距绕组。按绕组的结构和形状又分为链式绕组、同心式绕组、交叉式绕组等。

②基本要求

a.正确连线形成规定的磁极数。

b.三相绕组在空间对称分布,匝数、线径、形状相同,在空间相差 120°电角度。

c.三相绕组产生的感应电动势按正弦规律变化。

d.在导体数一定的情况下,力求获得最大的电动势和磁动势。

e.端部连接要尽可能短,用铜量少。

f.绕组的绝缘和机械强度可靠、散热条件好。

g.工艺简单,便于制造、安装和检修。

③定子绕组的基本概念

a.线圈

组成交流绕组的单元是线圈。它有两个引出线,一个是首端,另一个是末端,如图 4.11 所示。在简化实际线圈时,可用一匝线圈来等效多匝线圈。其中,铁芯槽内的直线部分称为有效边,槽外部分称为端部。

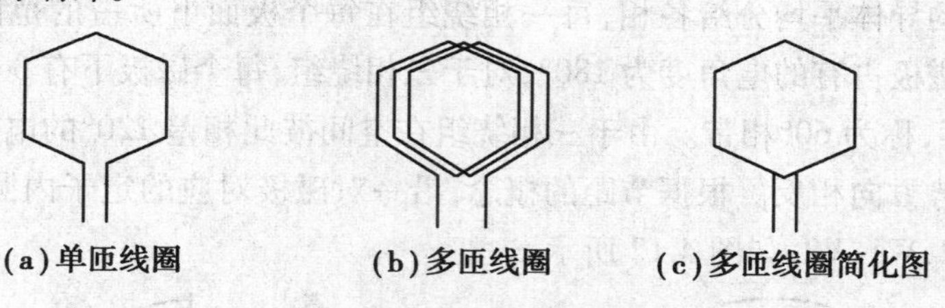

(a)单匝线圈　(b)多匝线圈　(c)多匝线圈简化图

图 4.11　交流绕组线圈

b.电角度与机械角度

电机圆周在几何上分成 360°,这个角度称为机械角度。从电磁观点来看,若磁场在空间按正弦波分布,则经过 N、S 磁极恰好相当于正弦曲线的一个周期。如有绕组去切割这种磁场,经过 N、S 的一对磁极,绕组中所感应的正弦电动势的变化也为一个周期,变化一个周期即经过 360°电角度,因此,一对磁极占有的空间是 360°电角度。若电机极对数为 p,电机圆周期按电角度就为 $p\times360°$,而机械角度总是 360°,因此,电角度 $=p\times$机械角度。

c.绕组及绕组展开图

绕组是由多个线圈按一定方式连接起来的,表示绕组的连接规律一般用绕组展开图,即设想把定子沿轴向展开、拉平,将绕组的连接关系画在平面上。

d.极距 τ

磁场中每个磁极沿定子铁芯内圆所占的范围称为极距。极距 τ 可用磁极所占范围的长度

或定子槽数 Z 表示。

$$\tau = \frac{\pi D}{2p} \text{或} \tau = \frac{Z}{2p} \tag{4.3}$$

式中:D 为定子铁芯内径;Z 为定子铁芯槽数。

e.线圈节距 y

一个线圈的两个有效边所跨定子内圆上的距离称为节距,一般节距 y 用槽数表示。当 $y=\tau=\frac{Z}{2p}$时,称为整距绕组;当 $y<\tau$时,称为短距绕组;当 $y>\tau$时,称为长距绕组。长距绕组端部较长,用铜量大,故较少采用。

f.槽距角 α

相邻两个槽之间的电角度称为槽距角 α。因为定子槽在定子圆周上均匀分布,所以若定子槽数为 Z,电机极对数为 p,则槽距角 α 表示为

$$\alpha = \frac{p \times 360°}{Z} \tag{4.4}$$

g.每极每相槽数 q

每一个极下每相所占有的槽数称为每极每相槽数,用 q 表示

$$q = \frac{Z}{2mp} \tag{4.5}$$

式中:m 为定子绕组的相数。

h.相带

每个极面下的导体平均分给各相,每一相绕组在每个极面下所占的范围称为相带,用电角度表示。每个磁极占有的电角度为 180°,对于三相绕组,每个磁极下有 3 个相带,每个相带占有 60°的电角度,称为 60°相带。由于三相绕组在空间彼此相差 120°的电角度,且相邻磁极下导体感应电动势方向相反。根据节距的概念,沿一对磁极对应的定子内圆相带的划分依次为 U1,W2,V1,U2,W1,V2,如图 4.12 所示。

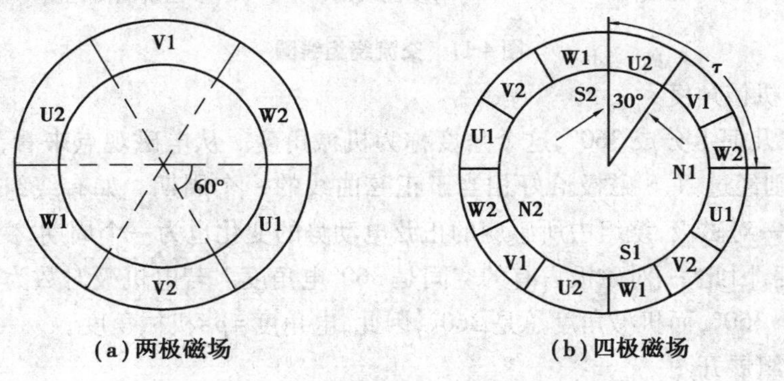

图 4.12 60°相带三相绕组分布图

(2)三相单层绕组的连接

单层绕组在每一个槽内只安放一个线圈边,三相绕组的总线圈数等于槽数的一半。现以 $Z=24$,要求绕成 $2p=4$,$m=3$ 的单层绕组为例,说明三相单层绕组的排列和连接的规律。

①计算绕组数据

极距τ

$$\tau = \frac{Z}{2p} = \frac{24}{4} = 6$$

每极每相槽数q

$$q = \frac{Z}{2mp} = \frac{24}{2 \times 3 \times 2} = 2$$

槽距角α

$$\alpha = \frac{p \times 360^\circ}{Z} = \frac{2 \times 360^\circ}{24} = 30^\circ$$

②划分相带

在图4.13的平面上画24根垂直线，表示定子$Z=24$个槽和槽中的线圈边，并且按1，2，…顺序编号。根据$q=2$，即相邻两个槽组成一个相带，两对磁极共有12个相带。每对磁极按U1，W2，V1（N极）；U2，W1，V2（S极）顺序给相带命名，划分相带实际上是给定子上每个槽划分相属，如属于U相绕组的槽号有1，2，7，8，13，14，19，20这8个槽，见表4.2。

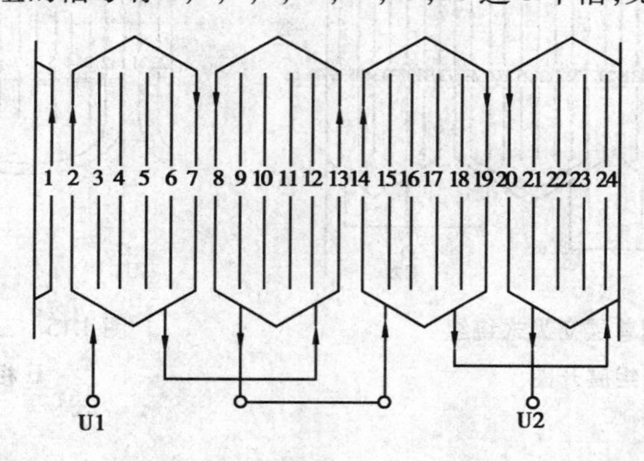

图4.13　三相单层链式U相绕组展开图

表4.2　单层60°相带与槽号对照表

第一对极	相带	U1	W2	V1	U2	W1	V2
	槽号	1，2	3，4	5，6	7，8	9，10	11，12
第二对极	相带	U1	W2	V1	U2	W1	V2
	槽号	13，14	15，16	17，18	19，20	21，22	23，24

③画绕组展开图

a.链式绕组

如图4.13所示，先画U相绕组，将属于U相槽的2号槽开始，根据$y=\tau-1=5$，把2号槽的线圈边和7号槽的线圈边组成一个线圈，8号和13号，14号和19号，20号和1号，共组成4个节距相等的线圈。按电动势相加的原则，将4个线圈按“头接头、尾接尾”的规律串联成一个 U1U2 线圈组，构成 U 相绕组，其展开图如图 4.13 所示。这种绕组就整个外形来看，形如长链，因此这种接法称为链式绕组。

对于三相绕组，同样可以画出分别与 U 相相差 120°电角度的 V 相（从 6 号槽开始）、相差 240°电角度的 W 相（从 10 号槽开始）绕组展开图，从而得到三相对称绕组 U1U2，V1V2，W1W2。然后根据铭牌要求，将出线引至接线盒上连接成星形或三角形。

可见，链式绕组为等距元件，而且每个线圈跨距小、端部短，可以省铜，还有 $q=2$ 的两个线圈各朝两边翻，散热好。

b.交叉式绕组

设 $q=4$（如 $Z=36, 2p=4, m=3$），其连接规律是把 $q=3$ 的 3 个线圈分成 $y=\tau-1$ 的两个大线圈和 $y=\tau-2$ 的一个小线圈各朝两面翻，一相绕组就按“两大一小”顺序交错排列，故称之为交叉式绕组。其端部连线较短，散热好，因此，$p\geqslant 2, q=3$ 的单层绕组常用交叉式绕组，如图 4.14所示。

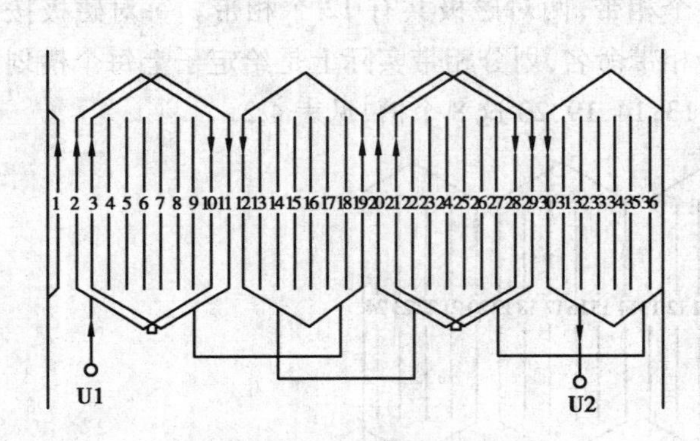

图 4.14　三相单层交叉式绕组 U 相绕组展开图

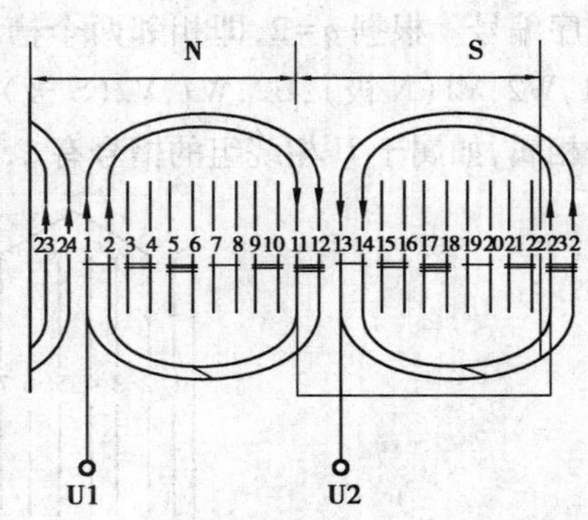

图 4.15　三相单层同心式绕组 U 相绕组展开图

c.单层同心式绕组

设 $q=4$（如 $Z=24, 2p=2, m=3$），在 $p=1$ 时，同心式绕组嵌线较方便，因此，$p=1$ 的单层绕组常采用同心式绕组，如图 4.15 所示。

单层绕组的优点是它的线圈数仅为槽数的一半，每槽只有一个线圈边，故绕线及嵌线方便，工艺简单，线圈端部较短，可以省铜，被广泛应用于 10 kW 以下的异步电动机。

课题 2　单相异步电动机

单相异步电动机是指用单相交流电源供电的异步电动机，具有结构简单、成本低、噪声小、运行可靠等优点，广泛应用在家用电器、医疗器械、电动工具、自动控制系统等领域。与同容量的三相异步电动机比较，单相异步电动机体积较大，运行性能也较差。因此，一般只制成小容量的电动机，其功率一般不超过 750 W。

1) 单相异步电动机的结构

单相异步电动机在结构上与三相鼠笼式异步电动机类似，也是由定子和转子两大部分组成，其转子是普通的鼠笼式转子。单相异步电动机通常在定子上装两个分布绕组，一个称为工作绕组(主绕组)；另一个称为启动绕组(辅绕组)，启动绕组是由于启动的需要，为产生启动转矩，且一般只在启动时接入。这两个绕组在空间错开90°电角度，为了能产生旋转磁场，在启动绕组中还串联了一个电容器，其结构如图4.16所示。

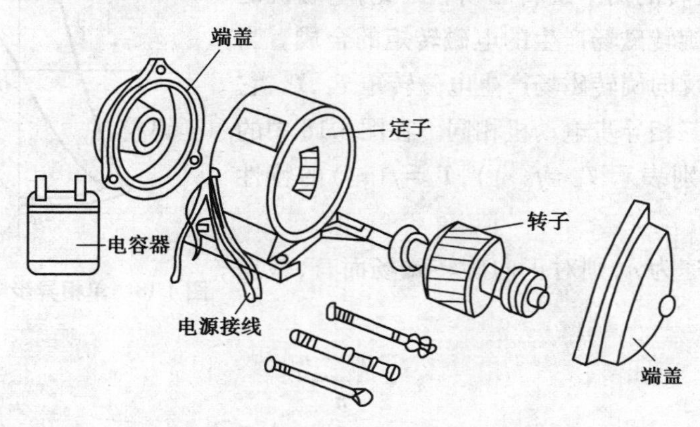

图4.16 单相异步电动机结构图

根据两个定子绕组的分布及供电情况的不同，单相异步电动机可以产生不同的启动和运行性能。单相异步电动机类型有单相电阻分相启动异步电动机、单相电容运转异步电动机、单相电容分相启动异步电动机、单相电容启动与运转异步电动机、单相罩极式异步电动机等。

2) 单相异步电动机的工作原理

(1) 一相定子绕组通电的异步电动机

一相定子绕组通电的异步电动机是指单相异步电动机定子上的工作绕组是一个单相绕组。当工作绕组外加单相交流电后，在定子气隙中就产生一个脉动磁场(脉振磁场)，该磁场振幅位置在空间固定不变，在同一轴线上，大小随时间作正弦规律变化，如图4.17所示。

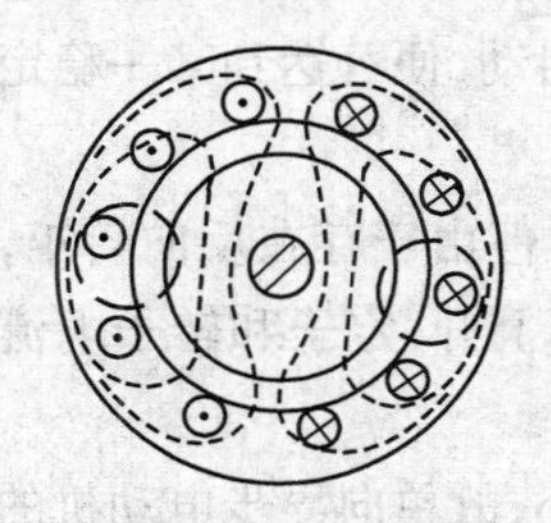

(a) 电流正半周产生的磁场

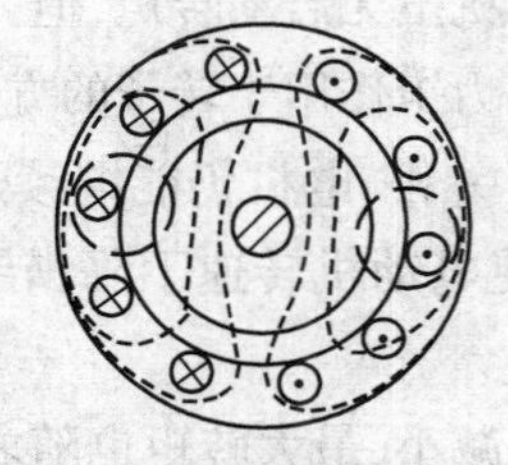

(b) 电流负半周产生的磁场

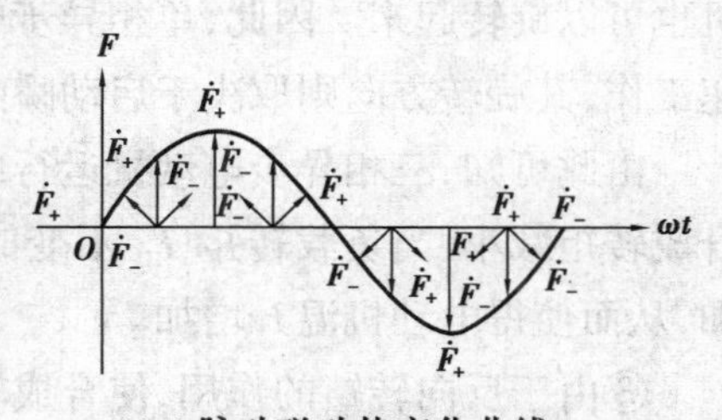

(c) 脉动磁动势变化曲线

图4.17 单相绕组通电时的脉动磁场

为了便于分析,利用三相异步电动机的知识来研究单相异步电动机。通过对图 4.17 的分析可知,一个脉动磁动势可由一个正向旋转的磁动势$\dot{F}_+$和一个反向旋转的磁动势$\dot{F}_-$组成,它们的幅值大小相等、转速相同、转向相反,由磁动势产生的磁场分别为正向和反向旋转磁场。同理,正、反向旋转磁场能合成一个脉动磁场。

(2)单相异步电动机的机械特性

单相异步电动机单绕组通电后产生的脉动磁场,可以分解为正、反向旋转的两个旋转磁场。因此,电动机的电磁转矩是由两个旋转磁场产生的电磁转矩的合成。当电动机旋转后,正、反向旋转磁场产生电磁转矩 T_+,T_-,它的机械特性变化与三相异步电动机相同。在图 4.18 中的曲线 1 和曲线 2 分别表示 $T_+=f(s_+)$,$T_-=f(s_-)$ 的特性曲线。

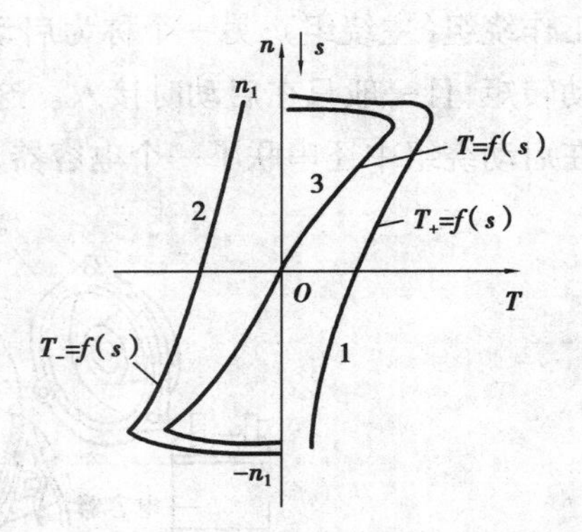

图 4.18 单相异步电动机的特性曲线

若电动机的转速为 n,则对正向旋转磁场而言,转差率为

$$s_+=\frac{n_1-n}{n_1} \tag{4.6}$$

对反向旋转磁场而言,转差率为

$$s_-=\frac{n_1+n}{n_1}=2-\frac{n_1-n}{n_1}=2-s_+ \tag{4.7}$$

图 4.18 的曲线 3 表示单相单绕组异步电动机机械特性。当 T_+为拖动转矩,T_-为制动转矩时,其机械特性具有下列特点:

①当转子静止时,正、反向旋转磁场均以 n_1 速度正、反两个方向切割转子绕组,在转子绕组中感应出大小相等而相序相反的电动势和电流,它们分别产生大小相等而方向相反的两个电磁转矩,使其合成的电磁转矩为零,即启动瞬间,$n=0$,$s=1$,$T=T_++T_-=0$,说明单相异步电动机无启动转矩,如不采取措施,电动机将不能启动。由此可知,三相异步电动机电源线断一相时,相当于一台单相异步电动机,故不能启动。

②当 $s\neq1$ 时,$T\neq1$,且 T 无固定的方向,则 T 取决于 s 的正负。若用外力使电动机转动起来,s_+或 s_-不为 1 时,合成转矩不为零,这时若合成转矩大于负载转矩,则即使去掉外力,电动机也可以旋转起来。因此,单相异步电动机虽无启动转矩,但一经启动,便可达到某一稳定转速工作,其旋转方向则取决于启动瞬间外力矩作用于转子的方向。

由此可知,三相异步电动机运行中断一相,电机仍能继续运转,但由于存在反向转矩,使合成转矩减小,当负载转矩 T_L 不变时,使电动机转速下降,转差率上升,定子和转子电流增加,从而使得电动机温升增加。

③由于反向转矩的作用,使合成转矩减小,最大转矩也随之减小,故单向异步电动机的过载能力较低。

3）单相异步电动机的启动方法

如上所述，单相异步电动机不能自行启动。为了使单相异步电动机能够产生启动转矩，关键是如何在启动时在电机内部形成一个旋转磁场。如果在定子上安放具有空间相位相差90°的两套绕组，然后通入相位相差90°的正弦交流电，那么就能产生一个像三相异步电动机那样的旋转磁场，可以实现自行启动，这是解决单相异步电动机启动的关键。根据获得旋转磁场方式的不同，单相异步电动机可分为分相电动机和罩极电动机两大类。

单相分相式异步电动机结构特点是定子上有两套绕组，一相为工作绕组U1U2；另一相为启动绕组V1V2。它们的参数基本相同，在空间相位相差90°的电角度，如果通入两相对称、相位相差90°的电流（图4.19），即

$$i_v = I_m \sin \omega t \qquad i_u = I_m \sin(\omega t + 90°)$$

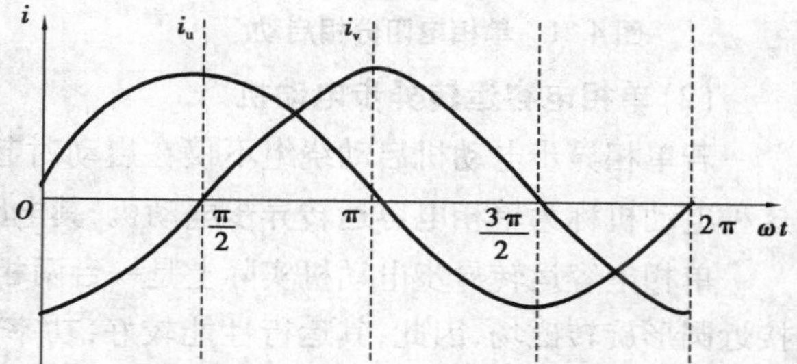

图4.19　通入的两相交流电波形

如图4.20所示反映了两相对称绕组合成磁场的形成过程，分析方法同三相交流电动机。由图中可以看出，当ωt经过360°后，即合成磁场在空间也转过了360°，也就是合成旋转磁场旋转一周。其磁场旋转速度为$n_1 = \frac{60f}{p}$，此速度与三相异步电动机旋转磁场速度相同。

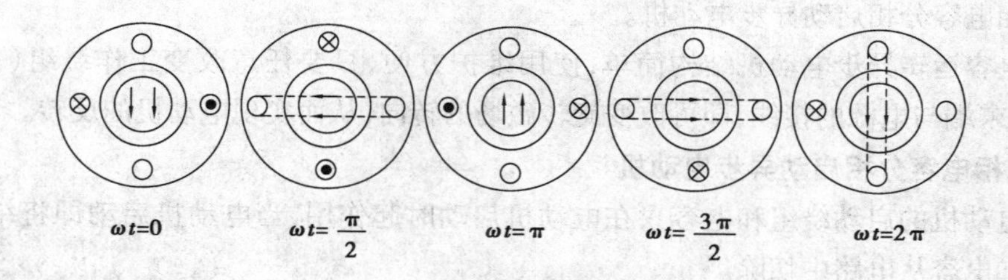

图4.20　两相绕组产生的旋转磁场

从以上分析可知，单相分相式异步电动机启动的必要条件为：定子具有空间相位不同的两套绕组，并且两套绕组中通入不同相位的电流。

根据启动要求，单相分相式异步电动机按启动方法分为以下4类：

（1）单相电阻分相启动异步电动机

单相电阻分相启动异步电动机的定子上嵌放两个绕组，如图4.21所示。两个绕组接在同一单相电源上，启动绕组中串一个离心开关。开关的作用是当转速上升到80%的额定转速时，断开启动绕组使电动机在只有工作绕组工作的情况下运行。

为了使启动时产生启动转矩，通常可取以下两种方法，这样使得两相绕组阻抗不同，促使通入两相绕组的电流相位不同，达到启动的目的。

①启动绕组中串入适当电阻。

②启动绕组采用的导线比工作绕组截面细，匝数比工作绕组少。

异步电动机由于电阻分相启动时,电流的相位移小于90°电角度。启动时,电动机的气隙中建立了椭圆形旋转磁场,因此,电阻分相式异步电动机启动转矩较小。此外,单相电阻分相启动异步电动机还具有构造简单、价格低廉、使用方便等特点。

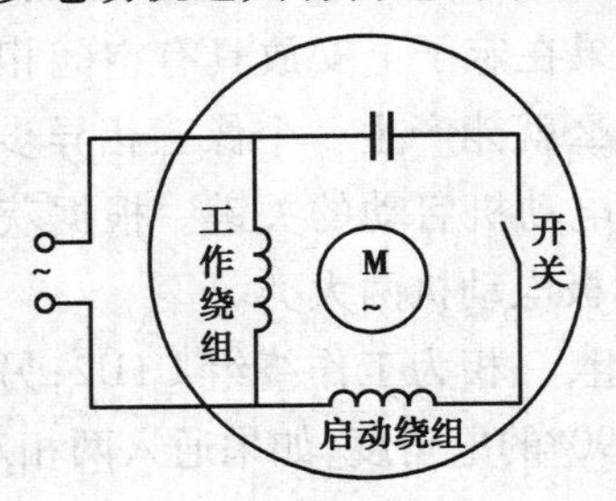

图 4.21　单相电阻分相启动

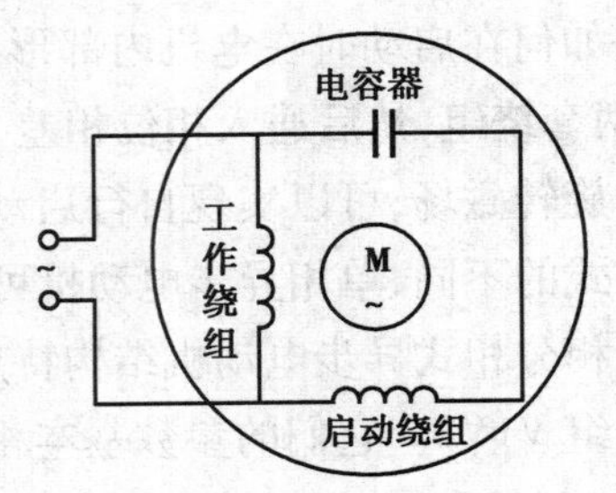

图 4.22　单相电容运转

(2)单相电容运转异步电动机

若单相异步电动机启动绕组不仅在启动时起作用,而且在电动机运转中也长期工作,则这种电动机称为单相电容运转异步电动机,其电路如图 4.22 所示。

单相电容运转异步电动机实际上是一台两相异步电动机,其定子绕组产生的气隙磁场较接近圆形旋转磁场,因此,其运行性能较好,功率因数、过载能力比普通单相分相式异步电动机好。其电容器容量选择较重要,对启动性能影响较大。如果电容大,则启动转矩大,而运行性能下降;反之,则启动转矩小,运行性能好。综合以上因素,为了保证有较好的运行性能,单相电容运转异步电动机的电容比同功率单相电容分相启动异步电动机电容容量小,但启动性能不如单相电容分相启动异步电动机。

单相电容运转异步电动机结构简单,使用维护方便,只要任意改变工作绕组(或启动绕组)首端和末端与电源的接线,即可改变旋转磁场的转向,从而实现电动机的反转。

(3)单相电容分相启动异步电动机

这类电动机的启动绕组和电容只在电动机启动时起作用,当电动机启动即将结束时,将启动绕组和电容从电路中切除。

单相电容分相启动异步电动机的电路,如图 4.23 所示。从图中可知,当启动绕组中串联一个电容器和一个开关时,如果电容器容量选择适当,则可以在启动时通过启动绕组的电流在时间和相位上超前工作绕组电流 90°电角度,这样在启动时就可以得到一个接近圆形的旋转磁场,从而有较大的启动转矩。电动机启动后转速为75%~85%同步转速时,启动绕组通过开关自动断开,工作绕组进入单独稳定运行状态。

单相电容分相启动异步电动机与电容运转异步电动机比较,单相电容分相启动异步电动机的启动转矩较大,启动电流也相应增大。

(4)单相电容启动及运转异步电动机

如果想要单相异步电动机在启动和运行时都能得到较好的性能,则可以采用将两个电容并联后再与启动绕组串联的接线方式,这种电动机又称为双电容单相异步电动机,如图 4.24 所示。图中启动电容器 C_1 容量较大,C_2 为运转电容,电容量较小。启动时,C_1 和 C_2 并联,总电容器容量大,因此有较大的启动转矩。启动后,C_1 断开,只有 C_2 运行,因此,电动机具有较好的运行性能。这类电动机主要用于要求启动转矩大,功率因数较高的设备上。

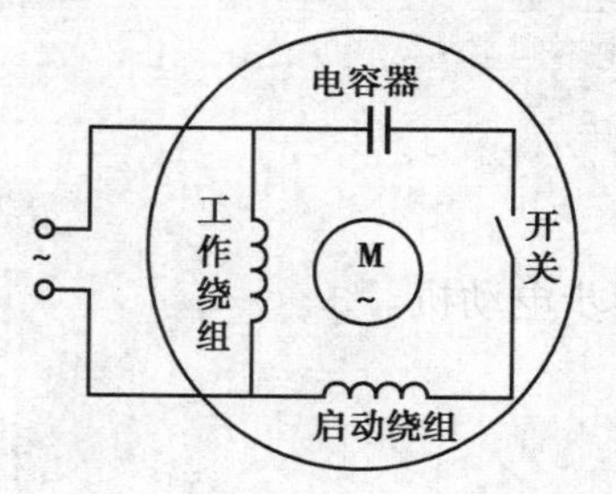

图4.23　单相电容分相启动

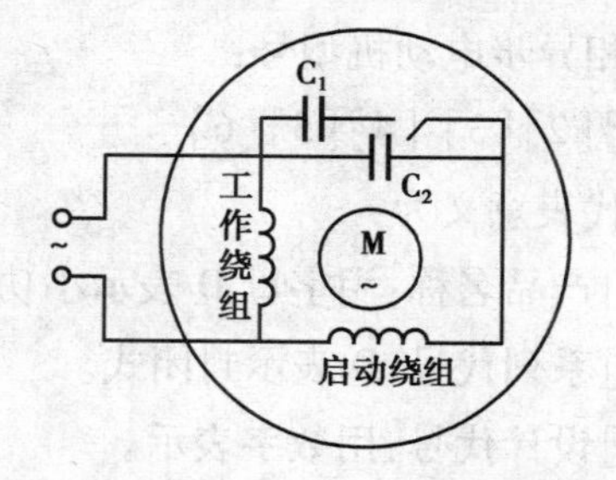

图4.24　相电容启动及运转电动机

4)单相异步电动机的常见故障及维修

在某些场所,由于电网的供电质量较差、使用不当等原因,单相电机故障率较高。单相电容启动异步电动机是单相异步电动机最常用的一种类型,其常见故障及原因如下:

故障(1):电源正常,通电后电动机不能启动。原因可能是:①电动机引线断路;②工作绕组或启动绕组开路;③离心开关触头合不上;④电容器开路;⑤轴承卡住;⑥转子与定子碰擦。

故障(2):空载能启动,或借助外力能启动,但启动慢且转向不定。原因可能是:①启动绕组开路;②离心开关触头接触不良;③启动电容开路或损坏。

故障(3):电动机启动后很快发热甚至烧毁绕组。原因可能是:①工作绕组匝间短路或接地;②工作绕组、启动绕组之间短路;③启动后离心开关触头断不开;④工作绕组、启动绕组相互接错;⑤定子与转子摩擦。

故障(4):电机转速低,运转无力。原因可能是:①工作绕组匝间轻微短路;②运转电容开路或容量降低;③轴承太紧;④电源电压低。

故障(5):熔断器烧毁。原因可能是:①绕组严重短路或接地;②引出线接地或相碰;③电容击穿短路。

故障(6):电动机运转时噪声太大。原因可能是:①绕组漏电;②离心开关损坏;③轴承损坏或间隙太大;④电动机内进入异物。

5)单相异步电动机的铭牌

单相异步电动机的铭牌见表4.3。

表4.3　单相异步电动机铭牌

单相电容运转异步电动机			
型号	DO2-6314	电流	0.94 A
电压	220 V	转速	1 440 r/min
频率	50 Hz	工作方式	连续
功率	90 W	标准号	
××电机厂			

(1)型号

单相异步电动机型号:

[1][2][3]-[4][5][6]

其代表意义为:

[1]产品名称:用字母D表示小功率单相电容运转异步电动机。

[2]系列代号:O表示封闭式。

[3]设计代号:用数字表示。

[4]机座代号:表示轴中心高度,单位为mm。

[5]规格代号:表示铁芯长度。

[6]规格代号:表示磁极数。

(2)电压

电压是指电动机在额定状态下运行时加在定子绕组上的电压,单位为V。根据国家标准规定电源电压在±5%范围内变化时,电动机应能正常工作。电动机使用的电压一般均为标准电压,我国单相异步电动机的标准电压有12 V,24 V,36 V,42 V,220 V。

(3)频率

频率是指加在电动机上的交流电源的频率,单位为Hz。由单相异步电动机的工作原理可知,电动机的转速与交流电源的频率直接有关,因此,电动机应接在规定频率的交流电源上。

(4)功率

功率是指单相异步电动机轴上输出的机械功率,单位为W。铭牌上标出的功率是指电动机在额定电压、额定频率和额定转速下运行时输出的功率,即额定功率。

我国常用的单相异步电动机的标准额定功率为6 W,10 W,16 W,25 W,40 W,60 W,90 W,120 W,180 W,250 W,370 W,550 W,750 W。

(5)电流

在额定电压、额定功率和额定转速下运行的电动机,流过定子绕组的电流值,称为额定电流,单位为A。电动机在长期运行时的电流不允许超过该电流值。

(6)转速

转速是指电动机在额定状态下运行时的转速,单位为r/min。每台电动机在额定运行时的实际转速与铭牌规定的额定转速有一定的偏差。

(7)工作方式

工作方式是指电动机的工作是连续式还是间断式。连续运行的电动机可以间断工作,但间断运行的电动机不能连续工作,否则会烧损电机。

课题3 同步电动机

同步电动机既可作发电机运行,也可作电动机运行,广泛用于需要恒速运行的机械设备中。

1)同步电动机的基本结构

同步电动机的基本结构与异步电动机一样,也分定子和转子两大基本部分。定子由铁芯、定子绕组、机座以及端盖等主要部件组成。铁芯由厚0.5 mm彼此绝缘的硅钢片叠成,整个铁芯固定在机座内,铁芯的内圆槽内放置三相对称的绕组,即电枢绕组。转子包括主磁极、装在主磁极上的直流励磁绕组、特别设置的鼠笼式启动绕组、电刷以及集电环等主要部件。在定子与转子之间存在气隙,但气隙要比异步电动机宽。

按结构形式,同步电动机可分为旋转电枢式和旋转磁极式两种。前者在某些小容量同步电动机中得到应用,后者应用较广泛,并成为同步动电机的基本结构形式。

旋转磁极式同步电动机按转子主磁极的形状分为隐极式和凸极式两种,它们的结构如图4.25所示。隐极式转子的优点是转子圆周的气隙比较均匀,适用于高速电机;凸极式转子呈圆柱形,转子有可见的磁极,气隙不均匀,但制造较简单,适用于低速运行(转速低于1 000 r/min)。同步电动机通常做成凸极式,在转子铁芯中绕有励磁绕组,通过电刷和滑环引入直流电。

由于同步电动机中作为旋转部分的转子只通以较小的直流励磁功率(为电动机额定功率的0.3%~2%),故同步电动机特别适用于大功率高电压的场合。

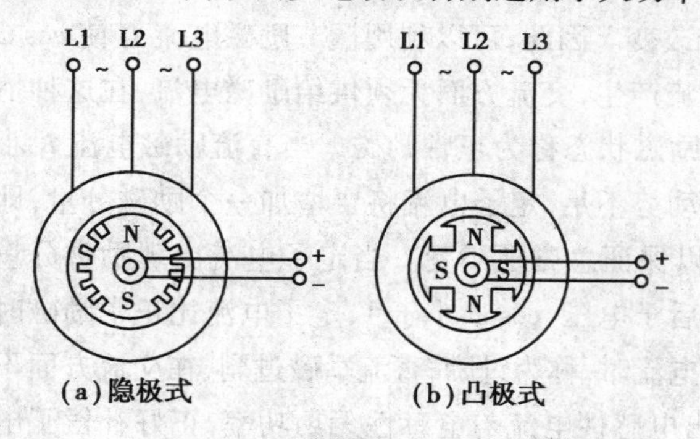

图4.25 旋转磁极式同步电动机

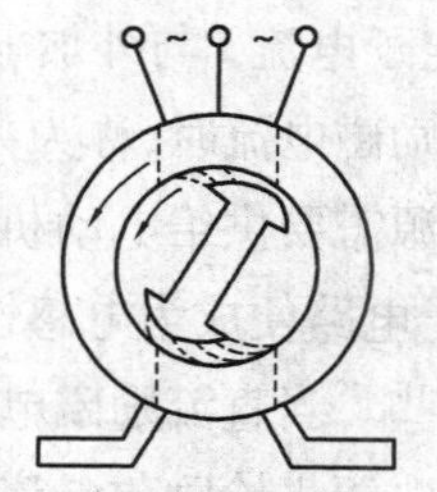

图4.26 同步电动机工作原理示意图

2)同步电动机的基本工作原理和运行特性

(1)工作原理

同步电动机的基本工作原理如图4.26所示。在同步电动机定子三相绕组内通入对称三相交流电时,对称的三相绕组中就产生一个旋转磁场,当转子的励磁绕组加上励磁电流时,转子就好像一个“磁铁”，于是旋转磁场就带动这个“磁铁”并按旋转磁场转速转动，这时转子转速 n 等于旋转磁场的同步转速 n_1，“同步”电动机也由此而得名。

$$n = n_1 = \frac{60f}{p} \tag{4.8}$$

式中：f 为三相交流电源的频率；p 为定子旋转磁场的极对数。

(2)机械特性

在电源频率 f 与电动机转子极对数 p 为一定的情况下，转子的转速为一常数，因此，同步电动机具有恒定转速的特性，它的运转速度 n 不随负载转矩 T 变化。同步电动机的机械特性是一条与 n 轴垂直，与 T 轴平行的直线，如图 4.27 所示。

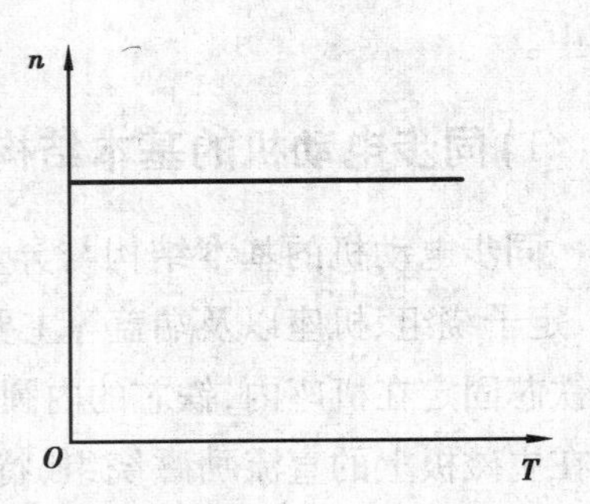

图 4.27　同步电动机的机械特性

因为异步电动机的转子没有直流电流励磁，它所需要的全部磁动势均由定子电流产生，所以，异步电动机必须从三相交流电源吸取滞后电流来建立电动机运行时所需要的旋转磁场。异步电动机的运行状态相当于电源的电感性负载，它的功率因数总是小于1。

同步电动机与异步电动机不同，同步电动机所需要的磁动势由定子与转子共同产生。同步电动机转子励磁电流 I_f 产生磁通 Φ_f，而定子电流 I 产生磁通 Φ_0，总的磁通 Φ 为两者的合成。当外加三相交流电源的电压 U 为一定时，总的磁通 Φ 也应该是一定的，这一点和感应电动机的情况相似。因此，当改变同步电动机转子的直流励磁电流 I_f 使 Φ_f 改变时，如果要保持总磁通 Φ 不变，那么 Φ_0 就要改变，故产生 Φ_0 的定子电流 I 必然随着改变。当负载转矩 T_L 不变时，同步电动机输出的功率也是恒定的，若略去电动机的内部损耗，则输入的功率也不变。改变 I_f 影响 I 改变时，功率因数 $\cos\varphi$ 也随着改变。因此，可以利用调节励磁电流 I_f 使 $\cos\varphi$ 刚好等于 1，这时电动机的全部磁动势都由直流产生，交流方面无须供给励磁电流，在这种情况下，定子电流 I 与外加电压 U 同相，这时的励磁状态称为正常励磁。当直流励磁电流 I_f 小于正常励磁电流时，称为欠励，直流励磁的磁动势不足，定子电流将要增加一个励磁分量，即交流电源需要供给电动机一部分励磁电流，以保证总磁通不变。当定子电流出现励磁分量时，定子电路便成为电感性电路，输入电流滞后于电压，$\cos\varphi$ 小于 1，定子电流比正常励磁时要大一些。当直流励磁电流 I_f 大于正常励磁电流时，称为过励，直流励磁过剩，在交流方面不仅无须电源供给励磁电流，而且还向电网发出电感性电流与电感性无功功率，正好补偿了电网附近电感性负载的需要，使整个电网的功率因数提高。过励的同步电动机与电容器有类似的作用，这时，同步电动机相当于从电源吸取电容性电流与电容性无功功率，成为电源的电容性负载，输入电流超前于电压，$\cos\varphi$ 也小于 1，定子电流也要加大。

根据以上分析可知，调节同步电动机转子的直流励磁电流 I_f 能控制 $\cos\varphi$ 的大小和性质（容性或感性），这是同步电动机最突出的优点。同步电动机有时在过励下空载运行，在这种情况下电动机仅用于补偿电网滞后的功率因数，这种专用的同步电动机称为同步补偿机。

3) 同步电动机启动

同步电动机虽然具有功率因数可以调节的优点,但却没有像异步电动机那样得到广泛应用,这不仅是由于它的结构复杂、价格贵,而且它的启动困难。其原因如下:

如图4.28所示,如果转子尚未转动时,加以直流励磁,产生固定磁场N-S;当定子接上三相电源,流过三相电流时,就产生了旋转磁场,并立即以同步转速 n_1 旋转。

在图4.28(a)的情况下,两者相吸,定子旋转磁场欲吸着转子旋转,但由于转子的惯性,它还没有来得及转动时旋转磁场已转到如图4.28(b)所示的位置,两者又相斥。这样,转子忽被吸,忽被斥,平均转矩为零,不能启动。

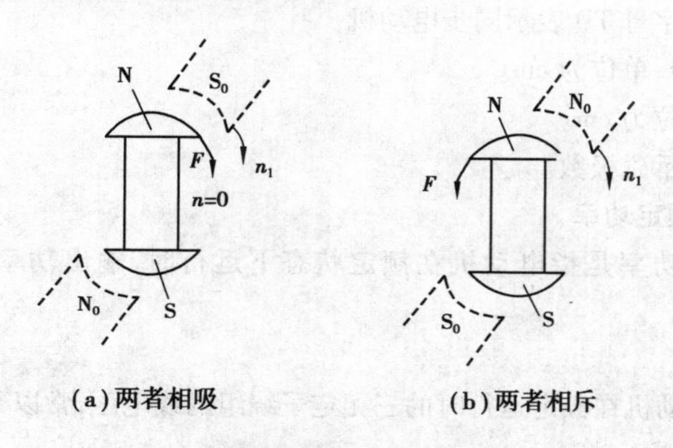

图4.28 同步电动机的启动转矩为零

为了启动同步电动机,可采用异步启动法和辅助电动机启动法。

(1)异步启动法

异步启动法即在转子磁极的极掌上装有和鼠笼式绕组相似的启动绕组,如图4.29所示。启动时先不加入直流磁场,只在定子上加上三相对称电压以产生旋转磁场,鼠笼式绕组中产生感应电势,即产生感应电流,从而使转子转动。当转速接近同步转速时,再在励磁绕组中通入直流励磁电流,产生固定磁极的磁场,在定子旋转磁场与转子磁场的相互作用下,便可把转子拉入同步。转子达到同步速度后,启动绕组与旋转磁场同步旋转,即无相对运动,这时,启动绕组中便不产生电势和电流。

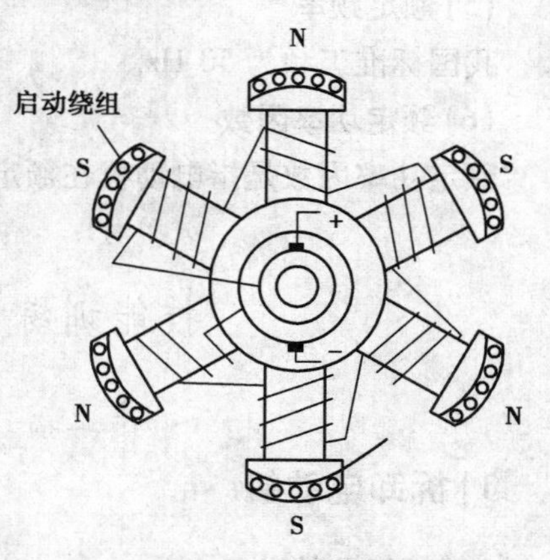

图4.29 同步电动机的启动绕组

(2)辅助电动机启动法

通常选用与同步电动机同极数的感应电动机(容量为主机的10%~15%)作为辅助电动机,拖动主机到接近同步转速,再将电源切换到主机定子,励磁电流通入励磁绕组,将主机牵入同步转速。

综上所述,由于同步电动机是双重励磁和异步启动,故它的结构复杂;由于需要直流电源、启动以及控制设备昂贵，故它的一次性投入要比异步电动机高得多。同步电动机具有运行速度恒定、功率因数可调、运行效率高等特点，因此，在低速和大功率的场合都采用同步电动机来传动。

4）同步电动机型号及额定值

（1）型号

同步电动机型号：

[1][2]/[3]-[4]

其代表意义为：

[1]产品名称：用字母 TD 表示同步电动机。

[2]定子铁芯外径：单位为 cm。

[3]铁芯长度：单位为 cm。

[4]规格代号：表示磁极数。

（2）额定容量或额定功率

额定容量或额定功率是指电动机在额定状态下运行时，输出功率的保证值，常以 kW 表示。

（3）额定电压

额定电压是指电动机在额定运行时的三相定子绕组的线电压，常以 kV 表示。

（4）额定电流

额定电流是指电动机在额定运行时的三相定子绕组的线电流，常以 A 或 kA 表示。

（5）额定频率

我国标准工频为 50 Hz。

（6）额定功率因数

额定功率因数是指电动机在额定运行时的功率因数。

技能训练 6　电动机的拆装及检修

1）拆卸电动机

（1）拆卸前的准备

①切断电源，拆开电机与电源连接线，作好与电源线相对应的标记，并把电源线的线头作绝缘处理。

②备齐拆卸工具，特别是拉具、套筒等专用工具。

③熟悉被拆电机的结构特点及拆装要领。

④测量并记录联轴器或皮带轮与轴台间的距离。

⑤标记电源线在接线盒中的相序、电机的出轴方向及引出线在机座上的出口方向。

(2)拆卸步骤

拆卸步骤如图4.30所示。

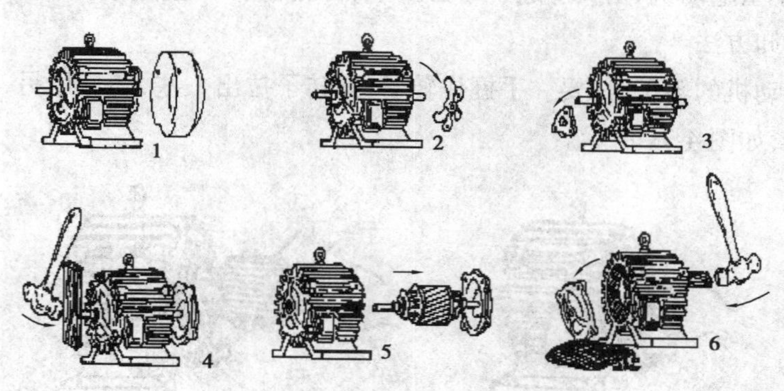

图4.30　电动机拆卸步骤

①卸皮带轮或联轴器,拆电机尾部风扇罩。

②卸下定位键或螺钉,并拆下风扇。

③旋下前后端盖紧固螺钉,并拆下前轴承外盖。

④用木板垫在转轴前端,将转子连同后端盖一起用锤子从电动机中敲出。在卸下转子,抽出转子之前,应在转子下面和定子绕组端部之间垫上厚纸板,以免抽出转子时碰伤铁芯和绕组。

⑤抽出转子。

⑥卸前端盖,最后拆卸前后轴承及轴承内盖。

应注意,如果皮带轮或联轴器一时拉不下来,切忌硬卸,可在定位螺丝孔内注入煤油,等待几小时以后再拉。若还拉不下来,可用喷灯将皮带轮或联轴器四周加热,加热的温度不宜太高,要防止轴变形。拆卸过程中,不能用手锤直接敲出皮带轮或联轴器,以免皮带轮或联轴器碎裂使轴变形,端盖等受损。

(3)主要部件的拆卸方法及步骤

①轴承盖和端盖的拆卸步骤

a.拆卸轴承外盖的方法比较简单,只要旋下固定轴承盖的螺丝,就可把外盖取下。但要注意,前后两个外盖拆下后要标上记号,以免将来安装时前后装错。

先拆前轴承外盖,后拆后轴承外盖。

b.拆卸端盖前,应在机壳与端盖接缝处作好标记,然后旋下固定端盖的螺丝。通常端盖上都有两个拆卸螺孔,用从端盖上拆下的螺丝旋进拆卸螺孔,就能将端盖逐步顶出来。

若没有拆卸螺孔,可用大小适宜的扁凿,插在端盖突出的耳朵处,按端盖对角线依次向外撬,直至卸下端盖。但要注意,前后两个端盖拆下后要标上记号,以免将来安装时前后装错。

先拆前端盖,后拆后端盖。

②风罩和风叶的拆卸步骤

a.选择适当的旋具,旋出风罩与机壳的固定螺丝,即可取下风罩。

b.将转轴尾部风叶上的定位螺丝或销子拧下,用小锤在风叶四周轻轻地均匀敲打,风叶就可取下,若是小型电动机,则风叶通常不必拆下,可随转子一起抽出。

③转子的拆卸方法

拆卸小型电动机的转子时,要一手握住转子,把转子拉出一些,随后用另一只手托住转子铁芯渐渐往外移,如图 4.31 所示。

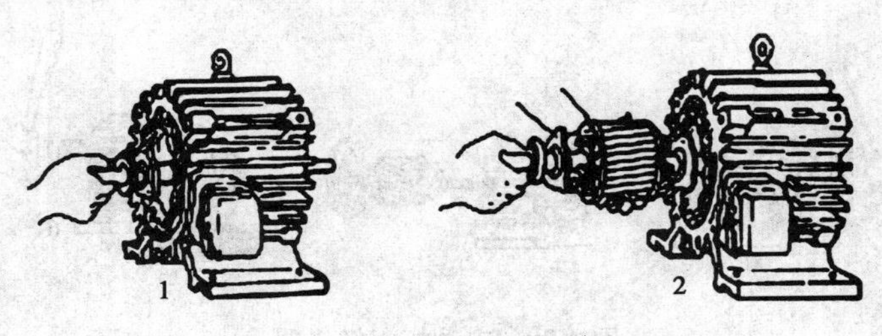

图 4.31 电动机转子的拆卸

要注意,不能碰伤定子绕组。拆卸中型电动机的转子时,要一人抬住转轴的一端,另一人抬住转轴的另一端,渐渐地把转子往外移。

④拆卸轴承的方法

拆卸轴承的 3 种方法如下:

a.用拉具拆卸。应根据轴承的大小,选好适宜的拉力器,夹住轴承,拉力器的脚爪应紧扣在轴承的内圈上,拉力器的丝杆顶点要对准转子轴的中心。扳转丝杆要慢,用力要均。

b.用铜棒拆卸。轴承的内圈垫上铜棒,用手锤敲打铜棒,把轴承敲出,如图 4.32 所示。敲打时,要在轴承内圈四周的相对两侧轮流均匀敲打,不可偏敲一边,用力不要过猛。

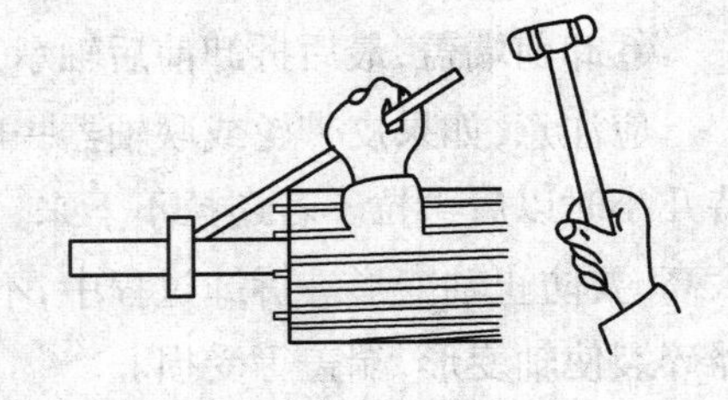

图 4.32 敲打拆卸轴承

c.搁在圆桶上拆卸。在轴承的内圆下面用两块铁板夹住,搁在一只内径略大于转子外径的圆桶上面,在轴的端面垫上块,用手锤敲打,着力点对准轴的中心。圆桶内放一些棉纱头,以防轴承脱下时摔坏转子。当敲到轴承逐渐松动时,用力要减弱。

在拆卸电动机时,若遇到轴承留在端盖的轴承孔内时,把端盖止口面朝上,平滑地搁在两块铁板上,垫上一段直径小于轴承外径的金属棒,用手锤沿轴承外圈敲打金属棒,将轴承敲出。

2)检修电动机

对异步电动机的定期维护和故障分析是异步电动机检修的基本环节,了解并掌握定期维修及故障分析的内容和方法是维修电动机的基本技能。对三相异步电动机的检修通常是一年进行一次,检修内容包括:

①检查电动机各部件有无机械损伤,若有则作相应修复或更换。

②对拆开的电动机进行清理,清除所有油泥、污垢。清理中,注意观察绕组绝缘状况。

③拆下轴承,浸在柴油或汽油中彻底清洗后,再用干净汽油清洗一遍。检查清洗后的轴承是否转动灵活,有无异常响声,内外钢圈有无晃动。根据检查结果,确定轴承是否需要更换。

④检查定子绕组是否存在故障。使用兆欧表测绕组绝缘电阻,绝缘电阻的大小可判断出绕组受潮程度或短路情况。若有,进行相应处理。

⑤检查定子、转子铁芯有无磨损和变形,若观察到有磨损处或发亮点,说明可能存在定子、转子铁芯相擦,可使用锉刀或刮刀将亮点刮低。

⑥对电机进行装配、安装,测试空载电流大小及对称性,最后带负载运行。

3)装配电动机

(1)装配前的准备

先备齐装配工具,将可洗的各零部件用汽油冲洗,并用棉布擦拭干净,再彻底清扫定、转子内部表面的尘垢。接着检查槽楔、绑扎带等是否松动,有无高出定子铁芯内表面,并相应做好处理。

(2)装配步骤

按拆卸时的逆顺序进行,并注意将各部件按拆卸时所作的标记复位。

(3)主要部件的装配方法

①轴承盖和端盖的安装步骤

A.轴承外盖的安装步骤

a.装上轴承外盖。

b.插上一颗螺丝,一只手顶住螺丝;另一只手转动转轴,使轴承的内盖也跟着转动,当转到轴承内外盖的螺丝孔一致时,把螺丝顶入内盖的螺丝孔里,并旋紧。

c.把其余两颗螺丝也旋紧。

B.端盖的安装步骤

a.铲去端盖口的脏物。

b.铲去机壳口的脏物,再对准机壳上的螺丝孔把端盖装上。

c.插上螺丝,按对角线一先一后把螺丝旋紧,切不可有松有紧,以免损伤端盖。

②转子的安装方法

转子的安装是转子拆卸的逆过程,安装时要对准定子中心把转子小心地往里送。注意不能碰伤定子绕组。

注意事项:在固定端盖螺丝时,不可一次将一边端盖拧紧,应将另一边端盖装上后,两边同时拧紧。要随时转动转子,看其是否能灵活转动,以免装配后电动机旋转困难。

③安装轴承的几种方法

A.安装前的准备工作

a.将轴承和轴承盖用煤油清洗后，检查轴承有无裂纹，滚道内有无锈迹等。

b.用手旋转轴承外圈，观察其转动是否灵活、均匀，之后再决定轴承是否需要更换。

c.如不需要更换，再将轴承用汽油洗干净，用清洁的布擦干待装。更换新轴承时，应将其放在 70~80 ℃的变压器油中，加热 5 min 左右，待全部防锈油溶去后，再用汽油洗净，用洁净的布擦干待装。

B.常用的安装方法

a.敲打法。

b.热装法。

c.冷套法。

先将轴颈部分揩擦干净，把清洗好的轴承套在轴上，用一段钢管，其内径略大于轴颈直径，外径又略小于轴承内圈的外径，套入轴颈，再用手锤敲打钢管端头，将轴承敲进。也可用硬质木棒或金属棒顶住轴承内圈敲打，为避免轴承歪扭，应在轴承内圈的圆周上均匀敲打，使轴承平衡地行进，如图 4.33 所示。

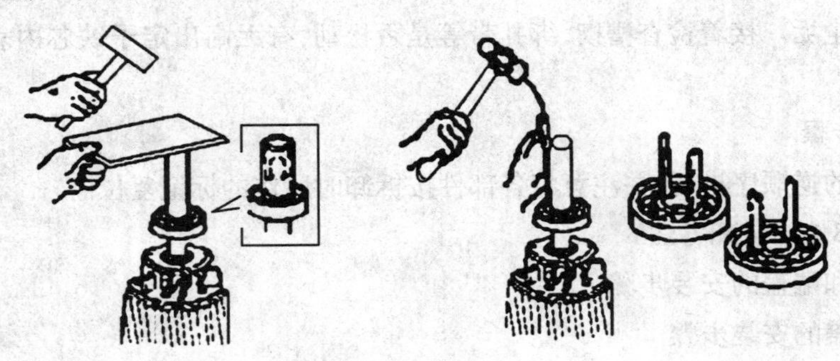

图 4.33　冷套法安装轴承

注意：安装轴承时，标号必须向外，以便下次更换时查对轴承型号。更换的轴承应与损坏的轴承型号相符。另外，在安装好的轴承中要按其总容量的 1/3~2/3 容积加注润滑脂。

4) 装配后检查

(1) 机械检查

①所有紧固螺钉是否拧紧。

②用手转动转轴，转子转动是否灵活，有无扫膛、松动，轴承是否有杂音等。

(2) 电气性能检查

①三相绕组是否平衡。

②电动机绝缘电阻测定。测定内容应包括三相相间绝缘电阻和三相绕组对地绝缘电阻，测得绝缘电阻大于 1 MΩ 为合格，最低限度不能低于 0.5 MΩ。

(3) 通电检查

按要求接好电源线，在机壳上接好保护接地线，接通电源，观察电机空载电流值，看是否符合要求。检查电机运转中有无异常情况。

思考题与习题

4-1　交流电动机按其转速的变化情况可分为哪两类？它们在运行时的转速各有什么特点？

4-2　为什么三相异步电动机定子铁芯和转子铁芯均用硅钢片叠压而成？能否用钢板或整块钢制作？为什么？

4-3　三相鼠笼式异步电动机和三相绕线式异步电动机结构上的主要区别有哪些？

4-4　说明三相异步电动机的转动原理。

4-5　一台绕线式异步电动机，若将定子三相绕组短路，转子三相绕组通入三相交流电流，这时电动机能旋转吗？若能旋转，其转向如何？

4-6　异步电动机的转向主要取决于什么？如何使一台异步电动机反向旋转？

4-7　异步电动机中的空气隙为什么做得很小？

4-8　什么叫转差率？为什么异步电动机不能在转差率 $s=0$ 时正常工作？

4-9　如何根据转差率来判断异步机的运行状态？

4-10　三相异步电动机的铭牌有什么作用？铭牌上最重要的数据有哪几个？

4-11　有一台异步电动机，如果 $2p=6$，$s_N=0.05$，$f=50$ Hz，问电机的同步转速和额定转速各是多少？

4-12　什么叫节距？设有一个线圈的一个有效边在第1槽，而另一个有效边在第8槽，问这线圈的节距为多少？

4-13　单相异步电动机为什么不能自行启动？怎样才能使它启动起来？

4-14　什么叫同步电动机？其工作原理与异步电动机有何不同？

项目 5
低压熔断器

【学习目标与任务】

学习目标:1.熟悉低压熔断器的结构、工作原理、型号及技术参数。

2.掌握低压熔断器的作用、分类及典型产品。

学习任务:1.能正确选择和使用低压熔断器。

2.具有低压熔断器维护检修和故障处理的能力。

课题 1　低压熔断器的认知

1)低压熔断器的作用

低压熔断器是利用金属导体作为熔体,根据电流超过规定值一定时间后,以熔体自身产生的热量使熔体熔化,从而使电路断开起到保护作用的一种过电流保护电器。低压熔断器广泛应用于低压配电系统、控制系统及用电设备中,主要作短路保护,有时也作过载保护,是应用最普遍的保护器件之一。在变电所中,低压熔断器主要作为电压互感器和所用变压器的保护电器。

低压熔断器结构简单、价格低廉、体积小、维护与更换方便、使用广泛。其缺点是不能用以正常切断或接通电路,必须与其他电器配合使用;当熔体熔化后必须更换,需要短时停电,恢复供电时间较长。另外,低压熔断器性能不稳定。

2)低压熔断器的分类

低压熔断器按照安装地点的不同,可分为户内式和户外式两类;按照适用的电压不同,可分为高压熔断器和低压熔断器两类;按照熔断特性的不同,可分为限流和不限流两类。在熔体熔化后，其电流未达到最大值之前，电弧就熄灭，电流立即减小到零的低压熔断器称为限流低压熔断器；不限流的低压熔断器在熔体熔化后，电流几乎不减小，仍继续达到其最大值，在第一次过零或经过几个周期后电弧才熄灭。

3）低压熔断器的型号及含义

低压熔断器型号为：[1][2][3]-[4]/[5]

其代表含义为：

[1]产品名称：用字母R表示低压熔断器。

[2]结构形式：C—插入式；L—螺旋式；M—无填料密封管式；T—有填料密封管式；S—快速式；Z—自复式。

[3]设计序号：以数字1,2,3等表示。

[4]低压熔断器额定电流：单位为A。

[5]熔体额定电流：单位为A。

课题2 低压熔断器的工作原理和技术参数

1）低压熔断器的基本结构和工作原理

（1）基本结构

低压熔断器主要由熔体（也称为金属熔件）、熔管、刀座、熔断指示器等部分组成，如图5.1所示。有些低压熔断器内还装有特殊的灭弧物质，如产气纤维管、石英砂等，其作用是熄灭熔体熔断时形成的电弧。

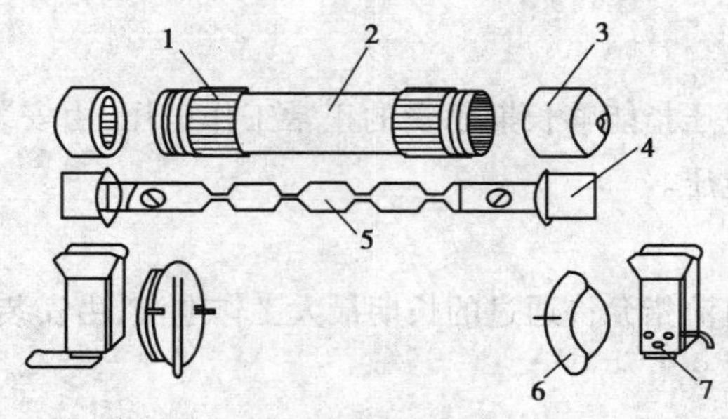

图5.1 低压熔断器的结构图

1—黄铜圈；2—熔管；3—黄铜帽；4—插刀；
5—熔体；6—特种垫圈；7—刀座

熔体是低压熔断器的关键部件，熔体材料应具有熔点低、导电性能好、不易氧化和易于加工的特点，一般为铅、铅锡合金、锌、铜、银等金属材料。铅、铅锡合金与锌的熔点较低，分别为320 ℃，200 ℃和420 ℃，但导电性能差，因此用这些材料制成的熔体截面积相当大，熔断时产生的金属蒸气太多，对灭弧不利，故仅用于500 V及以下的低压电器中；铜和银导电性能好，但主要缺点是熔点高，分别为 1 080 ℃和 960 ℃，可以制成截面积较小的熔体。铜熔体广泛用于各种电压等级的熔断器中，银熔体的价格较贵，只用于小电流的高压熔断器中。

当低压熔断器长期通过略小于熔体熔断电流的过负荷电流时，熔体不能熔断而发热，而发热温度长期达 900 ℃以上，使低压熔断器部件损坏。为了克服上述缺点，可采用“冶金效应”来降低熔点，即在难熔的熔体上焊铅或锡的小球，当温度达到铅或锡的熔点时，难熔的金属与熔化了的铅或锡形成电阻大、熔点低的合金，结果熔体首先在小球处熔断，然后电弧使熔体全部熔化，具有冶金效应的熔体如图 5.2 所示。

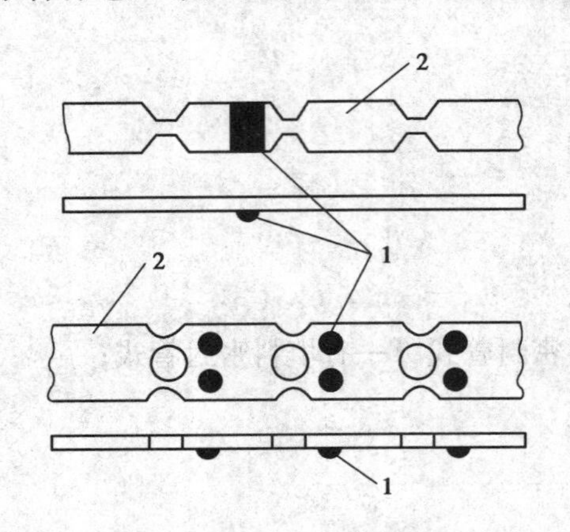

图 5.2　具有冶金效应的熔体

1—锡珠或锡桥；2—高熔点熔体

熔管是熔体的保护外壳，一般由硬制纤维或瓷制绝缘材料制成，要求既便于安装熔体，又有利于熔体熔断时电弧的熄灭。

(2) 工作原理

以金属导体作为熔体的低压熔断器，串联于电路中，当线路发生短路或过载时，线路电流通过熔体并增大，熔体自身将发热，当熔体温度升高到其熔点时，熔体熔断并分断电路，对系统、各种电器设备起到保护作用。

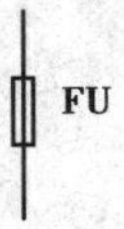

低压熔断器在电路图中的图形符号如图 5.3 所示，文字符号用 FU 表示。

FU

图 5.3　低压熔断器的符号

2) 低压熔断器的技术参数

(1) 额定电压

低压熔断器的额定电压指能够长期承受的正常工作电压，由安装点的工作电压来决定，它必须大于或等于工作电压。

(2) 额定电流

低压熔断器的额定电流指允许通过的长期最大工作电流，由安装点电流有效值来决定。

(3) 极限分断能力

低压熔断器的极限分断能力是指低压熔断器在规定的额定电压和功率因数(或时间常数)的条件下，能够分断的最大短路电流值。

(4) 额定分断能力

低压熔断器的额定分断能力应大于线路可能出现的最大短路电流。

(5) 保护特性

低压熔断器的断路时间，决定于熔体的熔化时间和灭弧时间，断路时间也称为熔断时间。熔断时间与通过低压熔断器使之熔断的电流之间的关系曲线，称为低压熔断器的保护特性曲线,也称为安秒特性曲线,如图5.4所示,低压熔断器的熔断时间与通过的电流和熔体熔点的高低具有反时限的特性。从保护特性曲线图上可知,低压熔断器的熔断时间随着电流的增大而减小,即低压熔断器通过的电流越大,熔断时间越短、熔化越快。同一电流通过不同额定电流的熔体时,额定电流小的熔体先熔断。例如,当通过短路电流 I_{k1} 时,$t_1<t_2$,熔体1先熔断。当低压熔断器通过的电流小于最小熔断电流时,熔体不会熔断。每一种规格的熔体都有一条安秒特性曲线,由制造厂家给出,是低压熔断器的重要特性之一。

当电网中有几级低压熔断器串联使用,分别保护电路中设备时,当某一设备发生短路或过负荷故障时,应当由保护该设备(离该设备最近)的低压熔断器熔断,切断电路,即为选择性熔断。如图5.5所示,当K点发生短路时,FU1应该先熔断,FU2不应该熔断。如果保护该设备的低压熔断器不熔断,而由上级低压熔断器熔断,即为非选择性熔断,这样会扩大停电范围,造成不应有的损失。

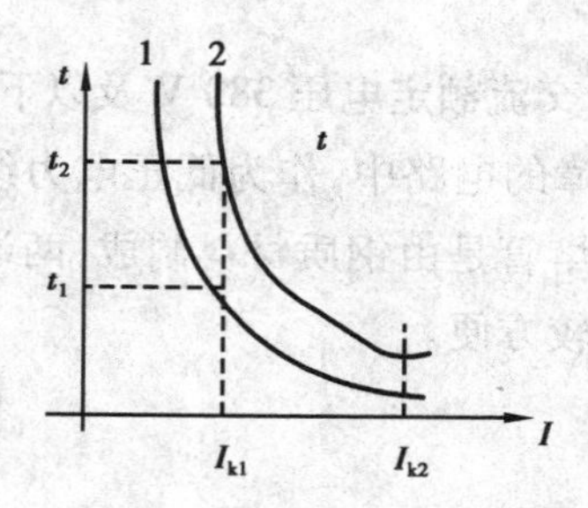

图5.4 低压熔断器的保护特性曲线

1—熔体1的特性曲线;2—熔体2的特性曲线

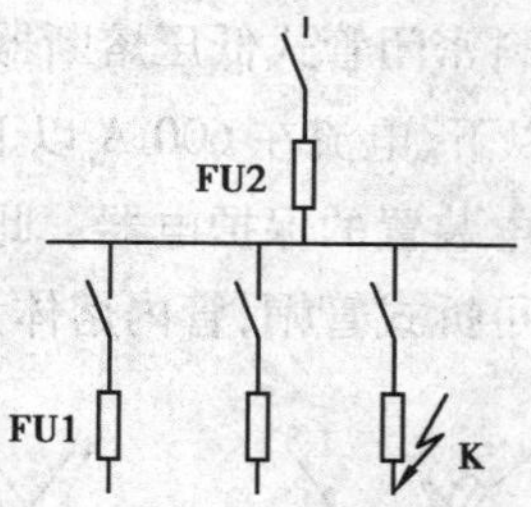

FU2
FU1
K

图5.5 低压配电电路低压熔断器的配置

为了保证几级低压熔断器的选择性熔断,应根据它们的保护特性曲线检查熔断时间,并注意上下级低压熔断器之间的配合。通常情况下,如果上一级低压熔断器的断路时间为下一级的3倍左右时,就有可能保证选择性熔断。如果熔体为同一材料时,上一级熔体的额定电流应为下一级的2~4倍。

低压熔断器的熔断电流与熔断时间的关系见表5.1(表中 I_N 为低压熔断器的额定电流)。

表5.1 低压熔断器的熔断电流与熔断时间的关系

熔断电流 I_S/A	$1.25I_N$	$1.6I_N$	$2.0I_N$	$2.5I_N$	$3.0I_N$	$4.0I_N$	$8.0I_N$	$10.0I_N$
熔断时间 t/s	∞	3 600	40	8	4.5	2.5	1	0.4

可见,低压熔断器对过载反应不灵敏。当电气设备轻度过载时,低压熔断器将持续很长时间才熔断,有时甚至不熔断。因此,除在照明电路中,低压熔断器一般不宜用作过载保护,主要用于短路保护。

课题3　低压熔断器的典型产品介绍

1)插入式低压熔断器

插入式低压熔断器如图5.6所示,主要应用于额定电压380 V、额定电流为5~200 A的低压线路末端或分支电路中,作为供配电系统中对导线、电气设备的短路保护电器。此结构低压熔断器的特点是结构简单、价格低廉、更换方便,使用时将瓷盖插入瓷座,拔下瓷盖便可更换熔体。

2)无填料密闭管式低压熔断器

无填料密闭管式低压熔断器如图5.7所示,主要应用于交流额定电压380 V及以下、直流440 V及以下、电流在600 A以下,经常发生过载和短路故障的电路中,作为低压电力线路或者成套配电装置的保护电器。此结构低压熔断器的特点是熔管是由钢质材料制成,两端为黄铜制成的可拆式管帽,管内熔体为变截面的熔片,更换熔体较方便。

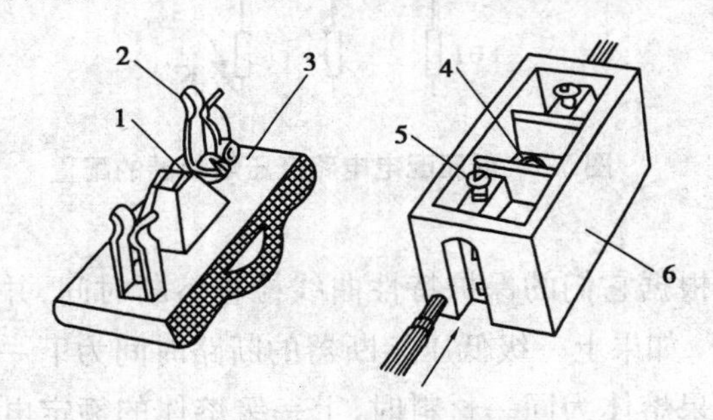

图5.6　插入式低压熔断器的结构

1—熔体;2—动触头;3—瓷盖;
4—空腔;5—静触头;6—瓷座

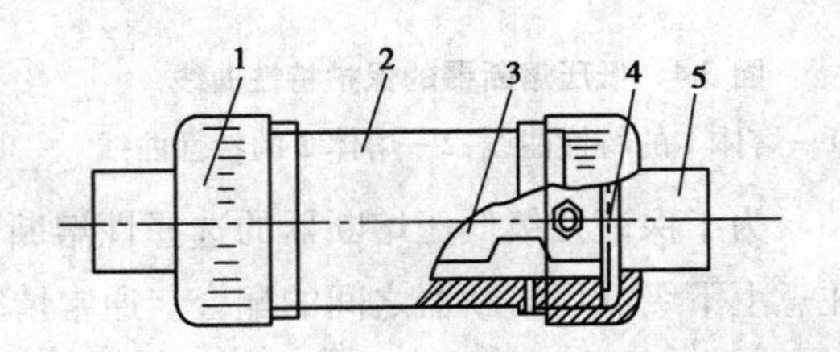

图5.7　无填料密闭管式低压熔断器

1—管帽;2—绝缘管;3—熔体;
4—垫片;5—接触刀

3)有填料密闭管式低压熔断器

有填料密闭管式低压熔断器如图5.8所示,用于交流380 V及以下、短路电流较大的电力输配电系统中,作为线路及电气设备的保护电器。它是在熔管内添加灭弧介质的一种密闭式管状低压熔断器,灭弧介质目前广泛使用的是石英砂。石英砂具有热稳定性好、熔点高、热导率高、化学惰性大和价格低廉等优点。此结构低压熔断器的特点是熔体是两片网状紫铜片,中间用锡桥连接,熔体周围填满石英砂。

在变电所中常用的低压熔断器有无填料密闭管式和有填料密闭管式两类。

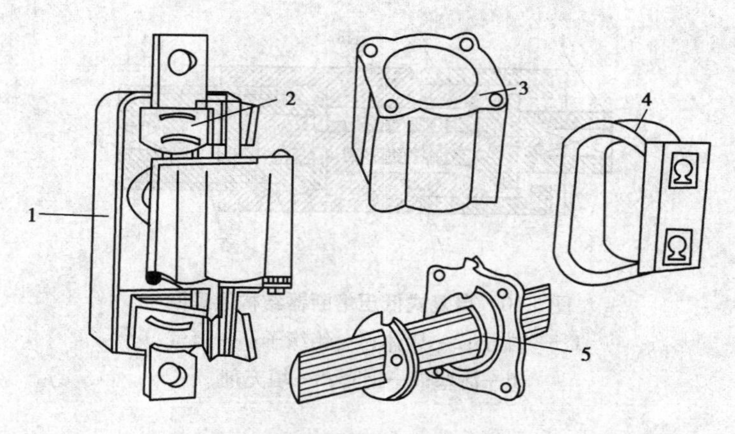

图5.8　有填料密闭管式低压熔断器

1—瓷座底;2—弹簧片;3—熔管;
4—绝缘手柄;5—熔体

4)螺旋式低压熔断器

螺旋式低压熔断器如图5.9所示,主要应用于交流电压380 V、电流200 A以内的线路和用电设备中。此结构的特点是熔管内装有石英砂、熔体和带小红点的熔断指示器,当熔体熔断后,熔断指示器便弹出,透过瓷帽上的玻璃可看到内部情况。熔体与瓷帽用弹性零件连成一体,熔体熔断后,只要旋开瓷帽,取出已经熔断的熔体,装上相同规格的熔体,再旋入底座内即可正常使用,操作安全方便。

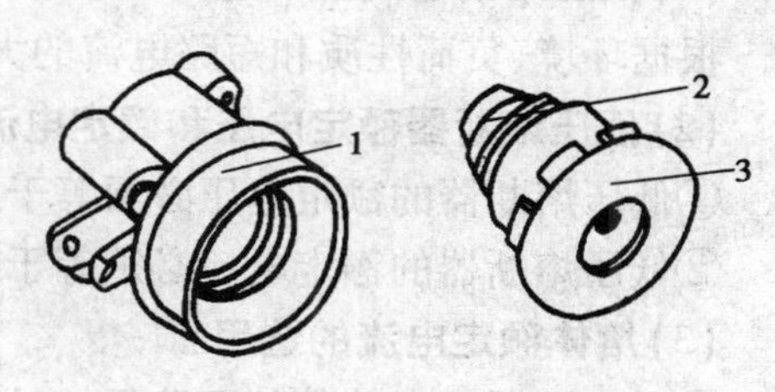

图5.9　螺旋式低压熔断器

1—底座;2—熔体;3—瓷帽

5)自复式低压熔断器

自复式低压熔断器属于限流电器,如图5.10所示,主要用于交流380 V的电路中,通常与断路器配合使用。自复式低压熔断器采用常温下具有高导电率的金属钠作熔体。当电路发生短路故障时,短路电流产生的高温会使金属钠在短时间内迅速汽化而蒸发,气态钠的阻值剧增,即瞬间呈现高阻状态,从而限制了短路电流的增加。当故障消失后,温度下降,金属钠蒸气冷却并凝结,自动恢复至原来的导电状态。

可见,与其说自复式低压熔断器是一种熔断器,还不如说它是一个非线性电阻。因为它熔而不断,不能真正分断电路,但是它具有限流作用显著、动作后不需要更换熔体、可重复使用等优点。

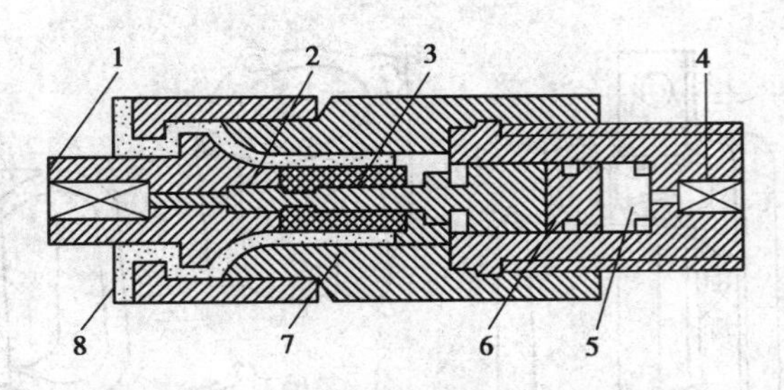

图 5.10　自复式低压熔断器结构原理图

1、3—端子；2—熔体；4—绝缘子；5—氮气；
6—活塞；7—钢套；8—填充剂

课题4　低压熔断器的选用与维护检修

1)低压熔断器的选用

(1)低压熔断器类型的选用

根据环境、负荷性质和短路电流的大小选用适当类型的低压熔断器。

(2)低压熔断器额定电压和额定电流的选用

①低压熔断器的额定电压必须等于或大于线路的额定电压。

②低压熔断器的额定电流必须等于或大于所装熔体的额定电流。

(3)熔体额定电流的选用

①对于照明和电热等的短路保护，熔体的额定电流应等于或稍大于负载的额定电流。

②对一台不经常启动且启动时间不长的电动机的短路保护，应有：

$$I_{RN} \geqslant (1.5 \sim 2.5) I_N$$

③对多台电动机的短路保护，应有：

$$I_{RN} \geqslant (1.5 \sim 2.5) I_{Nmax} + \sum I_N$$

式中，I_{Nmax}为最大一台电动机的额定电流；$\sum I_N$ 为其余电动机额定电流之和。

2)低压熔断器的维护

①维护时，应保证熔体和插刀及插刀和刀座接触良好，以免熔体温度过高而误动作。同时还要注意不应使熔体受到机械损伤。

②安装必须可靠，以免有一相接触不良，出现相当于一相断路的情况，致使设备断相运行而烧毁。

③如果维护时发现熔体已损伤或熔断，应更换熔体，并注意使换上去的新熔体的规格与换下来的一致，保证动作的可靠。

④更换熔体或熔管必须在不带电的情况下进行。

⑤低压熔断器的连接线材料和截面积以及它的温升均应符合规定，不得随意改变，以免

发生误动作。

⑥低压熔断器上积有灰尘,应及时清除。对于有动作指示器的低压熔断器,还应经常检查,发现低压熔断器已动作,应及时更换。

3) 低压熔断器的检修

①各零部件完整无损伤,安装牢固,无松动、变形现象。

②熔管无吸潮、膨胀、弯曲和烧灼现象。瓷件或硅胶体无破损、开裂、闪络击穿迹象。

③操动机构动作灵活可靠,接触紧密,触头无过热、烧伤痕迹。

④低压熔断器相间距离不小于 350 mm。

⑤低压熔断器熔体容量应与设备容量相匹配。

4) 低压熔断器的常见故障及处理方法

低压熔断器的常见故障及处理方法见表 5.2。

表 5.2　低压熔断器常见故障及处理方法

故障现象	可能原因	处理方法
电路接通瞬间熔体熔断	1.熔体电流等级选择过小 2.负载侧短路或接地 3.熔体安装时受机械损伤	1.更换熔体 2.排除负载故障 3.更换熔体
熔体未熔断,但电路不通	熔体或接线座接触不良	重新连接

技能训练 7　低压熔断器的识别

1) 低压熔断器的识别

(1) 实训目的

①熟悉常用低压熔断器的类型与结构。

②清楚常用低压熔断器的适用场合与选用方法。

③会拆装常用低压熔断器并掌握维护方法。

(2) 实训器材

实训器材见表 5.3。

表 5.3　实训器材

序　号	名　称	型号规格	数　量
1	万用表	DT-9979	1 块
2	兆欧表	ZC-7　500 V	1 块
3	常用电工工具		1 套
4	低压熔断器	RC,RL,RM,RT,RS,RZ	各两个

(3) **实训内容**

①按表 5.4 完成相应的任务。

表 5.4 低压熔断器识别的任务及操作要点

序 号	任 务	操作要点
1	识读低压熔断器型号	低压熔断器的型号标注在瓷座的铭牌上或瓷帽上方
2	识别上、下接线柱	上接线柱(高端)为出线端子,下接线柱(低端)为进线端子
3	识别熔体好坏	从瓷帽玻璃往里看,熔体有色标表示熔体正常,无色标表示熔体已断路
4	识读熔体额定电流	熔体额定电流标注在熔体表面

②试写出下列低压熔断器的型号和参数(用纸条遮住相关信息)。

2) 用万用表检测低压熔断器及熔体质量

将万用表置于 $R\times1\ \Omega$ 挡,欧姆调零后,将两表笔分别搭接在低压熔断器的上、下接线柱上,若阻值为 0,低压熔断器正常;阻值为∞,低压熔断器已断路,应检查熔体是否断路或瓷帽是否旋好等。

思考题与习题

5-1 低压熔断器在电路中的作用是什么?它由哪些部件组成?

5-2 低压熔断器的型号是如何表示的?

5-3 什么是冶金效应?

5-4 低压熔断器有哪些主要参数?熔断器的额定电流和熔体的额定电流是一样的吗?

5-5 自复式低压熔断器的原理是什么?

5-6 低压熔断器选用的原则是什么?

5-7 低压熔断器维护的内容是什么?

项目 6 接触器

【学习目标与任务】

学习目标:1.熟悉接触器的工作原理、结构及技术参数。
　　　　 2.掌握接触器的用途、分类方法和典型产品。
学习任务:1.能正确安装和使用接触器。
　　　　 2.具有接触器维护检修和故障处理的能力。

课题 1　接触器的认知

1)接触器的用途

接触器是一种用于远距离频繁接通和断开电力拖动主回路及其他大容量用电回路的自动控制电器,具有零压保护、欠压释放保护等作用。接触器工作可靠,是自动控制系统中应用最广泛的电器。

图 6.1(a)、(b)分别为交流接触器的外形图和结构图,图中接触器的动触头固定在动铁芯(衔铁)上,静触头则固定在壳体上。正常时电磁线圈未通电,接触器所处的状态称为常态。常态时互相分开的触头,称为常开触头;而互相闭合的触头,称为常闭触头。接触器共有 3 对常开主触头和两对常开、两对常闭的辅助触头。主触头的额定电流较大(数安到数百安),用来接通和分断大电流的主电路。辅助触头的额定电流较小(5~10 A),用来接通和分断小电流的控制回路。接触器在电路图中的图形符号如图 6.1(c)所示,文字符号用 KM 表示。

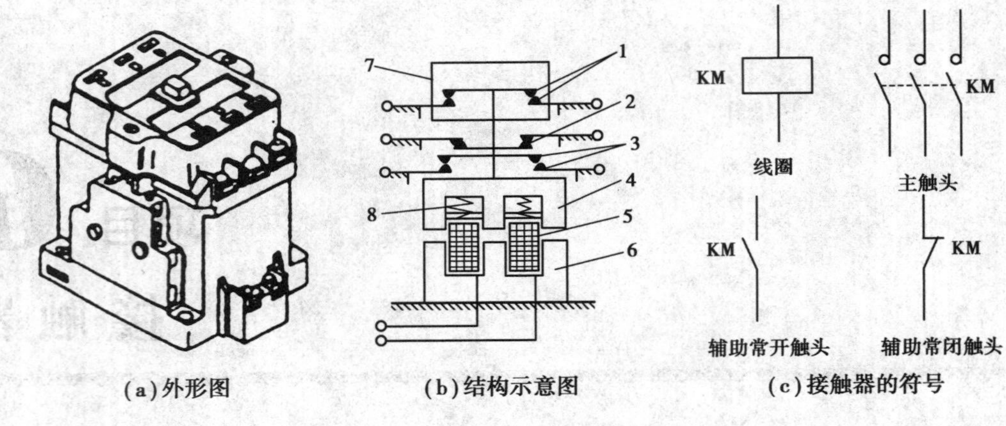

(a)外形图　(b)结构示意图　(c)接触器的符号

图 6.1　交流接触器

1—主触头;2—常闭辅助触头;3—常开辅助触头;4—动铁芯;
5—电磁线圈;6—静铁芯;7—灭弧罩;8—弹簧

2)接触器的工作原理

当接触器的电磁线圈通电后,产生磁场,使静铁芯产生足够的吸力,克服反作用弹簧与动触头压力弹簧片的反作用力,将衔铁吸合,使动触头和静触头的状态发生改变,其中,3 对常开主触头闭合,常闭辅助触头首先断开,接着常开辅助触头闭合。当电磁线圈断电后,由于铁芯电磁吸力消失,衔铁在反作用弹簧作用下释放,各触头也随之恢复原始状态。因此,可以把接触器理解为一个由电磁铁控制的多触头开关。通常,在无特殊说明的情况下,有触头电器的触头动作顺序均为“先断后合”。

接触器的电路,可以分为两部分:第一部分为主触头,和负载串联,属于主电路;第二部分是电磁线圈,与开关或辅助触头相串联,属于控制电路。可见,随着控制电路的接通和分断,主电路也相应地动作,从而频繁地控制电路的接通和断开。

20 A 以上的交流接触器,通常装有灭弧罩,用来熄灭主触头分断时所产生的电弧,以免烧坏触头造成相间短路。

3)接触器的分类方法

①按主触头所控制电路的种类分,有直流、交流两类。这是最常见和最主要的分类方法。

②按主触头极数分,有单极、双极、三极、多极 4 类。

③按主触头的正常位置分,有常开、常闭、一部分常开、一部分常闭 4 类。

④按电磁线圈种类分,有交流励磁和直流励磁两类。

⑤按灭弧介质分,有空气式和真空式两类。

⑥按有无灭弧室分,有安装灭弧室和不装灭弧室两类。

4)接触器的主要技术参数

(1)型号说明

①交流接触器

[1][2][3]-[4][5]/[6]

其代表意义为:

[1]产品名称:用字母CJ表示交流接触器。

[2]设计序号:以数字1,2,3表示。

[3]特殊作用:Z—重任务;X—消弧;B—栅片去游离灭弧;T—改型后的。

[4]额定电流,单位为A。

[5]设备型号:A、B—改型产品;Z—直流线圈;S—带锁扣。

[6]极数:以数字表示,三极产品不注明数字。

②直流接触器

[1][2]-[3]/[4][5]

其代表意义为:

[1]产品名称:用字母CZ表示直流接触器。

[2]设计序号:以数字1,2,3表示。

[3]额定电流,单位为A。

[4]常开主触头数量。

[5]常闭主触头数量。

比如CJ12T-250,该型号的意义为CJ12T系列交流接触器,额定电流为250 A,主触头为三极。

我国生产的交流接触器常用的有CJ0,CJ1,CJ10,CJ12,CJ20等系列产品,直流接触器常用的有CZ1,CZ3等系列和新产品CZ0系列。

(2)额定电压

接触器铭牌上的额定电压是指主触头上的额定工作电压,其等级有:

直流接触器:220 V,440 V,660 V。

交流接触器:220 V,380 V,500 V,660 V,1 140 V。

(3)额定电流

接触器铭牌上的额定电流是指在规定工作条件下主触头上的额定工作电流,其等级有:

直流接触器:25 A,40 A,60 A,100 A,150 A,250 A,400 A,600 A。

交流接触器:10 A,15 A,25 A,40 A,60 A,100 A,150 A,250 A,400 A,600 A。

(4)线圈的额定电压

线圈的额定电压的等级有:

直流线圈:25 V,48 V,220 V。

交流线圈:36 V,127 V,220 V,380 V。

(5)动作值

动作值是指接触器的吸合电压与释放电压。部颁标准规定接触器在额定电压85%以上时,应可靠吸合。释放电压不高于线圈额定电压的70%,交流接触器不低于线圈额定电压的10%,直流接触器不低于线圈额定电压的5%。

(6)接通与分断的能力

接通与分断的能力是指接触器的主触头在规定的条件下能可靠地接通和分断的电流值,不应发生熔焊、飞弧和过分磨损等。

(7)操作频率

操作频率是指接触器在每小时内可能实现的最高操作循环次数,它对接触器的电寿命、灭弧罩的工作条件和电磁线圈的温升有直接的影响。交流接触器最高为600次/h,直流接触器可达200次/h。

(8)机械寿命和电气寿命

接触器是频繁操作电器,应有较长的机械寿命和电气寿命,目前有些接触器的机械寿命已达一千万次以上,电气寿命是机械寿命的5%~20%。

(9)额定工作制

接触器的工作制有4种:长期工作制、间断长期工作制、短时工作制和反复短时工作制。

5)接触器的选用原则

①根据电路中负载电流的种类选择接触器的类型。

②接触器的额定电压应大于或等于负载回路的额定电压。

③电磁线圈的额定电压应与所接控制电路的额定电压等级一致。

④接触器额定电流应大于或等于被控主回路的额定电流。

课题2　接触器的结构分析

接触器的结构主要包括:电磁机构、触头系统、灭弧装置等部分。从设计的角度看,对接触器电磁机构的主要要求是:电磁铁的吸力特性与接触器反力特性配合良好,闭合时碰撞冲击力小,能可靠地吸合与释放;触头使用的材料应具有导电、导热、耐腐蚀、抗熔焊性能良好,触头的温升低、电寿命高,能承受短时耐受电流的能力;灭弧装置的灭弧性能好,分断电流时的燃弧时间短,过电压低,喷弧距离小。

1)电磁机构

电磁机构是电磁式控制电器的重要组成部分之一。电磁机构由电磁线圈、静铁芯、衔铁、极靴、铁轭和空气隙等组成。电磁机构中的线圈、静铁芯在工作状态下是不动的,衔铁则是可动的。电磁机构通过衔铁与相应的机械机构的动作状态和动作过程相联系,将电磁线圈产生的电磁能量转换为机械能量,带动触头使之闭合或者断开,以实现对被控制电路的控制目的。

交流接触器的线圈中通过交流电,产生交变的磁通,并在铁芯中产生磁滞损耗和涡流损耗,使铁芯发热。为了减少交变的磁场在铁芯中产生的损耗,交流接触器的铁芯用相互绝缘的硅钢片叠压铆成,避免铁芯过热。

电磁机构按衔铁的动作方式分为3类:图6.2(a)所示为衔铁直线运动的直动式电磁机构,它多用于额定电流为40 A及以下的交流接触器;图6.2(b)所示为衔铁绕轴转动的拍合式电磁机构,它多用于额定电流为60 A及以下的交流接触器;图6.2(c)所示为衔铁绕棱角转动的拍合式电磁机构,它用于直流接触器。

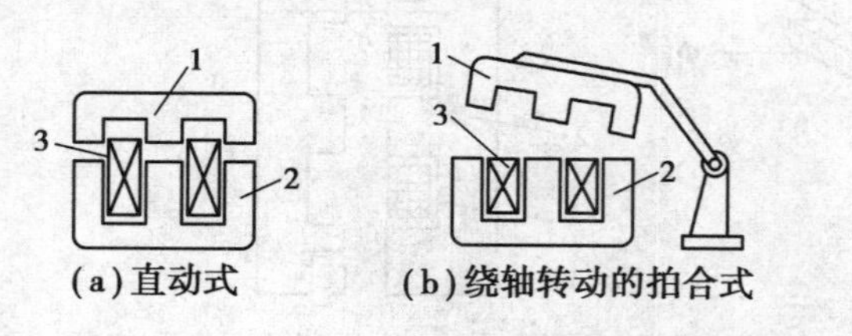

(a)直动式　(b)绕轴转动的拍合式

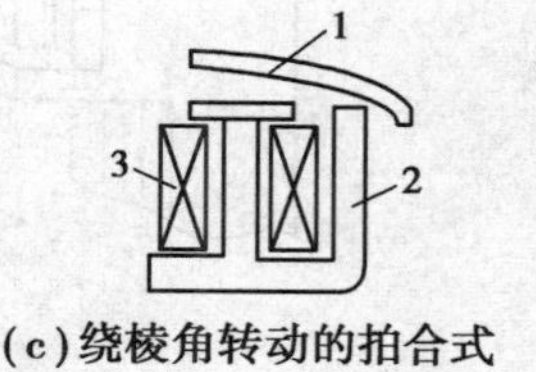

(c)绕棱角转动的拍合式

图6.2 电磁机构

1—衔铁;2—铁芯;3—电磁线圈

接触器的电磁机构在使用过程中应注意以下四点:

①电磁铁的吸力特性应与接触器的反力特性合理地配合,这样可在保证动作可靠的前提下,铁芯与衔铁的碰撞能量为最小。作用在衔铁上的力有两个,即电磁吸力与反力,其中电磁吸力由电磁机构产生,反力则由释放弹簧和触头弹簧所产生。电磁机构的工作情况常用吸力特性和反力特性来表示,如图6.3所示。图中,F指衔铁上的作用力,δ指电磁机构的气隙。一般来说,在衔铁释放时,吸力必须始终小于反力,即吸力特性处于反力特性的下方;在衔铁吸合时,吸力必须始终大于反力,即吸力特性处于反力特性的上方。在吸合过程中还需注意吸力特性位于反力特性上方不能太高,否则会影响到电磁机构的寿命。

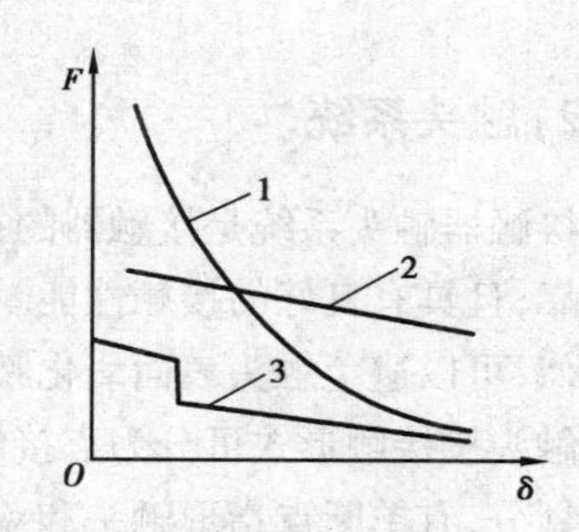

图6.3 吸力特性与反力特性的配合

1—直流电磁铁吸力特性;

2—交流电磁铁吸力特性;3—反力特性

②采用缓冲装置,即用硅橡胶、塑料及弹簧等制成缓冲件,放置在电磁铁的衔铁、静铁芯和线圈等零件的下面或上面,以吸收衔铁运动时的动能,减小衔铁及静铁芯与停挡的撞击力,减轻触头的二次振动。

③为了减少交流接触器吸合时产生的振动和噪声,一般在铁芯上装有短路环,其工作原理是:当线圈中通入交变电流,铁芯中产生交变的磁通,因此,铁芯与衔铁之间的吸力也是变化的。当交流电过零点时,磁通为零,电磁吸力也为零,吸合后的衔铁在弹簧反力的作用下释放。由于电流过零后,电磁吸力增大,当电磁吸力大于反力时,衔铁又吸合。交流电一个周期两次过零,衔铁一会儿吸合,一会儿释放,周而复始使衔铁产生振动和噪声,振动会降低接触器的使用寿命。为消除这一现象,在交流接触器铁芯和衔铁的两个不同端部2/3处各开一个槽,槽内嵌装一个用铜制成的短路环,如图6.4所示。铁芯装短路环后,线圈中通入交流电I_1时,产生磁通Φ_1,Φ_1一部分穿过短路环所包围的截面时在短路环中产生感应电流I_2,I_2产生的

磁通 Φ_2在相位上滞后于 Φ_1。Φ_1、Φ_2在相位上不同时为零,Φ_1、Φ_2产生的吸力 F_1、F_2也不会同时为零,作用于衔铁上的合力 F_1+F_2大于零,这就保证了铁芯和衔铁在任何时刻都有吸力,使铁芯牢牢吸合,这样就消除了振动和噪声,衔铁就不会产生机械振动现象。

④适当增大铁芯极面,减小碰撞应力。铁芯和衔铁吸合时应能自动调整吸合面,避免棱角与面的碰撞引起的应力集中。

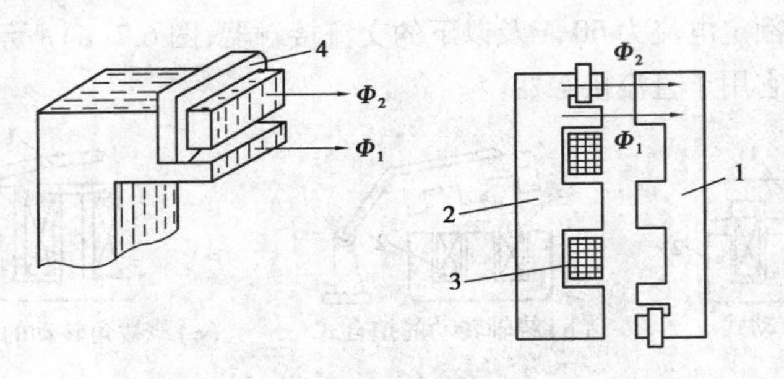

图 6.4　交流电磁铁上的短路环

1—衔铁;2—静铁芯;3—线圈;4—短路环

2)触头系统

接触器触头系统是接触器的执行元件,用以接通或分断所控制的电路,要求触头必须工作可靠,且具有良好的接触性能。常采用银质材料作触头,这是因为银的氧化膜电阻率与纯银相似,可以避免触头表面氧化膜电阻率增加而造成接触不良。

触头按接触形式可分为点接触、线接触和面接触 3 种形式,如图 6.5 所示。按触头的结构形式划分,有单断点指形触头和双断点桥式触头两类,如图 6.6 所示。无论指形触头还是桥式触头,都装有压力弹簧以减小接触电阻,并避免由于触头接触不良而过热。

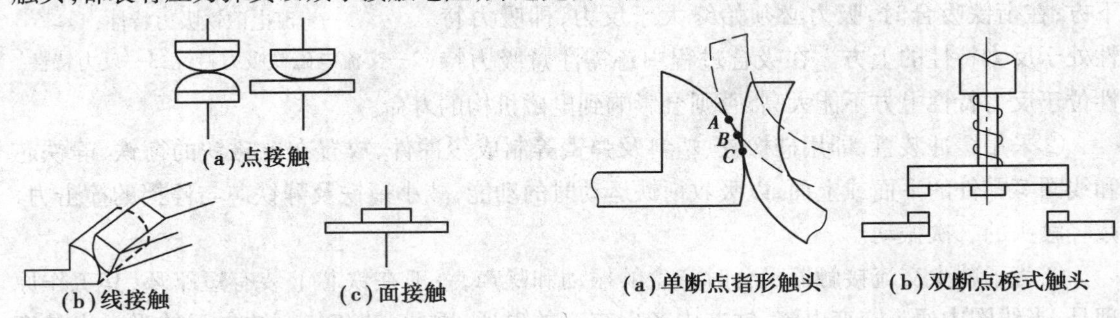

图 6.5　触头的 3 种接触形式

图 6.6　触头的结构形式

(1)单断点指形触头

单断点指形触头如图 6.6(a)所示,其优点为:

①触头在通断过程中有滚滑运动,当开始接触时,动触头和静触头在 *A* 点接触,靠弹簧压力经 *B* 滚动到 *C* 点。断开时相反,这样可以自动清除表面的氧化膜保证了可靠接触。同时,长期工作位置不是在烧灼的 *A* 点而是 *C* 点,也保证了触头的良好接触。

②触头接触压力大,电动稳定性高。

③触头压力弹簧易于调节。

缺点:仅一个断口,熄弧困难;触头闭合时冲击能量大,有软连接,不利于机械寿命的提高。

(2)双断点桥式触头

双断点桥式触头如图6.6(b)所示,其优点为:

①两个灭弧区域,灭弧效果好。

②触头开距小,接触器结构紧凑,体积小。

③触头闭合时冲击能量小,无软连接,有利于提高机械寿命。

缺点:触头通断时不能自动净化其表面;触头接触压力小,电动稳定性比较低;触头参数(如弹簧压力)等不易调节。

触头在分断电路的过程中有4种工作状态,即闭合状态、断开状态、闭合过程、断开过程。闭合状态下接触电阻应为零;触头断开时接触电阻应为无穷大;闭合过程中接触电阻应瞬时由无穷大变为零;断开过程中接触电阻应瞬时由零变为无穷大。

3)灭弧装置

(1)电弧的产生及危害

在大气中开断电路时,如果电源电压超过12~20 V,被开断的电流超过0.25~1 A,在触头间隙(弧隙)中会产生一团温度极高、发出强光并能导电的近似于圆柱形的气体,称为电弧,电弧是电器设备开断过程中不可避免的现象。当电器设备的触头间产生电弧时,会对系统和电器设备造成以下危害:

①电弧的存在延长了电器设备开断故障电路的时间,加重了系统短路故障的危害。

②电弧产生的高温,将使触头表面熔化和汽化,烧坏绝缘材料。对充油电器设备还可能引起着火、爆炸等危险。

③由于电弧在电动力、热力作用下能移动,很容易造成飞弧短路和伤人或引起事故的扩大。

电弧存在时,尽管电器设备触头断开,但电路中仍有电流流通。只有当电弧熄灭后,电路中才无电流通过而真正断开。

(2)熄灭电弧的基本方法

灭弧装置用来熄灭主触头在切断电路时所产生的电弧,保护触头不受电弧灼伤,接触器中常用的灭弧方法有以下5种:

①纵缝灭弧

纵缝灭弧方法是借助灭弧罩来完成灭弧任务,灭弧罩制成纵向窄缝,如图6.7所示。当电弧受力被拉入窄缝后,电弧与缝壁能紧密接触。在继续受力的情况下,电弧在移动过程中能不断改变与缝壁接触的部位,冷却效果好,对熄弧有利。但是在频繁开断电流时,缝内残余的游离气体不易排出,这对熄弧不利,这种方法适用于操作频率不高的场合。

②电动力灭弧

电动力灭弧如图 6.8 所示，利用触头断开时本身的电动力把电弧拉长，以扩大电弧散热面积。电弧在拉长过程中，与灭弧罩相接触，将热量传递给灭弧罩，促使电弧迅速熄灭。

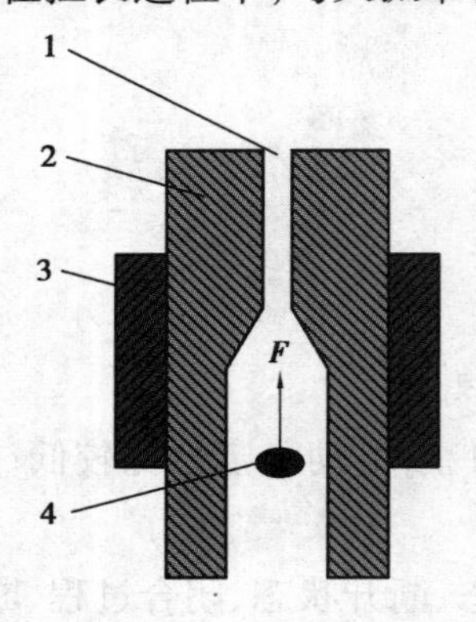

图 6.7　纵缝灭弧

1—纵缝；2—缝壁；

3—磁性夹板；4—电弧

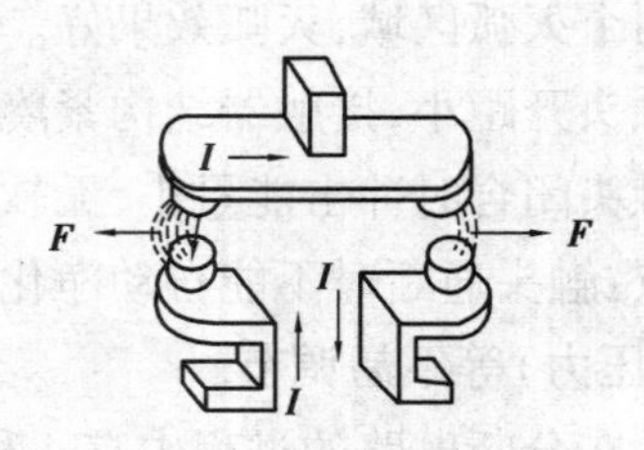

图 6.8　电动力灭弧

③双断点桥式灭弧

图 6.9 所示为双断点桥式灭弧原理图，触头分断时，在断口中产生电弧，流过两电弧的电流 I 方向相反，电弧受到互相排斥的磁场力 F，在力 F 的作用下，电弧向外运动并被拉长，电弧迅速进入冷却介质，有利于电弧的熄灭。在交流接触器中常采用双断点桥式结构灭弧，这种方法灭弧效果较弱，一般用于小功率交流接触器。

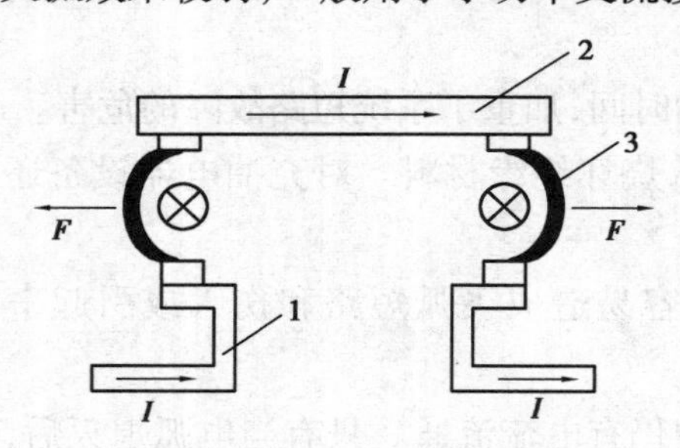

图 6.9　双断点桥式灭弧

1—静触头；2—动触头；3—电弧

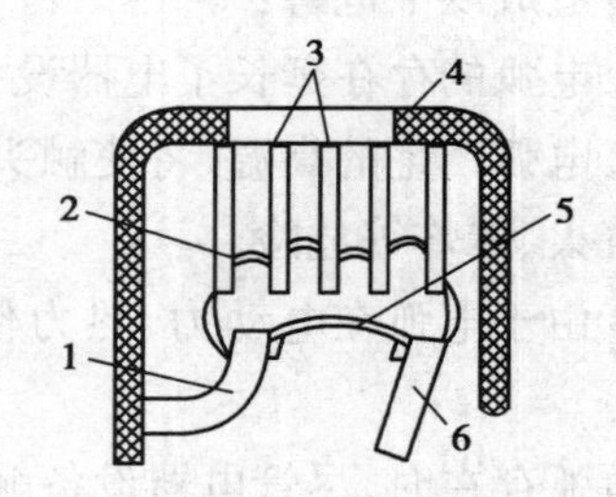

图 6.10　栅片灭弧

1—静触头；2—短电弧；3—灭弧栅片；

4—灭弧罩；5—电弧；6—动触头

④栅片灭弧

栅片灭弧要借助灭弧罩完成，是用陶土或石棉水泥制成的绝缘、耐高温的灭弧罩，如图6.10所示。灭弧罩内装有镀铜薄铁片组成的灭弧栅片，各灭弧栅片之间相互绝缘。触头分断电路时产生电弧，电弧又产生磁场，灭弧栅片系导磁材料，它将电弧上部的磁通通过灭弧栅片形成闭合回路。由于电弧的磁通上部稀疏，下部稠密，这种下密上疏的磁场分布将对电弧产生由下至上的电磁力，将电弧推入灭弧栅片中，被灭弧栅片分割成几段串联的短电弧，这不仅使栅片之间的电弧电压低于燃弧电压，而且通过栅片吸收电弧热量，使电弧很快熄灭。由于栅片灭弧效应在交流时比直流时强得多,因此交流接触器常采用栅片灭弧。

⑤磁吹灭弧

磁吹灭弧原理如图6.11所示,将磁吹线圈与主电路串联,主电路的电流 I 流过磁吹线圈产生磁场,该磁场由导磁夹板引向触头周围。磁吹线圈产生的磁场与电弧电流产生的磁场相互作用,使电弧受到磁场力 F 的作用,电弧被拉长的同时迅速冷却,使电弧熄灭。这种装置利用电弧电流本身灭弧,电弧电流越大,灭弧能力越强,广泛用于直流灭弧装置中。

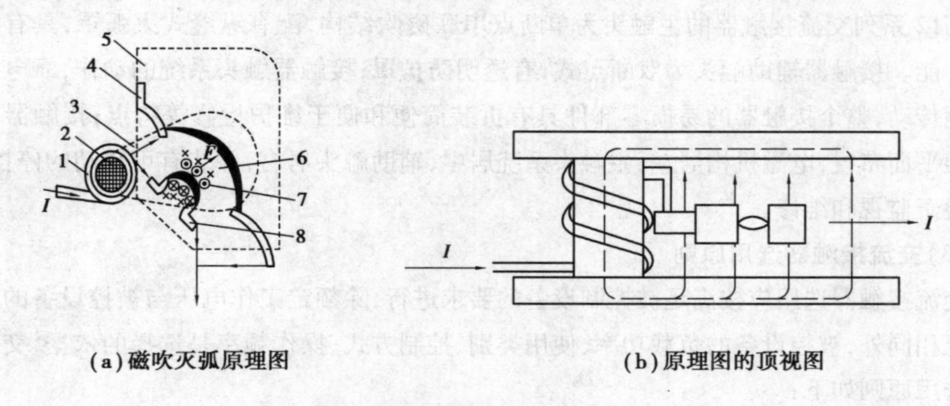

(a)磁吹灭弧原理图　　(b)原理图的顶视图

图6.11　磁吹灭弧

1—磁吹线圈;2—磁吹铁芯;3—导磁夹板;4—引弧角;
5—灭弧罩;6—磁吹线圈磁场;7—电弧电流磁场;8—动触头

4)辅助部件

接触器除了上述3个主要部件外,还有反作用弹簧、缓冲弹簧、触头压力弹簧、传动装置及底座、接线柱等。

课题3　接触器的典型产品介绍

1)交流接触器

交流接触器广泛用作系统中的通断和控制电路,它利用主触头来开闭电路,用辅助触头来执行控制指令,小型的接触器也经常作为中间继电器配合主电路使用。常用的交流接触器有CJ10系列、CJ12系列和CJ20系列。

(1)CJ10系列交流接触器

CJ10系列交流接触器适用于交流50 Hz(60 Hz)、电压至380 V、电流至150 A的电力线路中,供远距离接通和分断电路,并适宜于频繁地启动、停止和反转交流电动机之用。

主触头系统为三极双断点结构,辅助触头40 A及以下为开启式,电磁机构10~40 A为直动式,60 A 及以上为杠杆转动式结构。静铁芯、衔铁均装有缓冲装置。除 10 A 接触器外,其余电流等级接触器均为陶土纵缝式灭弧罩。

(2)CJ12 系列交流接触器

CJ12 系列交流接触器的电磁机构由 U 形静铁芯、衔铁及线圈组成。静铁芯、衔铁均装有缓冲装置,用以减轻电磁系统闭合时碰撞力,减少主触头的振动时间和释放时的反弹现象。

CJ12 系列交流接触器的主触头为单断点串联磁吹结构,配有纵缝式灭弧罩,具有良好的灭弧性能。接触器辅助触头为双断点式,有透明防护罩;接触器触头系统的动作,靠电磁系统经扁钢传动,整个接触器的易损零部件具有拆装简便和便于维护检修等特点;接触器主结构为条架平面布置,电磁机构居左,主触头系统居中,辅助触头居右,并装有可转动的停挡,整个布置便于监视和维修。

(3)交流接触器选用原则

交流接触器选用应按满足被控制设备的要求进行,除额定工作电压与被控设备的额定工作电压相同外,被控设备的负载功率、使用类别、控制方式、操作频率是选择的依据,交流接触器的选用原则如下:

①交流接触器的电压等级要和负载相同,选用的接触器类型要和负载相适应。

②负载的计算电流要符合接触器的容量等级,即计算电流不大于接触器的额定工作电流。接触器的接通电流大于负载的启动电流,分断电流大于负载运行时分断需要电流,负载的计算电流要考虑实际工作环境和工况,对于启动时间长的负载,半小时峰值电流不能超过约定发热电流。

③按短时的动、热稳定性校验。线路的三相短路电流不应超过接触器允许的动、热稳定电流,当使用接触器断开短路电流时,还应校验接触器的分断能力。

④接触器线圈的额定电压、电流及辅助触头的数量、电流容量应满足控制回路接线要求。要考虑接在接触器控制回路的线路长度,一般推荐的操作电压值,接触器要能够在 85%~110%的额定电压下工作。如果线路过长,由于电压降太大,接触器线圈对合闸指令有可能不起反应。

⑤根据操作次数校验接触器所允许的操作频率。如果操作频率超过规定值,额定电流应加大一倍。

⑥短路保护元件参数应该和接触器参数配合选用。选用时可参见样本手册,样本手册一般给出的是接触器和低压熔断器的配合表。

2)直流接触器

直流接触器主要用于直流电力线路中,作为远距离接通或分断电路、控制直流系统的电器。

常用的直流接触器是 CZ0 系列,主要供远距离接通与断开额定电压至 440 V、额定电流至 600 A 的直流电力线路,并适宜于直流电动机的频繁启动、停止、换向及反接制动。其额定电流分为40 A,100 A,150 A,250 A,400 A和600 A六种;其极数分单极和双极,线圈控制电压有24 V,48 V,110 V,220 V四种。

直流接触器结构、原理与交流接触器基本相同,主要由线圈、静铁芯、衔铁、触头、灭弧装置等组成,如图6.12所示。但也有不同之处,其与交流接触器的区别是:触头多采用滚动接触的指形触头,辅助触头采用点接触桥式触头;线圈中通过的是直流电,产生的是恒定的磁通,不会在铁芯中产生磁滞损耗和涡流损耗,因此铁芯不发热,铁芯常用整块铸钢或铸铁制成,并且不需要短路环;电磁机构中只有线圈产生热量,为了使线圈散热良好,通常将线圈绕制成长而薄的圆筒状,没有骨架,与铁芯直接接触,便于散热;由于直流电弧特殊性,较难熄灭,一般采用灭弧能力较强的磁吹灭弧。

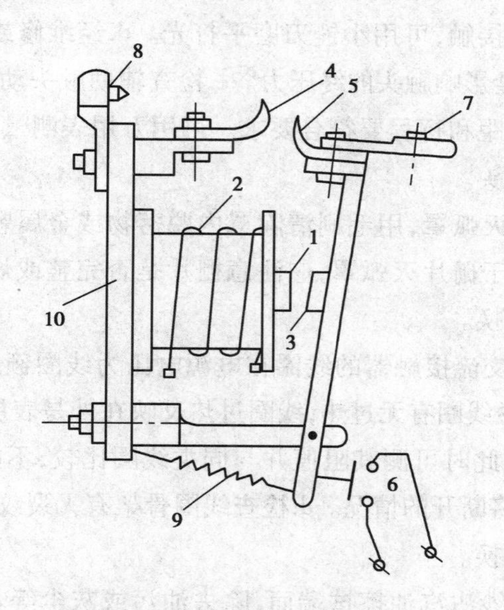

图6.12 直流接触器的结构示意图

1—静铁芯;2—线圈;3—衔铁;4—静触头;5—动触头;6—辅助触头;7、8—接线柱;9—反作用弹簧;10—底板

课题4 接触器的维护与检修

1)接触器的维护

(1)接触器的日常维护内容

①定期检查接触器外观是否完好,绝缘部件有无破损、脏污现象。

②定期检查接触器螺钉是否松动,可动部分是否灵活可靠。

③检查灭弧罩有无松动、破损现象,灭弧罩往往较脆,维护时注意不要碰坏。

④检查主触头、辅助触头及各连接点有无过热、烧蚀的现象,发现问题应及时修复。当触

头磨损到1/3时,应更换新的触头。

⑤检查铁芯极面有无变形、松开现象,交流接触器的短路环是否破裂,直流接触器的铁芯非磁性垫片是否完好。

(2)接触器各部件的维护方法

①外观维护:清除接触器表面的灰尘,可用棉布蘸少量汽油擦去油污,然后用布擦干;拧紧所有压接导线的螺丝,防止松动脱落,引起连接部分非正常发热。

②触头系统维护:a.检查动、静触头是否对准,三相是否同时闭合,并调节触头弹簧使三相一致。b.摇测相间绝缘电阻值,使用500 V摇表,其相间阻值不应低于10 MΩ。c.触头磨损厚度超过1 mm,或严重烧损、开焊脱落时应更换新件。轻微烧损或接触面发毛、变黑不影响使用,可不予处理。若影响接触,可用小锉刀磨平打光。d.经维修或更换触头后应注意触头开距、超行程,触头超行程会影响触头的终压力。e.检查辅助触头动作是否灵活,静触头是否有松动或脱落现象,触头开距和行程要符合要求。可用万用表测量接触电阻,发现接触不良且不易修复时,要更换新触头。

③灭弧罩维护:a.取下灭弧罩,用毛刷清除罩内脱落物或金属颗粒。如发现灭弧罩有裂损,应及时予以更换。b.对于栅片灭弧罩,应注意栅片是否完整或烧损变形、严重松脱、位置变化等,若不易修复则应更换。

④电磁线圈的维护:a.交流接触器的线圈在电源电压为线圈额定电压的85%~105%时,应能可靠工作。b.检查电磁线圈有无过热,线圈过热反映在外是表层老化、变色,线圈过热一般是由于匝间短路造成的,此时可测其阻值并与同类线圈比较,不能修复则应更换。c.检查引线和插接件有无开焊或将断开的情况。d.检查线圈骨架有无裂纹、磨损或固定不正常的情况,如发现应及早固定或更换。

⑤铁芯的维护:a.用棉纱沾汽油擦拭端面,除去油污或灰尘等。b.检查各缓冲件是否齐全,位置是否正确。c.铆钉有无断裂,导致铁芯端面松散的情况。d.短路环有无脱落或断裂,特别要注意隐裂。如有断裂或造成严重噪声,应更换短路环或铁芯。e.检查电磁铁吸合是否良好,有无错位现象。

2)接触器的检修

(1)拆卸

①卸下灭弧罩紧固螺钉,取下灭弧罩。

②拉紧主触头定位弹簧夹,取下主触头及主触头压力弹簧片。拆卸主触头必须将主触头侧转45°后取下。

③松开辅助触头的螺钉,取下辅助触头。

④松开接触器底部的盖板螺钉,取下盖板。在松开盖板螺钉时,要用手按住螺钉并慢慢放松。

⑤取下静铁芯缓冲绝缘纸片及静铁芯。

⑥取下静铁芯支架及缓冲弹簧。

⑦拔出线圈接线端的弹簧夹片,取下线圈。

⑧取下反作用弹簧。

⑨取下动铁芯和支架。

⑩从支架上取下动铁芯定位销。

⑪取下缓冲绝缘纸片。

(2)检修步骤

①检查灭弧罩有无破裂或烧损,清除灭弧罩内的金属飞溅物和颗粒。

②检查触头的磨损程度,磨损严重时应更换触头。若不需要更换,则清除触头表面上烧毛的颗粒。

③清除铁芯端面的油垢,检查铁芯有无变形及端面接触是否平整。

④检查触头压力弹簧及反作用弹簧是否变形或弹力不足,如有需要则更换弹簧。

⑤检查电磁线圈是否有短路、断路及发热变色现象。

(3)装配步骤

按拆卸的逆顺序进行装配。

(4)自检方法

用万用表的欧姆挡检查线圈及各触头是否良好;用兆欧表测量各触头间及主触头对地电阻是否符合要求;用手按动主触头检查运动部分是否灵活,以防产生接触不良、振动和噪声。

3)接触器常见故障及处理方法

表6.1列出了接触器使用时的常见故障、原因及处理方法。

表6.1 接触器常见故障、原因及处理方法

故障现象	可能原因	处理方法
吸不上或吸力不足(触头已闭合而铁芯尚未完全吸合)	1.电源电压过低或波动太大 2.操作回路电源容量不足或发生断线、配线错误及控制触头接触不良 3.线圈技术参数与使用条件不符 4.产品本身受损(如线圈断线或烧毁等) 5.触头弹簧压力与超程过大	1.调高电源电压 2.增加电源容量,更换线路,修理控制触头 3.更换线圈 4.更换线圈,修理受损零件 5.调整触头参数
不释放或释放缓慢	1.触头弹簧压力过小 2.触头熔焊 3.机械可动部分被卡住,转轴生锈或歪斜 4.反力弹簧损坏 5.铁芯极面有油污或尘埃黏着	1.调整触头参数 2.排除熔焊故障,修理或更换触头 3.排除卡住现象,修理受损零件 4.更换反力弹簧 5.清理铁芯极面

续表

故障现象	可能原因	处理方法
线圈过热或烧损	1.电源电压过高或过低 2.线圈技术参数(如额定电压、频率等)与实际使用条件不符 3.操作频率(交流)过高 4.线圈制造不良或由于机械损伤、绝缘损坏等 5.使用环境条件差,如空气潮湿、含有腐蚀性气体或环境温度过高 6.运动部分卡住 7.交流铁芯极面不平或中间气隙过大	1.调整电源电压 2.调换线圈或接触器 3.选择其他合适的接触器 4.更换线圈,排除引起线圈机械损伤的故障 5.采用特殊设计的线圈 6.排除卡住现象 7.清除铁芯极面或更换铁芯
电磁铁(交流)噪声大	1.电源电压过低 2.触头弹簧压力过大 3.电磁机构歪斜或机械上卡住,使铁芯不能吸平 4.极面生锈或因异物(如油垢、尘埃)侵入铁芯极面 5.短路环断裂 6.铁芯极面磨损过度而不平	1.提高操作回路电压 2.调整触头弹簧压力 3.排除机械卡住故障 4.清理铁芯极面 5.调换铁芯或短路环 6.更换铁芯
触头熔焊	1.操作频率过高或产品过负载使用 2.负载侧短路 3.触头弹簧压力过小 4.触头表面有金属颗粒突起或异物 5.操作回路电压过低或机械上卡住,致使吸合过程中有停滞现象,触头停顿在刚接触的位置上	1.调整合适的接触器 2.排除短路故障、更换触头 3.调整触头弹簧压力 4.清理触头表面 5.调高操作电源电压,排除机械卡住故障,使接触器吸合可靠
触头过热或灼伤	1.触头弹簧压力过小 2.触头上有油污或表面高低不平,有金属颗粒突起 3.环境温度过高或使用在密闭的控制箱中 4.触头用于长期工作制 5.操作频率过高或工作电流过大,触头的断开容量不够 6.触头的超程过小	1.调高触头弹簧压力 2.清理触头表面 3.接触器降容使用 4.接触器降容使用 5.调换容量较大的接触器 6.调整触头超程或更换触头
触头过度磨损	1.接触器选用欠妥 2.三相触头动作不同步 3.负载侧短路	1.接触器降容使用或改用适用于繁重任务的接触器 2.调整至同步 3.排除短路故障,更换触头
相间短路	1.尘埃堆积或有水汽、油垢,使绝缘变坏 2.接触器零部件损坏(如灭弧室碎裂)	1.经常清理,保持清洁 2.更换损坏零件

4)接触器安装及使用

(1)安装前

①应检查产品的铭牌及线圈上的数据(如额定电压、电流、操作频率等)是否符合实际使用要求。

②用手分合接触器的活动部分,要求产品动作灵活无卡住现象。

③当接触器铁芯极面涂有防锈油时,使用前应将铁芯极面上的防锈油擦净,以免油垢黏滞而造成接触器断电不释放。

④检查和调整触头的工作参数,并使各极触头同时接触。

(2)安装与调整

①安装接线时,应注意勿使螺钉、垫圈、接线头等零件遗漏,以免落入接触器内造成卡住或短路现象。安装时,应将螺钉拧紧,以防振动松脱。

②检查接线正确无误后,应在主触头不带电的情况下,先使线圈通电分合数次,检查产品动作是否可靠,然后才能投入使用。

③用于可逆转换的接触器,为保证联锁可靠,除装有电气联锁外,还应加装机械联锁机构。

(3)接触器使用

①使用时,应定期检查产品各部件,要求可动部分无卡住、紧固件无松脱现象,各部件如有损坏,应及时更换。

②触头表面应经常保护清洁,不允许涂油。当触头表面因电弧作用而形成金属小珠时,应及时清除。当触头严重磨损后,应及时调换触头。但应注意,银及银基合金触头表面在分断电弧时生成的黑色氧化膜接触电阻很低,不会造成接触不良现象,因此不必锉修,否则将会大大缩短触头寿命。

③原来带有灭弧室的接触器,决不能不带灭弧室使用,以免发生短路事故。陶土灭弧罩易碎,应避免碰撞,如有碎裂,应及时调换。

技能训练8 接触器控制回路接线

1)实验目的和要求

(1)了解接触器的结构、工作原理。

(2)掌握交流接触器和主令电器(按钮)的应用方法。

(3)能熟练完成控制电路的设计和接线。

2)实验设备

试验设备见表6.2。

表 6.2 实验设备

序 号	名 称	型号规格	数 量
1	交流接触器	CJ20-10	1个
2	按钮	LA30	红色、绿色各1个
3	信号灯	XB2	1个
4	熔断器	RL1-15	1个
5	刀开关	HK2-15	1个
6	试验板		1块
7	常用电工工具		1套
8	连接导线	BVR 2.5	若干

3)实验电路

实验电路如图 6.13 所示。

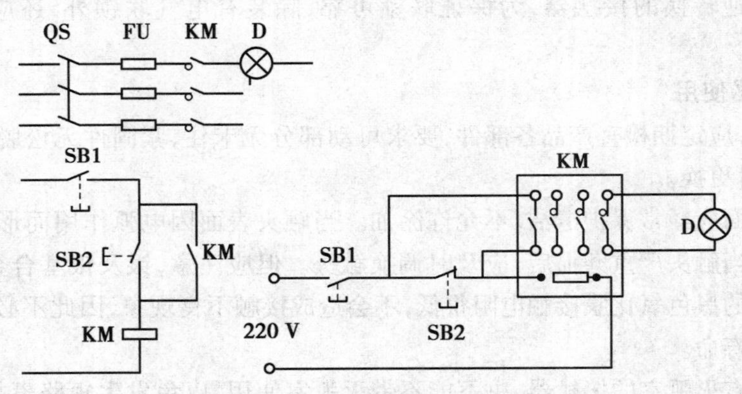

图 6.13 实验接线图

KM—接触器;FU—熔断器;SB1、SB2—按钮;QS—刀开关;D—信号灯

4)实验内容与步骤

①打开交流接触器的壳盖,手动操作,看清内部结构,以便接线。

②打开按钮的壳盖,辨认要用的常开、常闭触头及相应颜色。绿色按钮表示启动,红色按钮表示停止。

③按图 6.13 完成接线,并检查。

④合上刀开关,按下绿色按钮,指示灯灯亮(接触器动作,主触头接通)。

⑤松开绿色按钮,指示灯仍亮(如灯灭,检查交流接触器辅助触头是否连接可靠)。

⑥按下红色按钮,指示灯灭(接触器失电,主触头返回)。

⑦将电路变成点动电路(即按下绿色按钮,灯亮;松开按钮,灯灭)。

5)实验注意事项及安全措施

①接线完毕通电前,要经过指导教师检查。
②注意区分主电路和控制电路。
③操作时站在绝缘垫上。

6)思考题

①本次实验所接电路还能接什么负载?
②如果按钮按下而指示灯不亮,可能是什么故障?

思考题与习题

6-1　接触器的工作原理是什么?在结构上可分为哪几个部分?
6-2　接触器的用途是什么?它有哪些分类?
6-3　接触器的型号是如何表示的?
6-4　接触器熄灭电弧的方法有哪些?
6-5　简述交流接触器栅片灭弧的原理。
6-6　交流接触器单断点指形触头和双断点桥式触头各有何优缺点?
6-7　交流接触器与直流接触器在结构与原理上有何异同?
6-8　接触器日常维护有哪些内容?
6-9　接触器常见故障有哪些?处理方法是什么?

项目7 低压断路器

【学习目标与任务】

学习目标:1.熟悉低压断路器的结构、工作原理及技术参数。

2.掌握低压断路器的用途、种类和典型产品。

学习任务:1.能正确选用和安装低压断路器。

2.具有低压断路器运行维护和故障处理的能力。

课题1　低压断路器的认知

1)低压断路器的用途

低压断路器又称自动开关或空气开关,是指能接通、分断正常电路条件下的电流,也能在规定的非正常电路条件(例如过载、短路)下,在一定时间内接通、分断承载电流的机械式开关电器,是低压配电系统中的主要电器元件。

2)低压断路器的种类

①按结构类型分为塑壳式和万能式(框架式)。

②按极数分为单极、二极、三极和四极等。

③按结构功能分为一般式、多功能式、高性能式和智能式等。

④按安装方式分为固定式和抽屉式。

⑤按接线方式分为板前接线、板后接线、插入式接线、抽出式接线和导轨式接线等。

⑥按操作方式分为手动(手柄或外部转动手柄)和电动操作。

⑦按动作速度分为一般型和快速型(限流断路器)。

⑧按用途分为配电断路器、电动机保护用断路器、灭磁断路器和漏电断路器等。

3)低压断路器的主要技术参数

(1)额定电压

额定电压分额定工作电压、额定绝缘电压和额定脉冲耐压值。

①额定工作电压:与通断能力及使用类别相关的电压值,对于交流多相电路则指电路的线电压。

②额定绝缘电压:额定绝缘电压就是断路器的最大额定工作电压。

③额定脉冲耐压值:数值应大于或等于系统中出现的最大过电压峰值,额定绝缘电压和额定脉冲耐压值共同决定了开关电器的绝缘水平。

(2)额定电流

脱扣器的额定电流,一般情况下也是断路器的额定持续电流。

(3)额定短路分断能力

在规定的使用条件下,分断短路预期电流的能力,可分为额定极限短路分断能力和额定运行短路分断能力。

①额定极限短路分断能力:在规定的使用条件下的极限短路分断电流之值,可以用预期短路电流表示。

额定极限短路分断能力试验的操作顺序为: O—t—CO。其中,O 为分断操作;CO 为接通操作后紧接着的分断操作;t 为两个相继操作之间的时间间隔。

②额定运行短路分断能力:产品在规定的使用条件下的一种比额定极限短路分断电流小的分断电流值,其值可以是额定极限短路分断电流的 25%、50%、75%、100%。

额定运行短路分断能力试验的操作顺序为:

O—t—CO—t—CO

额定运行短路分断能力试验后,要求断路器应仍有能力在额定电流下继续运行,而额定极限短路分断能力试验后,并无此项要求。因此,额定极限短路分断电流是断路器的最大分断电流。

(4)额定短路接通能力

在规定的工作电压、功率因数或时间常数下能够接通短路电流的能力,用最大预期电流峰值表示。

(5)额定短时耐受电流

断路器处于闭合状态下,耐受一定持续时间的短路电流能力。额定短时耐受电流包括要经受短路电流峰值冲击的电动力作用以及一定时间的短路电流(周期分量有效值)的热作用。

(6)保护特性

①过电流保护特性:当主电路电流大于规定值时,断路器应能瞬时分断电路。

②欠电压保护特性:当主电路电压低于规定值时,断路器应能瞬时或经短延时动作,将电路分断。零电压保护特性(或称失压保护特性)是欠电压保护特性中的一种特殊形式。

③漏电保护特性:当电路漏电电流超过规定值时,断路器应在规定时间内动作,分断电路。

课题2　低压断路器的结构原理

1)低压断路器的结构特点

低压断路器由触头系统、灭弧装置、操动机构、保护装置(脱扣器)等组成,如图7.1(a)所示,其外形图如7.1(b)所示,它在电路图中的图形符号如图7.1(c)所示,文字符号用QF表示。

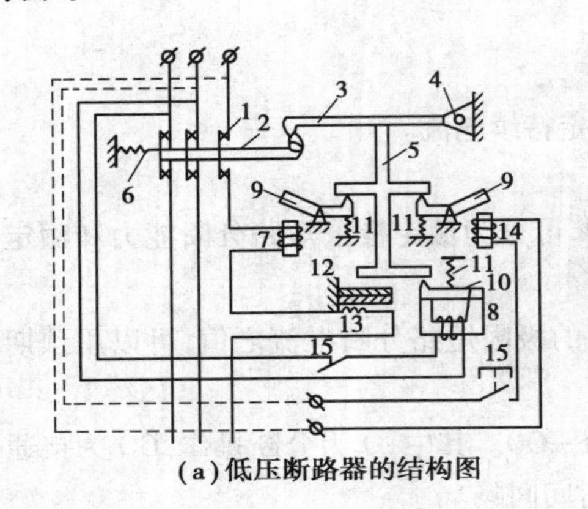

(a)低压断路器的结构图

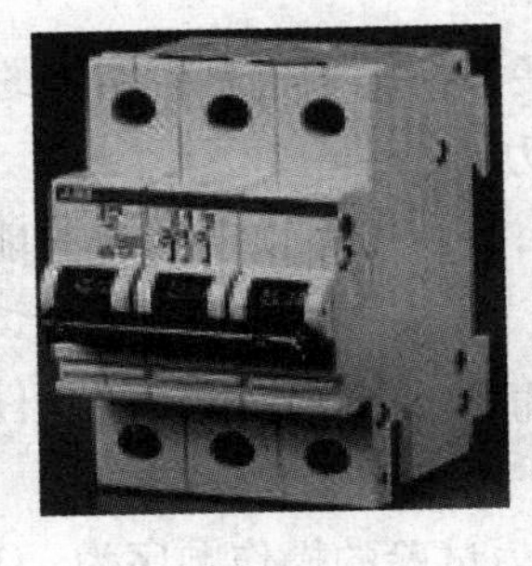
(b)外形图

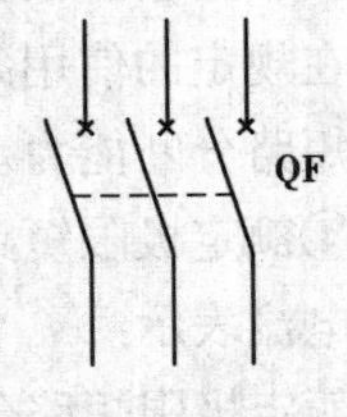

(c)低压断路器符号

图7.1　低压断路器

1—主触头;2—传动杆;3—锁扣(代表自由脱扣机构);4—转轴;5—杠杆;6—分闸弹簧;
7—过电流脱扣器;8—欠压脱扣器;9、10—衔铁;11—弹簧;12—热脱扣器双金属片;
13—发热元件;14—分励脱扣器;15—按钮

(1)触头系统

触头系统包括主触头和辅助触头。

主触头用于分、合主电路,有单断点指形触头、双断点桥式触头、插入式触头等几种形式,通常是由两对并联触头即工作触头和灭弧触头组成。工作触头主要通过工作电流,灭弧触头是在接通和断开电路时,保护工作触头不被电弧烧伤;辅助触头用于控制电路,用来反映断路器的位置或构成电路的联锁。

(2)灭弧装置

灭弧装置的作用是吸引开断大电流时产生的电弧,使长弧被分割成短电弧,通过灭弧栅片的冷却,使弧柱温度降低,最终熄灭电弧。

框架式低压断路器常用金属栅片式灭弧室,由石棉水泥夹板、灭弧栅片及灭焰栅片所组成;塑壳式低压断路器所用的灭弧装置由红钢纸板嵌上栅片组成。

(3)操动机构

操动机构包括传动机构和自由脱扣机构。其作用是用手动或电动来操作触头的合闸与分闸,在出现过载、短路时可以自由脱扣。当断路器合闸时,传动机构把合闸命令传递到自由脱扣机构,使触头闭合。

自由脱扣是指当主电路出现故障电流时,不论操作手柄在何位置,触头均能迅速自动分断电路。

(4)保护装置

低压断路器的保护装置是各种脱扣器,它是断路器的感受元件。当电路发生故障或需要分断时,脱扣器接收信号并动作,通过自由脱扣机构使断路器分闸而切断电路。

脱扣器的工作原理如下:

①过电流脱扣器

过电流脱扣器与被保护电路串联,用于短路保护。线路中通过正常电流时,电磁铁产生的电磁力小于反作用力弹簧的拉力,衔铁不能被电磁铁吸动,断路器正常运行。当线路中出现短路故障时,电流超过正常电流的若干倍,电磁铁产生的电磁力大于反作用力弹簧的作用力,衔铁被电磁铁吸动,并通过传动机构推动自由脱扣机构释放主触头。主触头在分闸弹簧的作用下分开,切断电路起到短路保护作用。线路正常时,必须重新合闸才能工作。

②热脱扣器

热脱扣器与被保护电路串联,线路中通过正常电流时,发热元件发热使双金属片弯曲至一定程度(刚好接触到传动机构)并达到动态平衡状态。通过过载电流时,双金属片将继续弯曲,通过传动机构推动自由脱扣机构释放主触头,主触头在分闸弹簧的作用下分开,切断电路起到过负荷保护的作用,使用电设备不致因过载而烧毁。线路正常时,必须重新合闸才能工作。

③欠压脱扣器

欠压脱扣器并联在断路器的电源侧,可起到欠压及零压保护的作用。电源电压正常时扳动操作手柄,断路器的常开辅助触头闭合,电磁铁得电,衔铁被电磁铁吸住,自由脱扣机构将主触头锁定在合闸位置,断路器投入运行。当电源侧停电或电源电压过低时,电磁铁所产生的电磁力不足以克服反作用弹簧的拉力,衔铁被向上拉,通过传动机构推动自由脱扣机构使断路器跳闸,起到保护作用。当电源电压为额定电压的75%~105%时,失压脱扣器保证吸合,使断路器顺利合闸;当电源电压低于额定电压的40%时,失压脱扣器保证脱开,使断路器跳闸分断。电源电压正常时,必须重新合闸才能工作。

一般还可用串联在失压脱扣器电磁线圈回路中的常闭按钮作分闸操作。

④分励脱扣器

分励脱扣器用于远距离操作低压断路器的分闸控制,对电路不起保护作用。它的电磁线圈并联在低压断路器的电源侧,不允许长期通电。需要进行分闸操作时,按动常开按钮使分励脱扣器的电磁铁得电吸动衔铁,通过传动机构推动自由脱扣机构,使断路器跳闸。

断路器同时装有两种或两种以上脱扣器时,则称这台断路器装有复式脱扣器。

2)低压断路器的动作原理

在图 7.1(a)中,低压断路器的三对主触头 1,与被保护的三相主电路相串联。当手动闭合电路后,其主触头由传动杆 2 钩住锁扣 3,克服弹簧 11 的拉力,保持闭合状态,锁扣 3 可绕转轴 4 转动。当被保护的主电路正常工作时,过电流脱扣器 7 中线圈所产生的电磁吸力不足以将衔铁 9 吸合。当被保护的主电路发生短路或产生较大电流时,过电流脱扣器 7 中线圈所产生电磁吸力随之增大,直至将衔铁 9 吸合,并推动杠杆 5,将锁扣 3 顶开,在分闸弹簧 6 的作用下主触头断开,切断主电路,起到保护作用;当电路电压严重下降或消失时,欠压脱扣器 8 中的吸力减少或失去吸力,衔铁 10 被弹簧 11 拉开,推动杠杆 5,将锁扣 3 顶开,断开了主触头,起到保护作用;当电路发生过载时,过载电流流过发热元件 13,使热脱扣器的双金属片 12 向上弯曲,将杠杆 5 推动,断开主触头,从而起到保护作用。

在正常工作时,分励脱扣器的线圈是断电的。在需要距离控制时,按下启动按钮 15,使其线圈通电,衔铁带动自由脱扣机构动作,使主触头断开。

课题 3　低压断路器典型产品介绍

1)塑壳式断路器

塑壳式断路器是塑料外壳式的简称,其主要特征是:所有部件都安装在一个塑料外壳中,没有裸露的带电部分,提高了使用的安全性,具有结构紧凑、体积小等特点。它大多为非选择型,常用于低压配电开关柜(箱)中,用作配电线路、电动机、照明电路及电热器等设备的电源控制开关及保护,塑壳式断路器的外形及内部结构如图 7.2 所示。

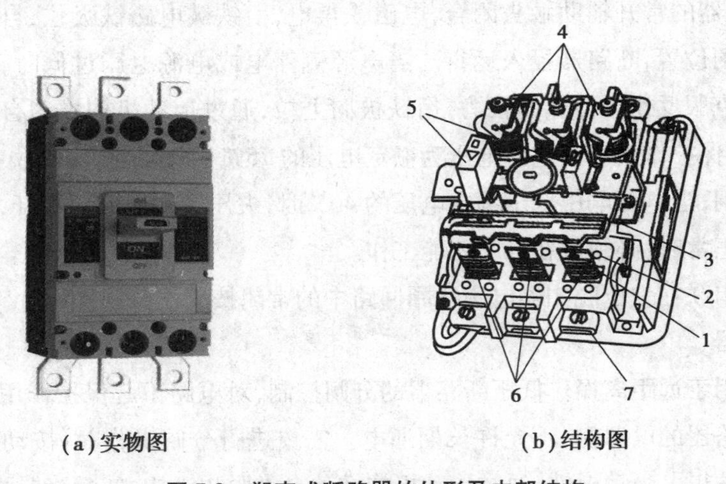

(a)实物图　(b)结构图

图 7.2　塑壳式断路器的外形及内部结构

1—静触头;2—动触头;3—自由脱扣机构;4—过电流脱扣器;5—按钮;6—热脱扣器;7—接线柱

小容量断路器(50 A 以下)常采用非储能式闭合,操作方式多为手柄式;大容量断路器的操动机构采用储能式闭合,可以手动操作,也可电动操作,还可实现远方遥控操作。

塑壳式低压断路器的型号为:

[1][2][3]-[4][5]/[6][7][8]

其代表意义为:

[1]产品名称:用字母 DZ 表示塑壳式低压断路器。

[2]设计序号。

[3]额定极限短路电流分断能力级别。

[4]壳架等级额定电流:单位为 A。

[5]操作方式:P—电动操作,CS—手动操作。

[6]极数。

[7]脱扣器方式及附代号。

[8]用途代号。

塑壳式断路器种类繁多,国产主要型号有:DZ5,DZ10,DZ15,DZ20 等,此外还有智能型塑壳式断路器,如 DZ40 等型;引进国外技术生产的产品有:H,T,3VE,S 等系列。

DZ20 系列断路器是全国统一设计的系列产品,适用于交流额定电压 500 V 以下、直流额定电压 220 V 及以下,额定电流 100~125 A 的电路中作为配电线路及电源设备的过载、短路和欠压保护。

2)万能式断路器

万能式断路器也称为框架式断路器,它的特点是具有带绝缘衬垫的钢制框架结构,所有部件均安装在这个框架底座内。万能式断路器容量较大,可装设较多的脱扣器,辅助触头的数量也较多,不同的脱扣器组合可产生不同的保护特性(选择型或非选择型、反时限动作特性),且操作方式较多,故称为万能式断路器。

万能式断路器主要用作配电网络的出线总开关、母线联络开关或大容量馈线开关和大型电动机控制开关。容量较小(如 600 A 以下)的万能式断路器多用电磁机构传动,容量较大(如 1 000 A 以上)的断路器则多用电动机机构传动。无论采用何种传动机构,都装有手柄,以备检修或传动机构故障时用。极限通断能力较高的万能式断路器,还采用储能操动机构以提高通断速度。

万能式低压断路器的型号为:

[1][2][3]/[4][5]

其代表意义为:

[1]产品名称:用字母 DW 表示万能式低压断路器。

[2]设计序号。

[3]壳架等级额定电流:单位为 A。

[4]极数。

[5]用途代号。

(1)DW15 系列万能式断路器

DW15 系列万能式断路器常用型号有:DW10、DW15、DW16 等,DW15 系列万能式断路器,适用于交流 50 Hz,额定电流至 400 A,额定电压 380~1 140 V 的配电网中。

图 7.3 所示为 DW15-200、400、600 断路器的结构图。该断路器为立体布置形式。触头系统、过电流脱扣器、左右侧板安装在一块绝缘板上。上部装有灭弧系统。操作机构装在正前方或右侧面,有“分”“合”指示及手动断开按钮机构。操作电磁铁(或操作电动机)安装在操作机构的上部。正面左上方装有分励脱扣器,背部装有欠压脱扣器与脱扣半轴相连。欠压延时阻容装置、热继电器或电子型脱扣器分别装在断路器的下方。

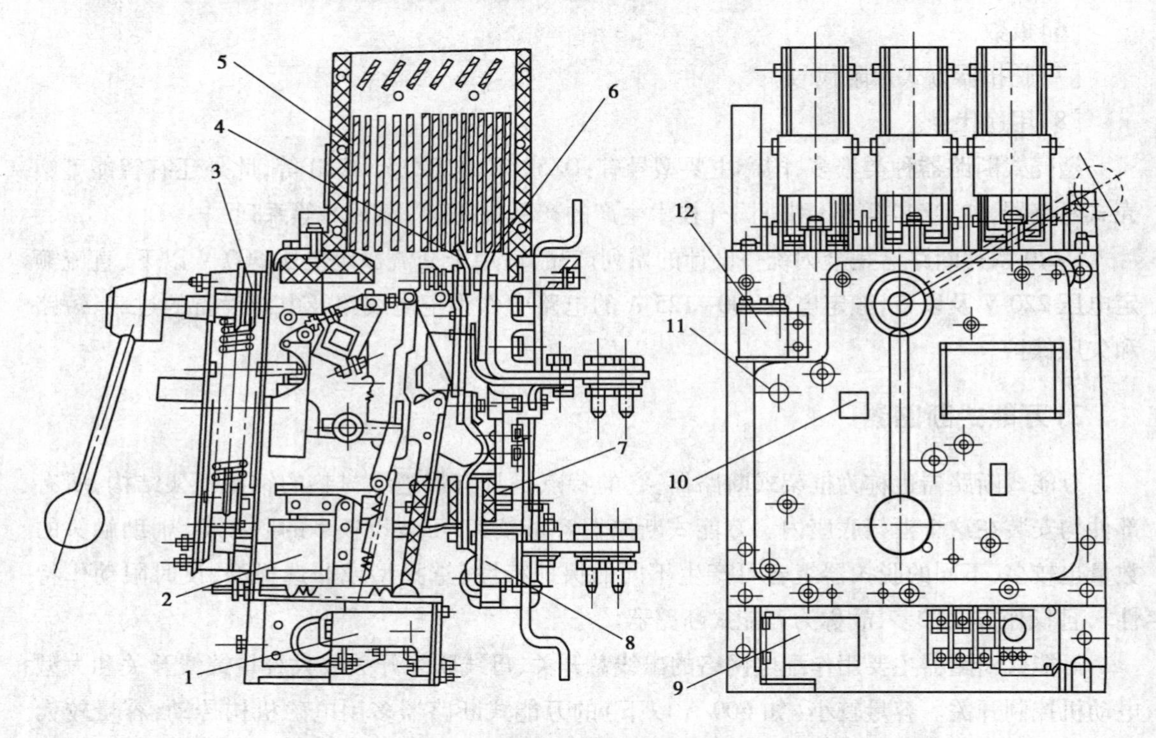

图 7.3 DW15 系列断路器结构图

1—热继电器或半导体式脱扣器;2—欠压脱扣器;3—操作机构;4—动触头;5—灭弧室;6—静触头;7—过电流脱扣器;8—互感器;9—失压延时装置;10—分合指示器;11—脱扣轴;12—分励脱扣器

(2)智能型万能式断路器

智能型万能式断路器把智能型监控器的功能与断路器集成在一起,主要是脱扣器是智能的。其由触头系统、灭弧系统、操动机构、互感器、智能控制器、辅助开关、二次接插件、脱扣器、传感器、显示屏、通信接口、电源模块等部件组成,如图 7.4 所示。

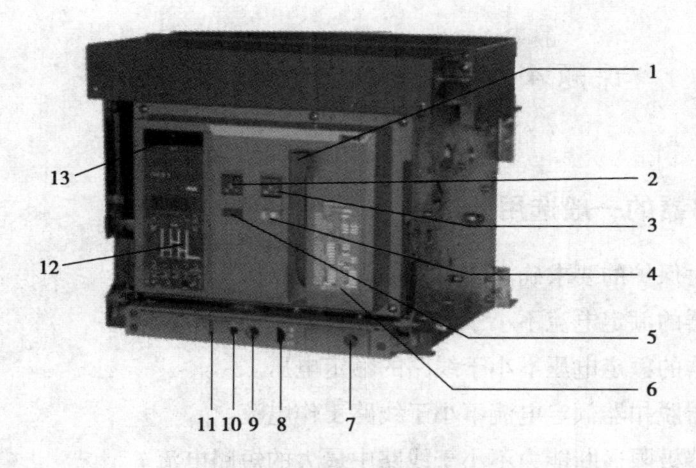

图 7.4 智能型万能式断路器

1—手动操作手柄；2—断开按钮；3—闭合按钮；4—储能机构状态指示器；5—主触头位置指示器；
6—数据铭牌；7—手柄存放处；8—“连接”“试验”“分离”位置指示；9—推进(出)装置；
10—“连接”“试验”“分离”位置锁定装置；11—“连接”“试验”“分离”位置挂锁；
12—智能控制单元；13—故障跳闸指示器/复位按钮

智能型万能式断路器适用于交流 50 Hz，额定电压 690 V 及以下，额定电流 630~6 300 A 的配电网络中，用来分配电能和保护线路及电源设备免受过载、短路、欠压、过压、单相接地、过频、欠频、电流不平衡、电压不平衡、逆功率等故障的危害，该断路器具有多种智能保护功能，可做到选择性保护，动作精确，提高供电可靠性，避免不必要的停电。

智能型断路器的底座由构件组成一个整体并具有多种结构变化方式，具有结构紧凑、性能可靠、分断时间短、零飞弧等特点。

目前这类断路器在国内应用越来越多，其产品有主要有 RMW1(DW45)、MA40(DW40)等。

RMW1 断路器有抽屉式和固定式两种安装方式，固定式断路器主要由触头系统、智能控制器、手动操作机构、电动操作机构、固定安装板等组成；抽屉式断路器主要由触头系统、智能控制器、手动操作机构、电动操作机构、抽屉座组成，插入断路器放置在抽屉座内导轨上进出。抽屉式断路器有 3 个工作位置：“连接”“试验”“分离”位置，位置变更通过手柄的旋转实现，3 个位置的指示通过抽屉座底座横梁上的指针显示。当处于“连接”位置时，主回路和二次回路均接通；当处于“试验”位置时，主回路断开，并用绝缘隔板隔开，仅二次回路接通，可进行一些必要的动作试验；当处于“分离”位置时，主回路和二次回路全部断开。抽屉式断路器具有机械联锁装置，断路器只有在连接位置和试验位置才能闭合，而在连接与试验的中间位置断路器不能闭合。

课题4 低压断路器的选用与安装

1)低压断路器的一般选用原则

①根据线路对保护的要求确定断路器的类型和保护形式。

②低压断路器的额定电流不小于线路的计算电流。

③低压断路器的额定电压不小于线路的额定电压。

④低压断路器脱扣器额定电流不小于线路工作电流。

⑤低压断路器极限通断能力不小于线路中最大的短路电流。

⑥线路末端单相对地短路电流与断路器瞬时(或短路时)脱扣器整定电流之比不小于1.25。

⑦低压断路器欠压脱扣器额定电压等于线路额定电压。

⑧低压断路器分励脱扣器额定电压等于控制电源电压。

2)低压断路器的安装

安装前首先应进行自检,检查断路器的规格是否符合要求,机构的动作是否灵活、可靠;同时应测量断路器的绝缘电阻,其阻值不得小于10 MΩ,否则应进行干燥处理。

①低压断路器应垂直安装。断路器底板应垂直于水平位置,固定后,断路器应安装平整。

②板前接线的低压断路器允许安装在金属支架上或金属底板上,但板后接线的低压断路器必须安装在绝缘底板上。

③电源进线应接在断路器的上母线,而负载出线则应接在下母线。

④当低压断路器用作电源总开关或电机的控制开关时,在断路器的电源进线侧必须加装隔离开关、刀开关或低压熔断器,作为明显的断开点。

⑤为防止发生飞弧,安装时应考虑断路器的飞弧距离,并注意灭弧室上方接近飞弧距离处不得跨接母线。

⑥凡设有接地螺钉的断路器,均应可靠接地。

⑦带插入式端子的塑壳式断路器,应装在金属箱内(只有操作手柄外露),以免操作人员触及接线端子而发生事故。

⑧塑壳式断路器的操动机构在出厂时已调试好,拆开时操动机构不得随意调整。

课题5　低压断路器的运行维护

1)塑壳式断路器的运行维护

(1)运行中检查

①检查负荷电流是否符合断路器的额定值。

②信号指示与电路分、合状态是否相符。

③过载热元件的容量与过负荷额定值是否相符。

④连接线的接触处有无过热现象。

⑤操作手柄和绝缘外壳有无破损现象,内部有无放电响声。

⑥电动合闸机构润滑是否良好,机件有无破损情况。

(2)使用维护事项

①断开断路器时,必须将手柄拉向"分"字处,闭合时将手柄推向"合"字处。若将自动脱扣的断路器重新闭合,应先将手柄拉向"分"字处,使断路器再脱扣,然后将手柄推向"合"字处,即断路器闭合。

②装在断路器中的过电流脱扣器,用于调整牵引杆与双金属片间距离的调节螺钉不得任意调整,以免影响脱扣器动作而发生事故。

③当断路器过电流脱扣器的整定电流与使用场所设备电流不相符时,应检验设备,重新调整后,断路器才能投入使用。

④断路器在正常情况下应定期维护,转动部分不灵活时,可适当加滴润滑油。

⑤断路器断开短路电流后,应立即进行以下检查:

a.上下触头是否良好,螺钉、螺母是否拧紧,绝缘部分是否清洁,发现有金属粒子残渣时应清除干净。

b.灭弧室的栅片间是否短路,若被金属粒子短路,应用锉刀将其清除,以免再次遇到短路时,影响断路器可靠分断。

c.过电流脱扣器的衔铁,是否可靠地支撑在铁芯上,若衔铁滑出支点,应重新放入,并检查是否灵活。

d.当开关螺钉松动,造成分合不灵活时,应打开进行检查维护。

e.热脱扣器出厂整定后不可改动。

f.断路器因过载脱扣后,经1~3 min的冷却,可重新闭合合闸按钮继续工作。

g.因选配不当,采用了过低额定电流热脱扣器的断路器所引起的经常脱扣,应更换额定电流较大的热脱扣器的断路器,不能将热脱扣器同步螺钉旋松。

2)万能式断路器的运行维护

(1)运行中检查

①负载电流是否符合断路器的额定值。

②过载的整定值与负载电流是否配合。

③连接线的接触处有无过热现象。

④灭弧栅有无破损和松动现象。

⑤灭弧栅内是否有因触头接触不良而发生放电响声。

⑥辅助触头有无烧蚀现象。

⑦信号指示与电路分、合状态是否相符。

⑧失压脱扣线圈有无过热现象和异常声音。

⑨磁铁上的短路环绝缘连杆有无损伤现象。

⑩传动机构中连杆部位开口销子和弹簧是否完好。

⑪电磁铁合闸机构是否处于正常状态。

(2)使用维护事项

①在使用前应将电磁铁工作极面的锈油抹净。

②机构的摩擦部分应定期涂以润滑油。

③断路器在分断短路电流后,应检查触头(必须将电源断开),并将断路器上的烟痕抹净,在检查触头时应注意:

a.如果在触头接触面上有小的金属粒时,应用锉刀将其清除并保持触头原有形状不变。

b.如果触头的厚度小于 1 mm(银钨合金的厚度),必须更换和进行调整,并保持压力符合要求。

c.清理灭弧室两壁烟痕,如灭弧片烧坏严重,应予更换,甚至更换整个灭弧室。

d.在触头检查及调整完毕后,应对断路器的其他部分进行检查。

e.检查传动机构动作的灵活性。

f.检查断路器的自由脱扣装置,当自由脱扣机构扣上时,传动机构应带动触头系统一起动作,使触头闭合。当脱扣后,使传动机构与触头系统解脱联系。

g.检查各种脱扣器装置,如过电流脱扣器、欠压脱扣器、分励脱扣器等。

3)低压断路器的常见故障及处理方法

表 7.1 列出了低压断路器使用时的常见故障、原因及处理方法。

表7.1 低压断路器的常见故障及处理方法

故障现象	故障原因	处理方法
不能合闸	1.欠压脱扣器无电压或线圈损坏 2.储能弹簧变形 3.反作用弹簧力过大 4.机构不能复位再扣	1.检查施加电压或更换线圈 2.更换储能弹簧 3.重新调整 4.调整再扣接触面至规定值
电流达到整定值,断路器不动作	1.热脱扣器金属损坏 2.过电流脱扣器的衔铁距离太大或电磁线圈损坏 3.主触头熔焊	1.更换双金属片 2.调整衔铁与铁芯的距离或更换断路器 3.检查原因并更换主触头
启动电动机时,断路器立即断开	1.过电流脱扣器瞬时动作整定值过小 2.过电流脱扣器某些零件损坏	1.调高整定值至规定值 2.更换脱扣器

技能训练9 低压断路器脱扣器动作时间和电流的测定

1)实验目的

(1)了解低压断路器的结构、接线和操作方法。

(2)了解低压断路器的脱扣特性。

2)实验设备

实验设备见表7.2。

表7.2 实验设备

序号	名 称	型号规格	数 量
1	低压断路器	DW15型、DZ10型	各1台
2	调压器	19 kVA	1台
3	电流互感器	100/5	1台
4	电秒表	401型	1块
5	电流表	2 A	1块
6	刀开关	HK2-15/3	1台
7	交流接触器	CJ20-10	1台
8	熔断器	RL1-15	3台
9	常用电工工具		1套
10	连接导线	BVR 2.5	若干

3) 实验原理电路

实验原理电路如图 7.5 所示。

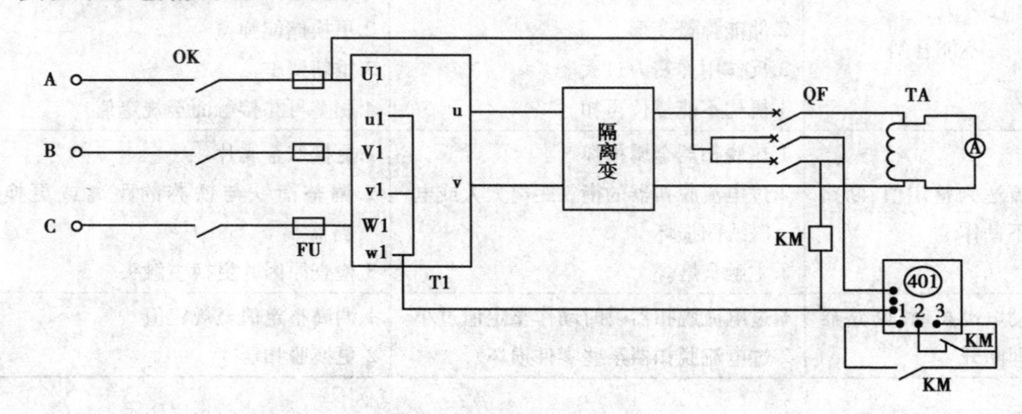

图 7.5 实验接线图

QK—刀开关;A—电流表;FU—熔断器;T1—调压器;QF—断路器;

TA—电流互感器;KM—交流接触器; 401—电秒表

接线注意:

①三相调压器原边端子接成一点。

②本实验电路用交流接触器控制,采用一常开一常闭辅助触头。

③交流接触器和电秒表的工作电压为 380 V。

④如果 KM 不吸合、电秒表指示灯暗,要测量电压。

⑤因为三相断路器动作同期,在此只接一相测量电流,另外两相分别接电秒表和接触器。

⑥通过断路器的实际电流为:电流表读数乘以电流互感器变比(100/5)。

⑦电流表量程选 2 A。

4) 实验内容与步骤

(1) DW15 型低压断路器

①接线方法:接线端子 51、52、58、59 接单相电源;51、52 接分励脱扣器电源;58、59 接欠压脱扣器电源。

②操作

a.手动合闸:手动逆时针扳 120°,锁扣,再顺时针扳 120°,断路器合闸。

b.手动分闸:按下红色按钮,断路器分闸。

(2) DZ10 型低压断路器

①观察外壳,记录铭牌、规格。

②打开塑料盖,观察其内部结构,找出热元件,了解其动作原理。

③进行热脱扣实验。

a.按图 7.5 完成接线,调输出电压为零。

b.合电源开关,调节调压器 T1 使通过低压断路器的电流分别为 11 A、13 A、15 A、20 A(注意:调好电流后用低压断路器断开电路,调压器不归零),断开低压断路器,使电秒表归零。

c.合刀开关、低压断路器,电秒表开始计时,直到热脱扣器动作,记录动作时间和电流。

d.重复上述内容,得 4~5 个点,绘制动作特性曲线 $T=F(I)$。

5)实验报告及思考题

(1)记录实验过程,绘制动作特性曲线。

(2)设计一个实验电路,进行 DW、DZ 型断路器的失压、分励脱扣实验。

思考题与习题

7-1 低压断路器在电路中的作用是什么?作为保护装置,它与熔断器有何区别?

7-2 低压断路器的动作原理是什么?

7-3 低压断路器各个组成部分的作用是什么?

7-4 断路器有哪些脱扣器?各起什么作用?

7-5 按下分励脱扣器后断路器不分闸有什么原因?怎么解决?

7-6 低压断路器的选用原则是什么?

7-7 塑壳式断路器使用维护事项有哪些?

项目 8 继电器

【学习目标与任务】

学习目标:1.熟悉继电器的分类、结构、工作原理及技术参数。

2.掌握常用继电器的用途,能写出其文字符号和图形符号。

学习任务:1.会正确选用常用继电器。

2.会正确安装维护常用继电器,并能处理其常见故障。

课题 1　继电器的认知

1)继电器的用途和分类

(1)继电器的用途

继电器是一种自动动作的电器,它广泛用于电动机或线路的保护以及生产过程自动化的控制系统中。继电器一般由承受机构、中间机构和执行机构 3 个部分组成,承受机构反映继电器的输入量(输入量通常是电压、电流等电量,也可以是压力、温度等非电量),并传递给中间机构,将它与预定的量即整定值进行比较,当达到整定值时,中间机构就使执行机构产生输出量,从而接通或断开电路,达到自动控制电路的目的。继电器在电路中起自动调节、安全保护、转换电路等作用。

(2)继电器的分类

继电器的种类很多,其分类方法也很多。按照工作原理可分为:电磁型继电器、感应型继电器、整流型继电器、电动型继电器、热继电器等;按照输入信号的性质可分为:电流继电器、电压继电器、时间继电器、速度继电器、压力继电器、温度继电器等;按照用途可分为:控制继电器、保护继电器。控制继电器包括中间继电器、时间继电器等,保护继电器包括热继电器、电压继电器和电流继电器等。

以电磁铁为主体的继电器称为电磁型继电器,这种继电器体积较小,构造简单,便于维护,动作灵敏可靠,没有灭弧装置,触头的种类和数量较多。因此,它不仅是构成电磁型继电保护装置的主要元件,而且在其他类型(例如晶体管型)的继电保护装置中,也常用作装置的出口继电器。

2)电磁型继电器的结构原理

电磁型继电器是利用电磁铁的铁芯与衔铁间的吸力作用使其可动的机械部分运动,并带动继电器的触头转换,实现输出信号的改变(接通或断开外电路)。其主要结构和工作原理与接触器类似,也是由电磁机构和触头系统等组成。两者主要区别在于:继电器可对多种输入量的变化作出反应,而接触器只有在一定的电压信号下才动作;继电器是用于切换小电流的控制电路和保护电路,而接触器是用来控制大电流的电路;继电器没有灭弧装置,也无主、辅触头之分等。

由于各种电磁型继电器的用途不同,所要求的性能也不同,因此电磁机构的构造也不同,通常制成如图8.1所示的三种形式,即螺管线圈式、吸引衔铁式和转动舌片式。但不论何种形式的电磁型继电器,基本都由线圈、可动衔铁、电磁铁、止挡、触头、反作用弹簧等部分组成。

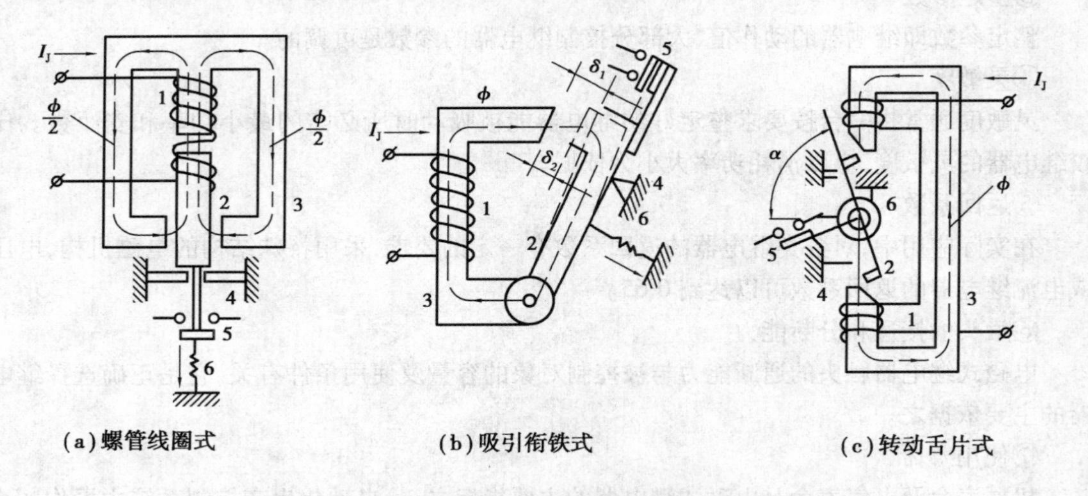

图8.1　电磁型继电器电磁机构结构图

1—线圈;2—可动衔铁;3—电磁铁;4—止挡;5—触头;6—反作用弹簧

3)继电器的主要技术参数

(1)继电器的型号

[1][2]-[3]

其代表意义为:

[1]表示继电器的工作原理:D—“电”磁型;G—“感”应型;L—整“流”型;B—“半”导体型;W—“微”机型;S—“数”字型。

[2]表示物理量类型:L—电“流”继电器;Y—电“压”继电器;G—“功”率型继电器;Z—“中”间继电器;S—“时”间继电器;X—“信”号继电器;T—“同”步继电器;FL—“负”序电“流”继电器;FY—“负”序电“压”继电器;CD—“差”“动”继电器;CH—“重”“合”闸继电器。

[3]表示设计序号。

例如,DL-31 型继电器,其中字母 D 代表电磁型,L 代表电流继电器,第一个阿拉伯数字 3 代表设计序号,第二个数字 1 代表有一对常开触头(2 代表一对常闭触头,3 代表一对常开、一对常闭触头)。

(2)主要技术参数

根据继电器的作用,要求继电器反应灵敏准确、动作迅速、工作可靠、结构坚固、使用耐久。其主要技术参数包括:

①额定参数

额定参数是指继电器的工作电压(电流)、动作电压(电流)和返回电压(电流),该参数视不同控制继电器的功能和特性而不同。

②动作时间和返回时间

按继电器动作快慢一般分为快动作、正常动作、延时动作 3 种,快动作的继电器其固有动作时间小于 0.05 s。

③整定参数

整定参数即继电器的动作值,大部分控制继电器的参数是可调的。

④灵敏度

灵敏度通常指一台按要求整定好的继电器能被吸动时所必需的最小功率和安匝数。比较继电器的灵敏度,应以消耗功率大小为依据。

⑤返回系数

在实际应用中,对各类继电器的返回系数有一定的要求,采用特殊结构的电磁机构,电压或电流继电器的返回系数可以达到 0.65。

⑥触头的接通和分断能力

电磁式继电器触头的通断能力与被控制对象的容量及使用条件有关,它是正确选择继电器的主要依据之一。

⑦使用寿命

机械寿命及电气寿命是电磁式继电器的主要指标之一,自动化生产控制系统中操作频率的不断提高,要求控制继电器有较长的机械寿命和电气寿命,并要求有足够的可靠性。

⑧额定工作制

生产设备有长期连续工作制(工作时间超过 8 h)、8 h 工作制(工作时间不超过 8 h)、反复短时工作制及短时工作制 4 种,工作制不同对继电器的过载能力要求也不同。

(3)继电器的选择

①按使用环境选择

使用环境条件主要指温度、湿度、低气压、振动和冲击。此外,还有封装方式、安装方法、外形尺寸及绝缘性等要求。由于材料和结构不同,继电器承受的环境力学条件各异,超过产品标准规定的环境力学条件下使用,有可能损坏继电器,可按整机的环境力学条件或高一级的条件选用。

②按输入信号不同确定继电器种类

按输入信号是电、温度、时间、光信号确定选用电磁、温度、时间、光电型继电器。特别说明:电压、电流继电器选用时,若整机供给继电器线圈是恒定的电流值应选用电流继电器,是恒定电压值则选用电压继电器。

③按额定工作电压、额定工作电流选择

继电器在相应使用类别下,触头的额定工作电压和额定工作电流表征该继电器触头所能切换电路的能力。选择时,继电器的最高工作电压可为该继电器额定绝缘电压;继电器的最高工作电流一般应小于该继电器的额定发热电流。值得注意的是,目前大多样本或铭牌上,标明的往往是该继电器的额定发热电流,而不是额定工作电流,这在选择时应加以区别,否则会影响继电器的使用寿命,甚至会烧坏触头而不能工作。

④按负载情况选择继电器触头的种类和容量

国内外长期实践证明,约70%的故障发生在触头上,因此,正确选择和使用继电器触头非常重要。

触头组合形式和触头组数应根据被控回路实际情况确定,常开触头组和转换触头组中的常开触头,由于接通时触头回跳次数少、触头烧蚀后补偿量大,其负载能力和接触可靠性较常闭触头组和转换触头组中的常闭触头对高,因此尽量多用常开触头。

根据负载容量大小和负载性质确定参数十分重要。继电器切换负荷在额定电压下,电流大于100 mA、小于额定电流的75%最好。电流小于100 mA会使触头积碳增加,可靠性下降,故100 mA称为试验电流,是国内外专业标准对继电器生产厂工艺条件和水平的考核内容。

4)继电器的安装和运行维护

对继电器,最重要的是可靠运行和动作准确,这不仅仅取决于产品本身的性能,而且与产品是否正确选用及合理维护关系密切。

(1)安装前的检查

①按控制线路和设备的技术要求,仔细核对继电器的铭牌数据,如线圈的额定电压、额定电流、整定值以及延时等参数是否符合要求。

②检查继电器的活动部分是否动作灵活、可靠,壳体及外罩是否有损坏或缺件等情况。

③去除部件表面污垢,以保证运行的可靠。

(2)安装及接线的检查

①安装接线时,应检查接线是否正确,使用的导线是否适宜,所有安装、接线螺钉都应拧紧。

②对电磁式继电器,应在触头不带电情况下,使线圈带电操作几次,看继电器的动作是否可靠。对要求较严的时间控制,也要相应通电校验,有条件或有必要时,可进行回路的统一调试,以便对各元件进行检查和调整。

③对保护用继电器,如过电流继电器、欠电压继电器等应再次检查其整定值是否合乎要求,待确认或调整准确后,方可投入运行,以保证对电路及设备的可靠保护。

(3)运行维护

①定期检查继电器各零部件是否有松动、损坏、锈蚀;活动部分是否有卡阻现象,如有应及时修复或更换。

②继电器触头应保持清洁和接触可靠。在触头磨损至 1/3 厚度时,需考虑更换。若有较严重的烧损、起毛刺等现象,可用小锉刀锉修,并用酒精擦净表面,切忌用砂纸打磨。在触头处理过后,应注意调整好触头参数。

③继电器整定值的调整,应在线圈工作温度下进行,防止冷态和热态下对动作值产生的影响。

④应经常注意环境条件的变化,若发生温度的急剧变化、空气湿度的改变、冲击振动条件的变化以及有害气体或尘埃的侵袭等不符合继电器使用环境时,均要给予可靠的防护,保证继电器工作的可靠性。

⑤经常监测继电器的工作情况,及时处理各种异常工作状态。

课题 2 电流继电器

电流继电器是根据电路中电流的大小来控制电路的接通或断开,输入的信号是电流。电流继电器的种类很多,但基本结构类同。在电流保护中常用 DL-10 系列电流继电器,其结构如图 8.2(a)所示。电流继电器的线圈(直接或通过电流互感器)串接在被测电路中,作为电流保护的启动元件,用来判断被保护对象的运行状态。为使串入电流继电器后不影响电路的工作,其线圈的阻抗小、导线较粗、匝数少。电磁式电流继电器是一种转动舌片式的继电器,铁芯上有两个电流线圈,以便于根据需要进行串联或并联。

电流继电器在电路图中的图形符号如图 8.2(b)所示,文字符号用 KA 表示。

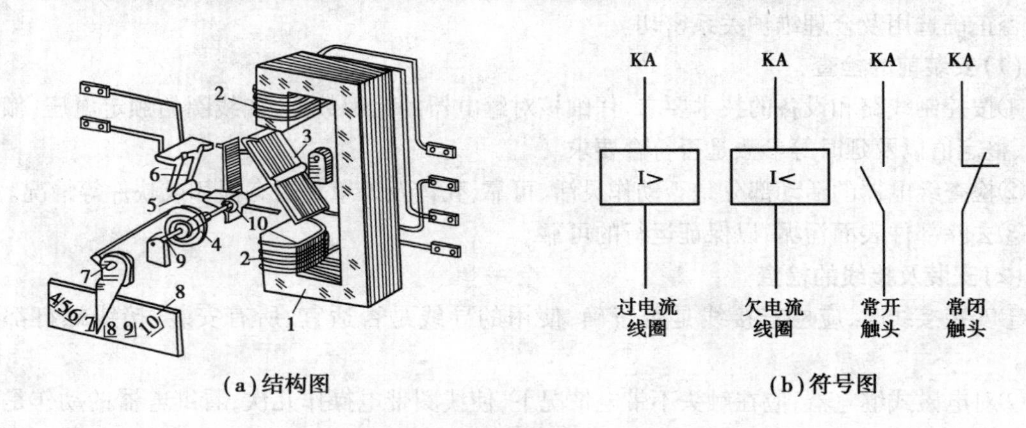

(a)结构图　　(b)符号图

图 8.2 电磁型电流继电器

1—电磁铁;2—线圈;3—Z 形衔铁;4—反作用弹簧;5—动触头;6—静触头;
7—整定值调整把手;8—整定值刻度盘;9—轴;10—止挡

电流继电器按线圈电流种类有交流电流继电器与直流电流继电器;按吸合电流大小可分为过电流继电器和欠电流继电器两种。

过电流继电器在正常工作时,线圈中通过正常的负荷电流,继电器不动作,即衔铁不吸合。当线圈电流超过正常的负荷电流,达到某一整定值时,电磁力克服反作用弹簧(游丝)的反力矩,使Z形衔铁沿顺时针转动,继电器动作,衔铁吸合,于是常开触头闭合,常闭触头断开。有的过电流继电器带有手动复位机构,当过电流发生时,继电器动作,衔铁动作。衔铁动作后,即使线圈电流减少到零,衔铁也不会返回,只有当操作人员检查故障并处理故障后,采用手动复位,松掉锁扣机构,这时衔铁才会在复位弹簧作用下返回原位,从而避免重复过电流事故的发生。

过电流继电器线圈中使继电器动作的最小电流,称为继电器的动作电流。过电流继电器动作后,减小其线圈电流到一定值时,衔铁在弹簧作用下返回起始位置。使过电流继电器由动作状态返回到起始的最大电流,称为继电器的返回电流。继电器的返回电流与动作电流的比值称为继电器的返回系数。

欠电流继电器正常工作时,线圈中通过正常的负荷电流,衔铁吸合。当通过线圈的电流降低到某一整定值时,衔铁动作(释放),同时带动触头动作。

通过旋转整定值调整把手,可以调节反作用弹簧的反力,即可调节动作电流。应该指出:调整把手指示的动作电流值是一个很不准确的值,实际动作电流只有通过计算测量求得。

继电器动作后,衔铁与铁芯间的气隙减小,磁通和电磁力矩增加,故只有比动作电流更小时,弹簧才能克服电磁力矩使衔铁返回。对于过量继电器(例如过电流继电器)返回电流总是小于动作电流,其返回系数总小于1,一般在0.85以上。

电流继电器采用转动的Z形衔铁,其特点是转动惯量少,不仅动作功率小,而且由于衔铁极薄,易于饱和,动作后的磁通不会增加太多,故返回电流较大。

实际使用中,由于转动舌片摩擦阻力的力矩增加,致使继电器的动作电流增大,返回电流减小,继电器的返回系数可能减小,因此需要定期测试调整。

继电器的内部接线通常表示在一个方框内,作为一个实例,图8.3画出了DL-10型继电器的内部接线。图中的矩形小方框,表示继电器的线圈,2、6和4、8分别为两个线圈的接线端子。由于电流继电器线圈的容量较小,它通常是通过电流互感器反映线路的电流。

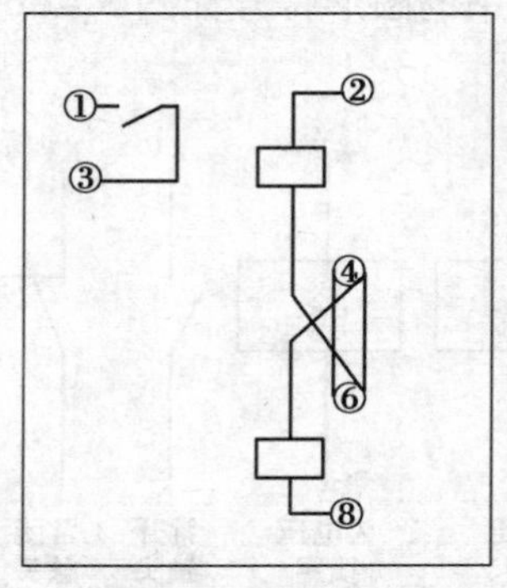

(a)两绕组串联接法

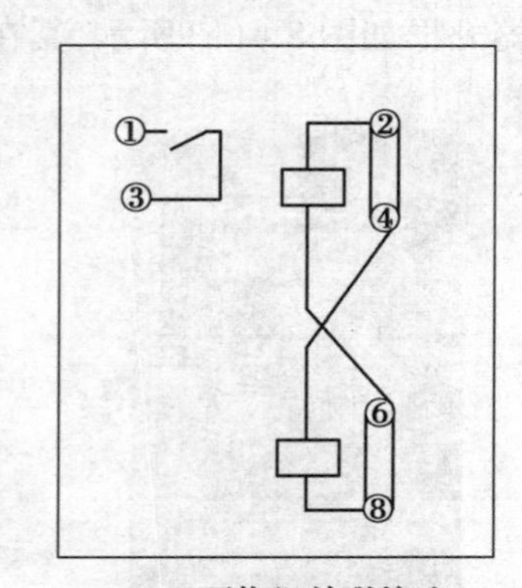

(b)两绕组并联接法

图8.3　DL-10型继电器内部接线

通常继电器的机芯采用插拔形式固定在底座盘上,继电器的外壳为具有透明塑料盖的胶木或塑料,因此,可以从外部观察到继电器的整定范围。检查继电器时,可以卸下外壳,拔出机芯。

课题3　电压继电器

电压继电器是根据电路中电压的大小来控制电路的接通或断开,输入信号是电压,主要用于电路的过电压或欠电压保护,使用时其线圈(直接或通过电压互感器)并联在被测量的电路中,以反映电路电压的变化。这种继电器的线圈阻抗大、导线细、匝数多。

按线圈电压的种类可分为交流电压继电器和直流电压继电器;按吸合电压相对额定电压大小可分为过电压继电器和欠电压继电器。

过电压继电器在电压为额定电压的105%~120%以上时动作,其工作原理与过电流继电器相似。当过电压继电器线圈电压为额定电压值时,衔铁产生吸合动作,继电器不动作。只有当线圈电压高出额定电压,达到某一整定值时,继电器动作,衔铁才产生吸合动作,同时带动触头动作。交流过电压继电器在电路中起过电压保护作用,而直流电路中一般不会出现波动较大的过电压现象,因此在产品中没有直流过电压继电器。

过电压继电器的动作电压、返回电压的定义与电流继电器相同,过电压继电器的动作电压高于返回电压,其返回系数小于1,一般为0.85~0.95。

欠电压继电器在电压为额定电压的40%~70%时动作,原理与欠电流继电器相似。当欠电压继电器线圈电压达到或大于线圈额定值时,电磁力增大,衔铁被吸合,称为欠电压继电器返回;当线圈电压低于线圈额定电压时,电磁力减小使衔铁立即释放,称为欠电压继电器动作。

可见,欠电压继电器的动作电压、返回电压的定义与电流继电器相反,即欠电压继电器的动作电压为其线圈上使继电器动作的最高电压;返回电压为其线圈上的使该继电器由动作状态返回到起始位置的最低电压。欠电压继电器的动作电压低于返回电压,其返回系数大于1,一般为1.02~1.12。

电压继电器外形如图8.4(a)所示,其在电路图中的图形符号如图8.4(b)所示,文字符号用KV表示。

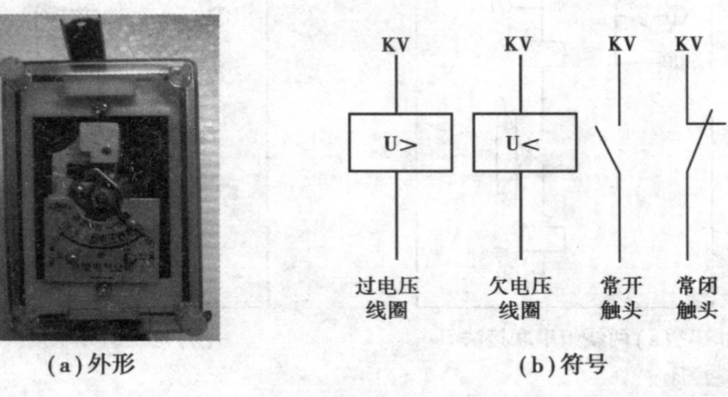

(a)外形　　(b)符号

图8.4　电压继电器

课题4　中间继电器

中间继电器的工作原理是将一个输入信号变成一个或多个输出信号的继电器，它是为了增加触头数量和增大触头容量的一种辅助继电器。它的触头较多(可达8对)，当同时需要控制多个回路时，可利用中间继电器来实现。电流、电压继电器等的触头容量小，不能直接接通断路器跳闸、合闸回路，要经过中间继电器来实现断路器的跳闸、合闸。

中间继电器的输入信号为线圈的通电或断电，输出是触头的动作，它的触头接在其他控制回路中，通过触头的变化导致控制回路发生变化(例如接通或断开)，从而实现既定的控制或保护目的。在此过程中，继电器主要起了传递信号的作用。有时也利用中间继电器本身的动作时间来获得延时，而省去专门的时间继电器。

中间继电器本质上是一种电压继电器，工作原理和交流接触器相同。其外形、结构如图8.5(a)、8.5(b)所示，中间继电器在电路图中的图形符号如图8.5(c)所示，文字符号用KM表示。

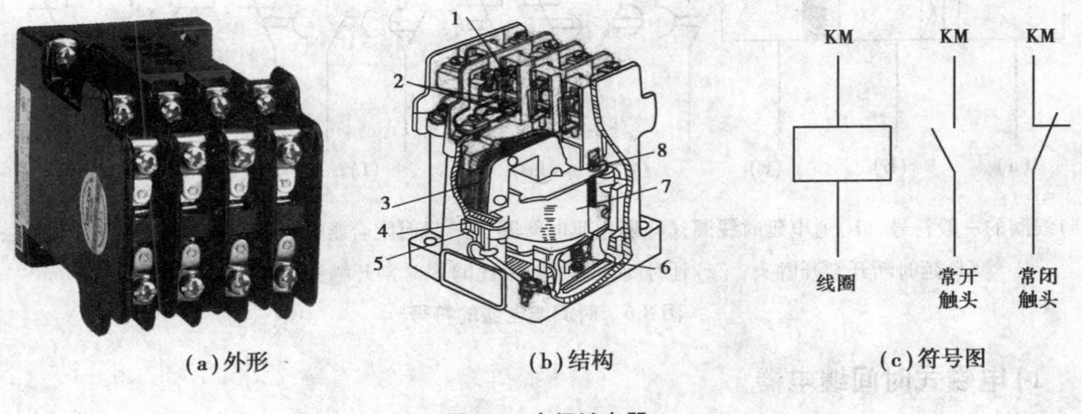

(a)外形　(b)结构　(c)符号图

图8.5　中间继电器

1—常闭触头；2—常开触头；3—衔铁；4—短路环；5—静铁芯；6—反作用弹簧；7—线圈；8—复位弹簧

选用中间继电器是依据被控制电路的电压等级，所需触头的数量、种类、容量等，主要是考虑电压等级和触头数量。

课题5　时间继电器

时间继电器是一种从得到输入信号开始，经过一个预先设定的延时后才输出信号的辅助继电器，它广泛应用于需要按时间顺序进行控制的电路中。它在继电保护装置中作为延时元件，用来建立保护装置所需动作延时，实现主保护与后备保护或多级线路保护的选择性配合。时间继电器在电路图中的图形符号如图8.6(a)、8.6(h)、8.6(i)所示，文字符号用KT表示。

时间继电器从动作原理上有电磁式、电子式、空气阻尼式等,其中,电磁式时间继电器的结构简单,价格低廉,但是体积和质量较大,延时时间短,只能用于直流断电延时;电子式时间继电器的延时精度高,延时可调范围大,但结构复杂,价格较高;空气阻尼式时间继电器延时范围大、结构简单、寿命长、价格低,但延时误差大(±10%~±20%)、无调节刻度指示,使整定延时值不精确。

根据延时方式的不同,时间继电器可分为通电延时继电器和断电延时继电器。

对于通电延时继电器,当线圈得电时,其延时常开触头要延时一段时间才闭合,延时常闭触头要延时一段时间才断开;当线圈失电时,其延时常开触头迅速断开,延时常闭触头迅速闭合。通电延时继电器在电路图中的图形符号如图 8.6(b)、8.6(d)、8.6(e)所示。

对于断电延时继电器,当线圈得电时,其延时常开触头迅速闭合,延时常闭触头迅速断开;当线圈失电时,其延时常开触头要延时一段时间再断开,延时常闭触头要延时一段时间再闭合。断电延时继电器在电路图中的图形符号如图 8.6(c)、8.6(f)、8.6(g)所示。

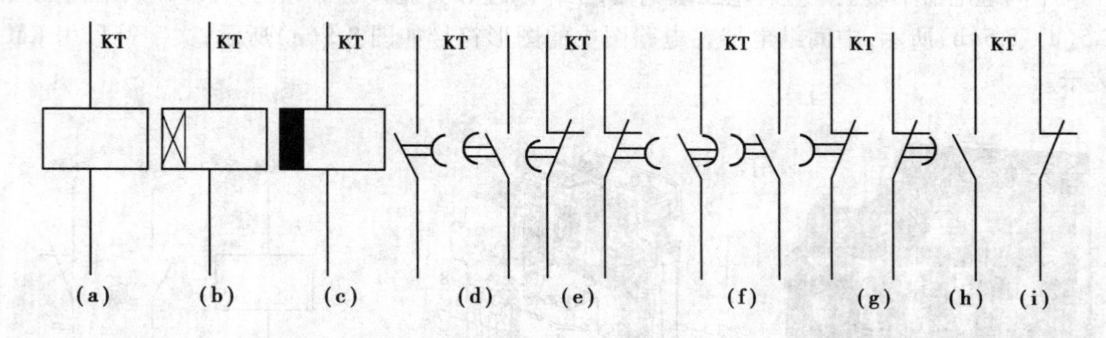

(a)线圈的一般符号;(b)通电延时线圈;(c)断电延时线圈;(d)延时闭合常开触头;(e)延时断开常闭触头;(f)延时断开常开触头;(g)延时闭合常闭触头;(h)瞬时常开触头;(i)瞬时常闭触头

图 8.6 时间继电器的符号

1)电磁式时间继电器

电磁式时间继电器是由一个电磁启动机构带动一个钟表延时机构组成,图 8.7 为 DS-110、DS-120 系列时间继电器的原理结构图,它的电磁机构是螺管线圈式结构,线圈接直流电压。当线圈 1 接入启动电压后,衔铁 3 即被吸入螺管线圈中,托在衔铁上的曲柄销 9 被释放,在主弹簧 11 的作用下,使扇形齿轮 10 顺时针方向转动,并且带动齿轮 13,动触头 22 及与它同轴的摩擦离合器 14 也开始逆时针方向转动。摩擦离合器转动后,使外层的钢环紧卡主齿轮 15,主齿轮随着转动。此轮带动钟表机构的齿轮 16,经钟表机构的中间齿轮 17、18,而使掣轮 19 与卡钉 20 的齿接触,使之停止转动,但在掣轮的压力之下摆卡偏转离开掣轮,掣轮就转过一个齿。如此往复进行,就使动触头以恒速转动。经过一定的时间后,动触头与静触头 23 接触,即继电器动作。改变静触头的位置,即改变动触头与静触头之间的距离,就可以调节时间继电器的动作延时。

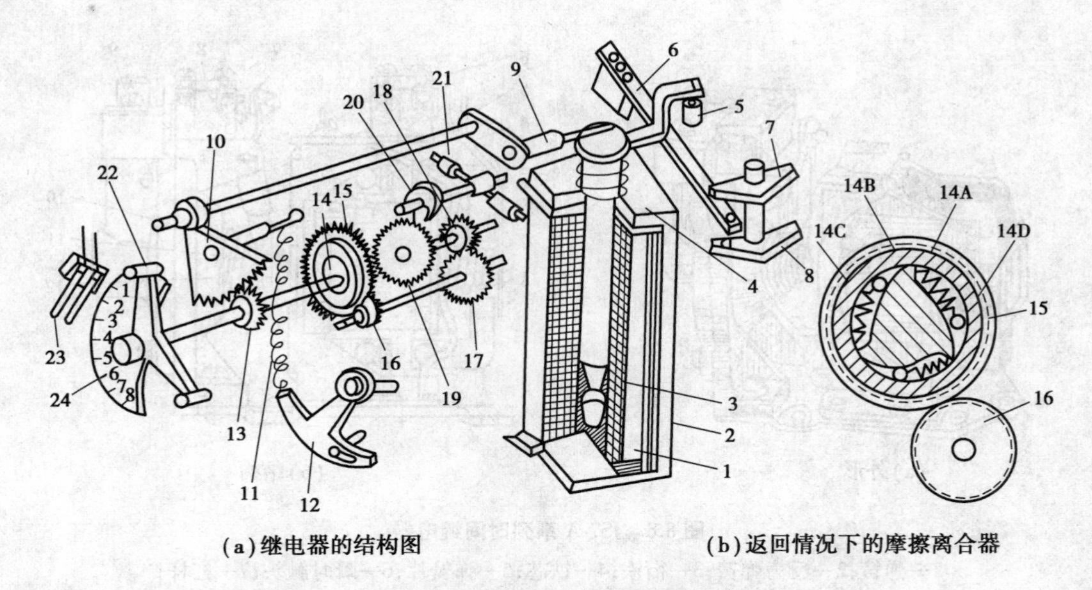

(a)继电器的结构图　　(b)返回情况下的摩擦离合器

图 8.7　DS-100、DS-120 系列时间继电器的原理结构

1—线圈;2—磁路;3—衔铁;4—返回弹簧;5—轧头;6—可动瞬时触头;7、8—静瞬时触头;9—曲柄销;10—扇形齿轮;11—主弹簧;12—可改变弹簧拉力的拉板;13—齿轮;14—摩擦离合器(14A-凸轮;14B-钢环;14C-弹簧;14D-钢珠);15—主齿轮;16—钟表机构的齿轮;17、18—钟表机构中的中间齿轮;19—掣轮;20—卡钉;21—重锤;22—动触头;23—静触头;24—标度盘

当线圈 1 上的电流消失后,衔铁 3 被返回弹簧 4 顶回原位,曲柄销 9 被衔铁顶回原位,扇形齿轮 10 立刻恢复原位,主弹簧 11 重新拉伸准备下一次动作。因为返回时,主轴顺时针方向转动,同轴的摩擦离合器 14 已与主齿轮 15 离开,钟表机构(15~21)不起作用,所以时间继电器返回是瞬时的。

电磁式时间继电器调节延时的方法如下:

①在衔铁和铁芯的接触处垫以非磁性垫片,既能调节延时,又能减小剩磁,防止衔铁被剩磁吸住不放。

②改变电磁机构反作用弹簧反力的大小来改变延时。

③在同一磁路中套上一个阻尼筒,可以获得延时。

④短接线圈,获得延时。

2)空气阻尼式时间继电器

以 JS7-A 系列空气阻尼式时间继电器为例,其外形及结构如图 8.8 所示。

空气阻尼式时间继电器主要由以下五个部分组成:

①电磁机构:由线圈、铁芯和衔铁组成。

②触头系统:包括两对瞬时触头(一常开、一常闭)和两对延时触头(一常开、一常闭),瞬时触头和延时触头分别是两个微动开关的触头。

③空气室:空气室为一空腔,由橡皮膜、活塞组成。橡皮膜可随空气的增减而移动,顶部的调节螺钉可调节延时时间。

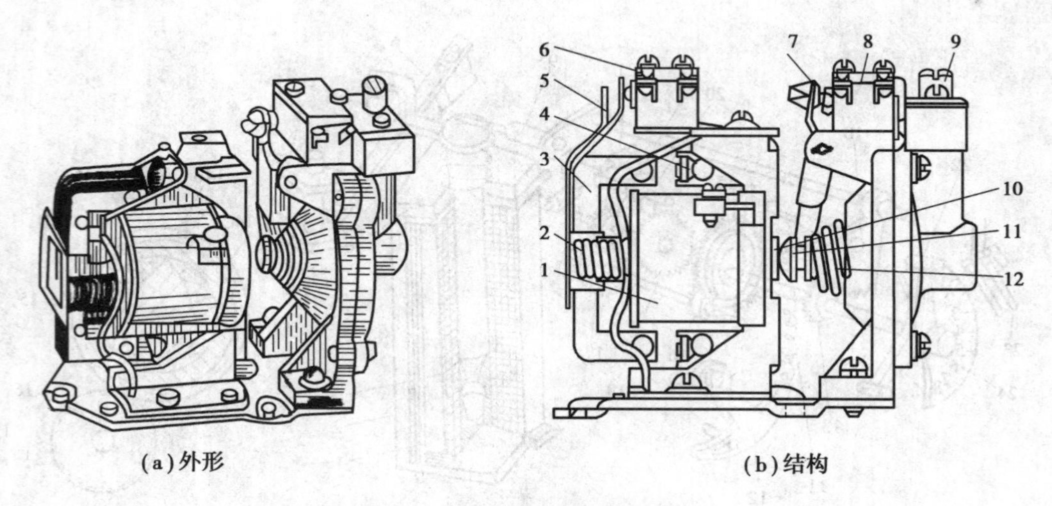

(a)外形　　(b)结构

图 8.8　JS7-A 系列时间继电器

1—弹簧;2—反力弹簧;3—衔铁;4—铁芯;5—弹簧片;6—瞬时触头;7—杠杆;
8—延时触头;9—调节螺钉;10—推杆;11—活塞杆;12—塔形弹簧

④传动机构:由推杆、活塞杆、杠杆及各种类型的弹簧组成。

⑤基座:用金属板制成,用以固定电磁机构和空气室。

图 8.9 为 JS7-A 系列空气阻尼式时间继电器结构原理图,其中,图 8.9(a)所示为通电延时型,图 8.9(b)所示为断电延时型。

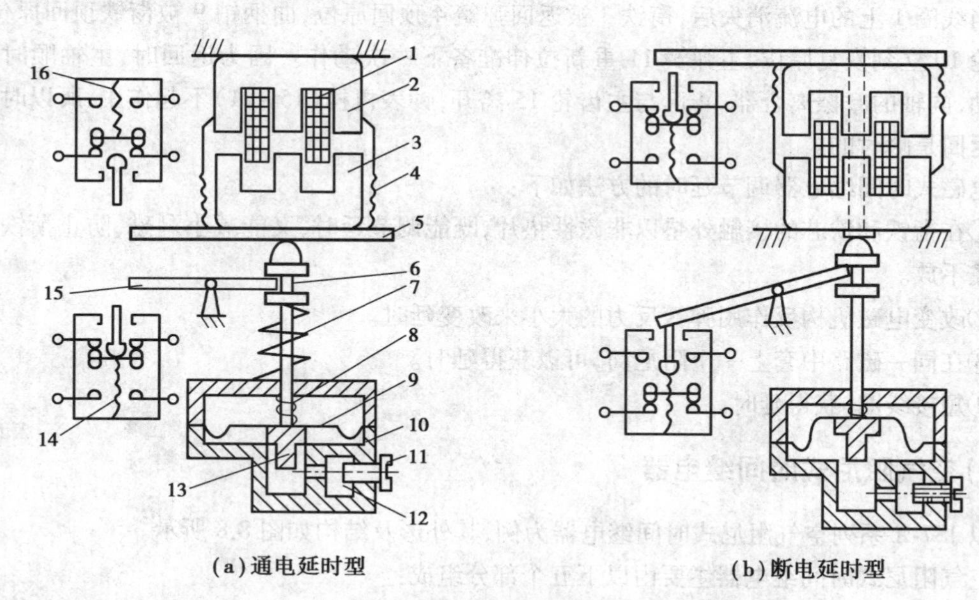

(a)通电延时型　　(b)断电延时型

图 8.9　空气阻尼式时间继电器结构原理图

1—线圈;2—铁芯;3—衔铁;4—反力弹簧;5—推板;6—活塞杆;7—塔形弹簧;8—弱弹簧;
9—橡皮膜;10—空气室壁;11—调节螺钉;12—进气孔;13—活塞;14,16—微动开关;15—杠杆

空气阻尼式时间继电器是利用气囊中的空气通过小孔节流的原理来获得延时动作的,通电延时型时间继电器的工作原理:当线圈 1 通电后,衔铁 3 连同推板 5 被铁芯 2 吸引向上吸

合,上方微动开关16压下,使上方微动开关触头迅速转换。同时,在空气室10内与橡皮膜9相连的活塞杆6在弹簧7作用下也向上移动,由于橡皮膜下方的空气稀薄形成负压,起到空气阻尼的作用,因此活塞杆只能缓慢向上移动,移动速度由进气孔12的大小而定,可通过旋动调节螺钉11调节进气孔的大小,可达到调节延时时间长短的目的。经过一段延时后,活塞13才能移到最上端,并通过杠杆15压动开关14,使其常开触头闭合,常闭触头断开。另一个开关16是在衔铁吸合时,通过推板5的作用立即动作,故称开关16为瞬动触头。延时时间即为从线圈通电时刻起到微动开关动作为止的这段时间。

当线圈断电时,衔铁在反力弹簧4作用下,将活塞推向下端,这时,橡皮膜下方空气室内的空气通过橡皮膜9、弹簧8和活塞13的局部所形成的单向阀,迅速将空气排掉,使微动开关14、16触头均瞬时复位。断电延时型和通电延时型时间继电器的组成元件是通用的,其工作原理相似。只需将通电延时型时间继电器的电磁机构翻转180°安装即成为断电延时型,其微动开关是在线圈断电后延时动作的。

空气阻尼式时间继电器的延时时间为0.4~180 s,但精度不高。

3)时间继电器常见故障及处理方法

时间继电器常见故障及处理方法见表8.1。

表8.1 JS7-A系列时间继电器常见故障及处理方法

故障现象	可能的原因	处理方法
延时触头不动作	1.电磁线圈断线 2.电源电压过低 3.传动机构卡阻或损坏	1.更换线圈 2.调高电源电压 3.排除卡阻故障或更换部件
延时时间缩短	1.空气室装配不严,导致漏气 2.橡皮膜损坏	1.修理或更换空气室 2.更换橡皮膜
延时时间变长	气室内有灰尘,使气道阻塞	清除气室内灰尘,使气道通畅

4)时间继电器的选用

①根据系统的延时范围和精度选择时间继电器的类型和系列。在延时精度要求不高的场所,一般选用价格较低的JS7-A系列空气阻尼式时间继电器;反之,对精度要求高的场所,可选用性能更好的继电器。

②根据控制线路选择时间继电器线圈的电压。

③根据控制线路的要求选择时间继电器的延时方式。同时,还必须考虑线路对瞬时动作触头的要求。

5)时间继电器的安装与使用

①时间继电器应按说明书规定的方向安装,无论是通电延时型还是断电延时型,都必须使继电器在断电时衔铁的运动方向垂直向下,其倾斜度不得超过5°。

②时间继电器金属底板上的接地螺钉必须与接地线可靠连接。

③时间继电器的整定值,应在不通电时整定好,并在使用时校正。

④通电延时型和断电延时型可在整定时间内自行调换。

⑤使用时,应经常清除灰尘及油垢,否则延时误差将更大。

课题 6 信号继电器

信号继电器的作用是:当保护装置动作时,明显标示出继电器或保护装置动作状态,以便分析保护动作行为和电力系统故障性质。继电器动作时,一方面本身有机械指示(掉牌),同时它的自保持触头接通有关灯光或音响报警回路,只能由值班人员手动复归或电动复归。由于保护装置的操作电源一般采用直流电源,因此信号继电器多为电磁式直流继电器。

图 8.10 为 DX-11 系列信号继电器,其工作原理是:当线圈 2 未通电时,衔铁 3 受弹簧 7 的作用而离开铁芯 1,衔铁托住信号掉牌 6,不发出信号。当线圈通电吸动衔铁时,信号掉牌因失去支持而下落(掉牌),同时固定在转轴上的动触头 4 与静触头 5 接触并保持,从而接通灯光或音箱信号回路,便可确认是哪一种保护装置动作。只有当运行值班人员转动手动复归把手 8 时,才能将掉牌重新恢复到水平位置,由衔铁 3 支持,准备下一次动作。

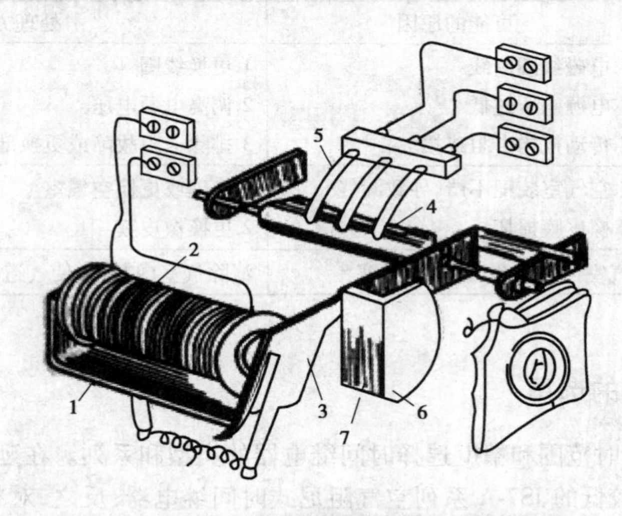

图 8.10 DX-11 系列信号继电器原理接线图

1—铁芯;2—线圈;3—衔铁;4—动触头;5—静触头;6—信号掉牌;7—弹簧;8—复归把手

因为信号继电器有电流型和电压型两种,因此其接线方式也有两种。电流型信号继电器应串联结入电路,电压型应并联结入电路,如图 8.11 所示。

常用的信号继电器除 DX-11 型以外,还有 DX-31,DX-32 系列等。DX-31 型信号继电器的机械指示装置不是采用掉牌,而是利用弹簧将指示装置弹出,复归时用手按下即可;DX-32 型信号继电器具有灯光信号,由电压线圈保持,电动复归。

信号继电器在电路图中的图形符号如图 8.12 所示,文字符号用 KS 表示。

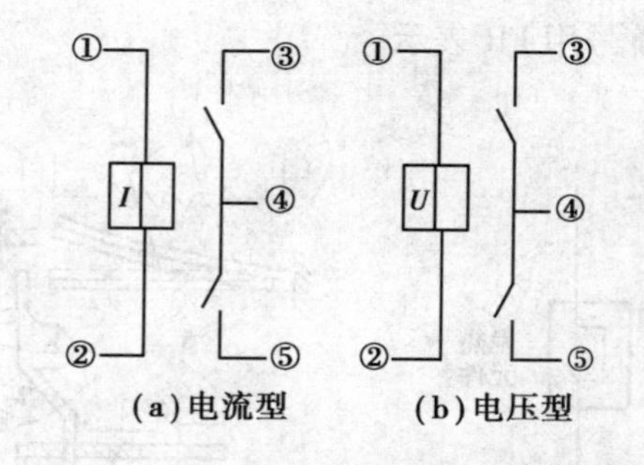

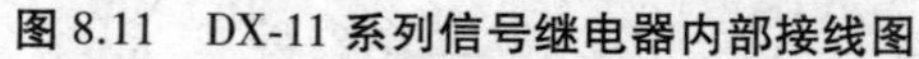

图8.11　DX-11系列信号继电器内部接线图

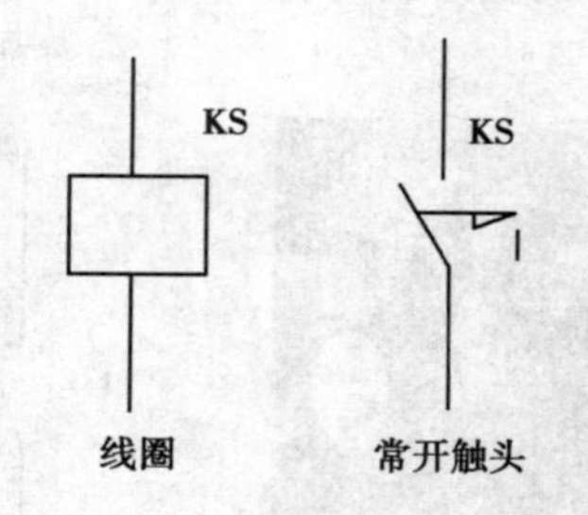

图8.12　信号继电器的符号

课题7　热继电器

热继电器是利用电流流过发热元件产生热量来使检测元件受热弯曲，进而推动机构动作的一种保护电器。其专门用来对连续运行的电动机进行过载、断线、三相电流不平衡运行的保护及其他电气设备发热状态的控制，防止电动机过热而烧毁。

1)热继电器的分类

(1)双金属片式

利用两种热膨胀系数不同的金属辗压制成的双金属片受热弯曲去推动杠杆，从而带动触头动作。

(2)热敏电阻式

利用电阻值随温度变化而变化的特性制成的热继电器。

(3)易熔合金式

利用过载电流的热量使易熔合金达到某一温度值时，合金熔化而使继电器动作。

在上述三种分类中，以双金属片式热继电器应用最多，其可按下述方法分类：

①按极数分：热继电器有单极、双极和三极。其中，三极的又包括带有断相保护装置和不带有断相保护装置两类。

②按复位方式分：热继电器有可以自动复位(触头断开后能自动返回到原来的位置)和能手动复位两类。

③按电流调节方式分：热继电器有电流调节和无电流调节(利用更换热元件来达到改变整定电流)两类。

④按温度补偿分：热继电器有带温度补偿和不带温度补偿两类。

2)双金属片式热继电器的结构和工作原理

图8.13(a)所示为双金属片式热继电器的外形，它主要由热元件、动作机构、触头系统、复位机构和温度补偿元件组成，除图中所示部分外，还有电流整定装置、外壳等部件。热继电器

在电路图中的图形符号如图 8.13(b)所示,文字符号用 FR 表示。

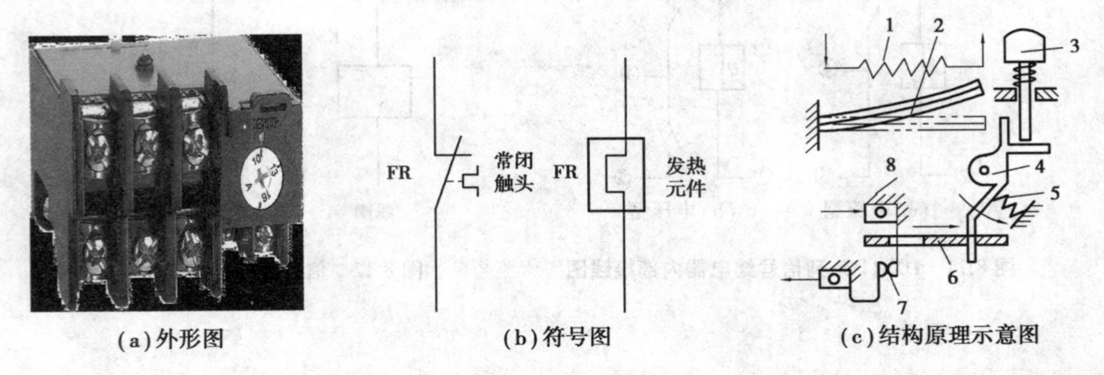

(a)外形图　　(b)符号图　　(c)结构原理示意图

图 8.13　热继电器

1—热元件;2—双金属片;3—复位按钮;4—导杆;

5—拉簧;6—连杆;7—辅助触头;8—接线端子

(1)热元件

热元件是热继电器的主要组成部分,由主双金属片和绕在外面的电阻丝组成。主双金属片是由两种热膨胀系数不同的金属片复合而成,金属片的材料多为铁镍铬合金和铁镍合金。电阻丝一般用康铜或镍铬合金等材料制成。

(2)动作机构和触头系统

动作机构利用连杆传递及瞬跳机构来保证触头动作的迅速、可靠。触头为一对常开、一对常闭。

(3)复位机构

复位机构可根据使用要求通过复位调节螺钉来自由调整选择,一般自动复位的时间不大于 5 min,手动复位时间不大于 2 min。

(4)温度补偿元件

温度补偿元件也是双金属片,其受热弯曲的方向与主双金属片一致,它能保证热继电器的动作特性在-20~+40 ℃不受周围介质温度的影响。

(5)电流整定装置

通过旋钮和电流调节凸轮调节推杆间隙,改变推杆移动距离,从而调节整定电流值。

图 8.13(c)所示为热继电器的结构原理示意图,其作用原理是:热元件 1 串接于控制电路中,当电路正常运行时,其工作电流通过热元件产生的热量不足以使双金属片 2 因受热而产生变形,热继电器不会动作。当电路发生过电流且超过整定值时,双金属片获得了超过整定值的热量而发生弯曲,使其自由端上翘。经过一定时间后,双金属片的自由端脱离导杆 4 的顶端。导杆在拉簧 5 的作用下偏转,带动连杆 6 使常闭触头 7 打开,从而切断电路的工作电源。同时,热元件也因失电而逐渐降温,热量减少,经过一段时间的冷却,双金属片的自由端返回到原来状态,为下次动作作好准备。

热继电器在手动位置时,其动作后经过一段时间才能按动手动复位按钮复位;在自动复位位置时,热继电器可自行复位。

3)带断相保护的热继电器的工作原理

当三相异步电动机的定子绕组采用三角形联结时,必须采用三相结构带断相保护装置的热继电器。带断相保护的热继电器可对三相异步电动机进行断相保护,其导板为差动机构,如图8.14所示。

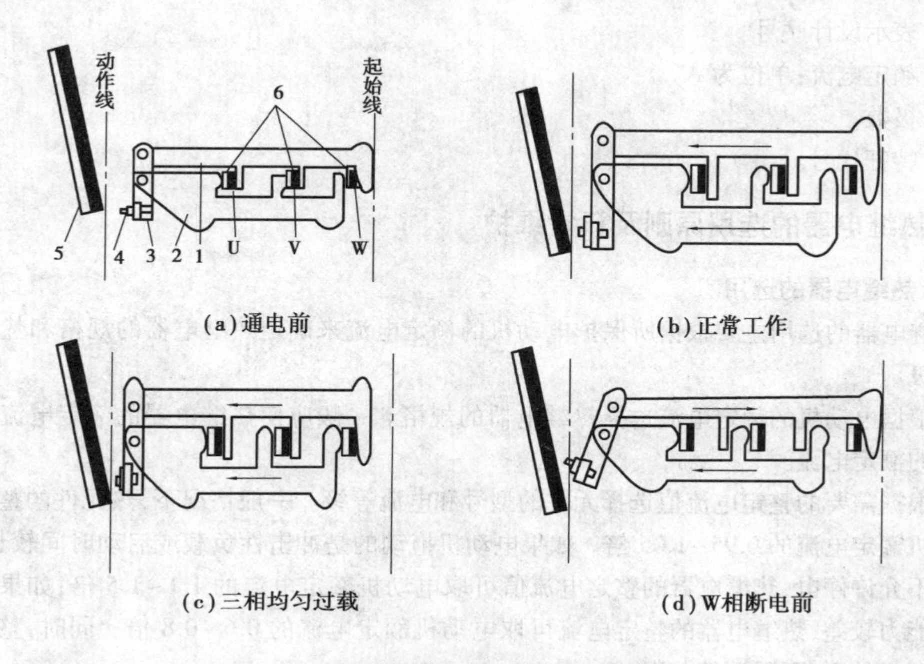

图8.14 差动式断相保护装置示意图

1—上导板;2—下导板;3—杠杆;4—顶头;5—补偿双金属片;6—主双金属片

差动机构由上导板1、下导板2、杠杆3和顶头4组成,它们之间用转轴连接。图8.14(a)所示为通电前机构各部件的位置。图8.14(b)所示为热继电器正常工作时三相双金属片均匀受热而同时向左弯曲,上下导板同时向左平行移动一小段距离,顶头尚未碰到补偿双金属片,热继电器触头不动作。图8.14(c)所示为三相同时均匀过载,三相双金属片同时向左弯曲,推动上下导板向左运动,顶头碰到补偿双金属片端部,热继电器动作,实现过载保护。图8.14(d)所示为一相发生断路的情况,此时断路相的双金属片逐渐冷却,其端部向右移动,推动上导板向右移动,而另外两相的双金属片在电流加热下端部仍向左移动,产生差动作用。通过杠杆的放大作用,迅速推动补偿双金属片,热继电器动作。

热继电器由于主双金属片受热膨胀的热惯性及动作机构传递信号的延后作用,热继电器从电动机过载到触头动作需要一定的时间,在电路中不能用于瞬时过载保护。电动机出现严重过载或短路时,热继电器不会瞬时动作,因此,热继电器不能做短路保护。也正是热继电器的热惯性和动作机构的延后性,保证了热继电器在电动机启动或短时过载时不会动作,从而满足电动机的运行要求。

4)热继电器型号及含义

[1][2]-[3]/[4][5]

其代表意义为:

[1]产品名称:用字母 JR 表示热继电器。

[2]表示设计序号。

[3]额定电流:单位为 A。

[4]极数。

[5]特征代号。

5)热继电器的选用原则及日常维护

(1)热继电器的选用

热继电器的选用主要根据所保护电动机的额定电流来确定热继电器的规格和热元件的电流等级。

①根据电动机的额定电流选择热继电器的规格。一般应使热继电器的额定电流略大于电动机的额定电流。

②根据需要的整定电流值选择元件的型号和电流等级。一般情况下,热元件的整定电流为电动机额定电流的 0.95~1.05 倍。如果电动机拖动的是冲击性负载或启动时间较长、拖动的设备不允许停电,热继电器的整定电流值可取电动机额定电流的 1.1~1.5 倍;如果电动机的过载能力较差,热继电器的整定电流可取电动机额定电流的 0.6~0.8 倍。同时,整定电流应留有一定的上、下限调整范围。

③根据电动机定子绕组的联结方式选择热继电器的结构形式,即定子绕组作星形联结的电动机选用普通三相结构的热继电器,作三角形联结的电动机应选用三相结构带断相保护装置的热继电器。

(2)热继电器的日常维护

①热继电器动作后复位要经过一定的时间,才能按下复位按钮。

②当发生短路故障后,要检查热元件和双金属片是否变形,如有不正常情况,应及时调整,但不能将元件拆下,也不能弯折双金属片。

③使用中的热继电器每周应检查一次,具体内容是:热继电器有无过热、异味及放电现象,各部件螺丝有无松动、脱落及接触不良,表面有无破损及清洁与否。

④使用中的热继电器每年应检修一次,具体内容是:清扫卫生,查修零部件,测试绝缘电阻应大于 1 MΩ,并通电校验。经校验过的热继电器,除了接线螺钉之外,其他螺钉不要随意变动。

⑤更换热继电器时,新安装的热继电器必须符合原来的规格与要求。

6)热继电器的故障处理

热继电器的常见故障及处理方法见表 8.2。

表8.2 热继电器的常见故障及处理方法

故障现象	可能的原因	处理方法
热元件烧断	1.负载短路电流过大 2.操作频率高	1.排除故障更换新的热继电器 2.更换合适参数的热继电器
热继电器不动作	1.热继电器的额定电流值选用不合适 2.整定值偏大 3.动作触头接触不良 4.热元件烧断或脱焊 5.动作机构卡住 6.导板脱出	1.按保护容量合理选用 2.合理调整整定值 3.消除触头接触不良因素 4.更换热继电器 5.清除卡住因素 6.重新放入并调试
热继电器动作不稳定,时快时慢	1.热继电器内部机构某些部件松动 2.在检修中弯折了双金属片 3.通电电流波动太大或接线螺钉松动	1.将这些部件加以紧固 2.用两倍电流预试几次或将双金属片拆下来,热处理以去除内应力 3.检查电源电压或拧紧接线螺钉
热继电器动作太快	1.整定值偏小 2.电动机启动时间过长 3.连接导线太细 4.操作频率过高 5.使用场合有强烈冲击和振动 6.可逆转换频率 7.安装热继电器处与电动机场所环境温差太大	1.合理调整整定值 2.按启动时间要求,选择具有合适的可返回时间的热继电器或在启动过程中将热继电器短接 3.选用标准导线 4.更换合适的型号 5.选用带防振动冲击的专用热继电器或采取防振动措施 6.改用其他保护措施 7.按两地温度情况配置适当的热继电器
主电路不通	1.热元件烧断 2.接线螺钉松动或脱落	1.更换热继电器或热元件 2.紧固接线螺钉
控制电路不通	1.触头烧坏或动触头弹性消失 2.可调整式旋钮转到不合适的位置 3.热继电器动作后未复位	1.更换触头或簧片 2.调整旋钮或螺钉 3.按动复位按钮

技能训练10　常用继电器的识别与检测

①按表8.3完成相应的任务。

表8.3　时间继电器的识别和操作要点

序号	任　务	操作要点
1	识读时间继电器的型号	时间继电器的型号标注在正面(调节螺钉边)
2	找到整定时间调节旋钮	调节旋钮旁边标有整定时间
3	找到延时常闭触头的接线端子	在气囊上方两侧,旁边有相应符号标注
4	找到延时常开触头的接线端子	在气囊上方两侧,旁边有相应符号标注
5	找到瞬时常闭触头的接线端子	在线圈上方两侧,旁边有相应符号标注
6	找到瞬时常开触头的接线端子	在线圈上方两侧,旁边有相应符号标注
7	找到线圈的接线端子	在线圈两侧
8	识读时间继电器线圈参数	时间继电器线圈参数标注在线圈侧面
9	检测延时常闭触头的接线端子好坏	将万用表置于$R\times1\ \Omega$挡,欧姆调零后,将两表笔分别搭接在触头两端。常态时,阻值约为0
10	检测延时常开触头的接线端子好坏	将万用表置于$R\times1\ \Omega$挡,欧姆调零后,将两表笔分别搭接在触头两端。常态时,阻值约为∞
11	检测瞬时常闭触头的接线端子好坏	将万用表置于$R\times1\ \Omega$挡,欧姆调零后,将两表笔分别搭接在触头两端。常态时,阻值约为0
12	检测瞬时常开触头的接线端子好坏	将万用表置于$R\times1\ \Omega$挡,欧姆调零后,将两表笔分别搭接在触头两端。常态时,阻值约为∞
13	检测线圈的阻值	将万用表置于$R\times100\ \Omega$挡,欧姆调零后,将两表笔分别搭接在线圈两端

②按表8.4完成相应的任务。

表8.4　热继电器的识别和操作要点

序号	任　务	操作要点
1	识读热继电器的铭牌	铭牌贴在热继电器的侧面
2	找到整定电流调节旋钮	旋钮上标有整定电流
3	找到复位按钮	RESET/STOP
4	找到测试键	位于热继电器前侧下方,TEST
5	找到驱动元件的接线端子	编号与交流接触器相似,1/L1—2/T1,3/L2—4/T2,5/L3—6/T3
6	找到常闭触头的接线端子	编号编在对应的接线端子旁,95—96
7	找到常开触头的接线端子	编号编在对应的接线端子旁,97—98

续表

序号	任 务	操作要点
8	检测常闭触头好坏	将万用表置于 $R\times1\ \Omega$ 挡,欧姆调零后,将两表笔分别搭接在常闭触头两端。常态时,各常闭触头的阻值约为0;动作测试键后,再测量阻值,阻值为∞
9	检测常开触头好坏	将万用表置于 $R\times1\ \Omega$ 挡,欧姆调零后,将两表笔分别搭接在常开触头两端。常态时,各常开触头的阻值为∞;动作测试键后,再测量阻值,阻值为0

技能训练11 时间继电器的测试

1)实验目的

①进一步熟悉掌握电磁型时间继电器的工作原理与具体结构。

②掌握测试和整定时间继电器的方法。

2)实验内容

①测启动值、返回值,并求返回系数。

②测动作时间。

3)实验设备

实验设备名称及型号规格见表8.5。

表8.5 实验设备名称及型号规格

序号	名 称	型号规格	数 量
1	交流接触器	CJ20-10	1台
2	直流电压表	0~300 V	1台
3	变阻器	0~140 Ω,2 A	1台
4	时间继电器	DS-32型,100 V	1台
5	电秒表	401型	1块
6	按钮	LA30	红、绿色各1个
7	熔断器	RL1-15	4个
8	刀开关	交流:HK2P-32/2 直流:HK2-10/2	各1台
9	常用电工工具		1套
10	连接导线	BVR 2.5	若干

4）实验原理电路

实验原理电路如图 8.15 所示。

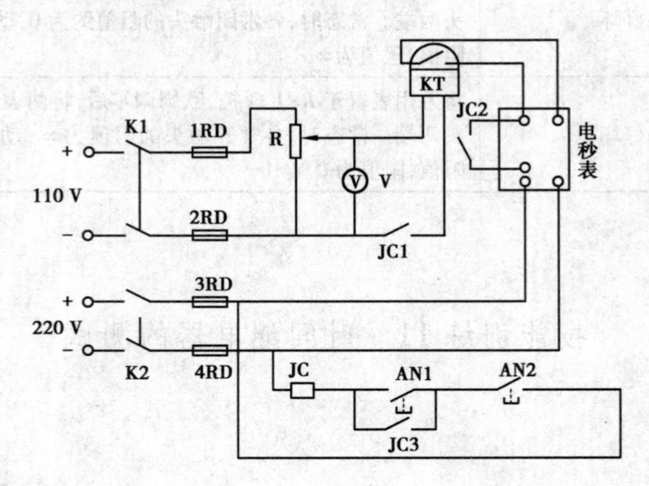

图 8.15 实验接线图

K1，K2—直流和交流电源刀开关；RD—熔断器；

JC—接触器；R—变阻器；V—直流电压表；

KT—时间继电器；ANl—启动按钮；AN2—停止按钮

5）实验方法要点

①检查继电器各部件是否可靠，衔铁活动是否灵活，触头接触是否良好，时间机构走动是否均匀。

②按图 8.15 接线，检查无误后，经指导老师允许后进行实验，其中实线框内电路已接好。

③合开关 K1，K2。调节 R，使输出电压为 70%左右的额定电压。用冲击法测启动电压，即按下 AN1，观察继电器是否动作，使衔铁完全被吸合的最低电压值是继电器的启动电压。

④衔铁吸合后，逐渐减少电压，能使衔铁返回原始位置的最大电压值，即为返回电压。测两次，将实验结果记录。

⑤测动作时间：将电秒表的位置切换开关转向“连续”位，将电压调压至额定电压，时间继电器的时间整定在 3 s，按下 AN2 读取数值，要求最后的整定值误差不超过±0.07 s。

6）分析总结

①如果时间继电器动作后，而电秒表仍未停，是何原因？

②实验中如何调整整定值？

思考题与习题

8-1　继电器的用途是什么？有哪些分类？

8-2　电磁型继电器的工作原理是什么？

8-3　继电器的主要技术参数有哪些？

8-4　能用过电流继电器作电动机的过载保护吗？为什么？

8-5　中间继电器的用途是什么？其与交流接触器的相同之处和不同之处是什么？

8-6　根据延时方式的不同，电磁式时间继电器具有几种延时方式？调节其延时的方法有哪些？

8-7　时间继电器常见故障有哪些？处理方法是什么？

8-8　热继电器在电路中可以起短路保护吗？为什么？

8-9　熔断器和热继电器的保护功能与原理有何异同？

8-10　热继电器常见故障有哪些？处理方法是什么？

项目 9
主令电器和刀开关

【学习目标与任务】

学习目标:1.熟悉主令电器和刀开关结构、工作原理、型号。

2.掌握主令电器和刀开关的用途、分类、电气符号。

学习任务:1.能正确选择和使用主令电器和刀开关。

2.具有常用主令电器和刀开关安装、故障处理的能力。

主令电器是在自动控制系统中发出指令或作程序控制的电器,使电路接通或分断,以达到控制生产机械的目的。主令电器只能用于控制电路,不能用于通断主电路。常用的主令电器有按钮、位置开关、万能转换开关等。

课题 1　按　钮

1)用途及分类

按钮是一种用人力(一般为手指或手掌)操作,并具有储能复位的一种控制开关,通常用来接通和断开电路。按钮的触头允许通过的电流较小,一般不超过 5 A,因此,一般情况下它不直接控制主电路,而是在控制电路中发出指令或信号去控制接触器、继电器等电器,再由它们去控制主电路的通断、功能转换或电气联锁。

按照按钮触头的结构不同,按钮可分为以下 3 类:

①常开按钮:手指未按下时,触头是断开的;当手指按下时,触头接通。手指松开后,在复位弹簧作用下触头又返回原位断开。它常用作启动按钮(通常为绿色)。

②常闭按钮：手指未按下时，触头是闭合的；当手指按下时，触头被断开。手指松开后，在复位弹簧作用下触头又返回原位闭合。它常用作停止按钮（通常为红色）。

③复合按钮：将常开按钮和常闭按钮组合为一体。当手指按下时，其常闭触头先断开，然后常开触头再闭合；手指松开后，常开触头先恢复断开，常闭触头再恢复闭合。它常用在控制电路中作电气联锁（通常为蓝色）。

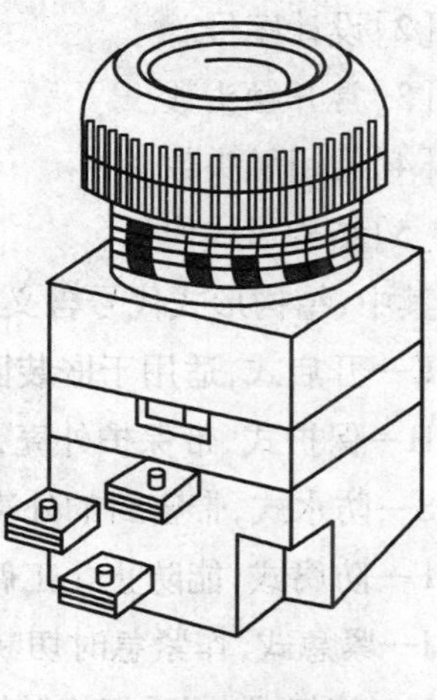

2）结构和原理

按钮一般由按钮帽、复位弹簧、桥式动触头、静触头、支柱连杆及外壳等部分组成，其外形结构如图9.1所示。

图9.1 按钮的外形图

按钮的原理如图9.2（a）所示，操作时将按钮帽往下按，桥式动触头随着推杆一起往下移动，常闭静触头先分断，再与常开静触头接通。一旦操作人员的手指离开按钮帽，在复位弹簧的作用下，动触头向上运动，恢复初始位置。

按钮在电路图中的图形符号如图9.2（b）所示，文字符号用SB表示。

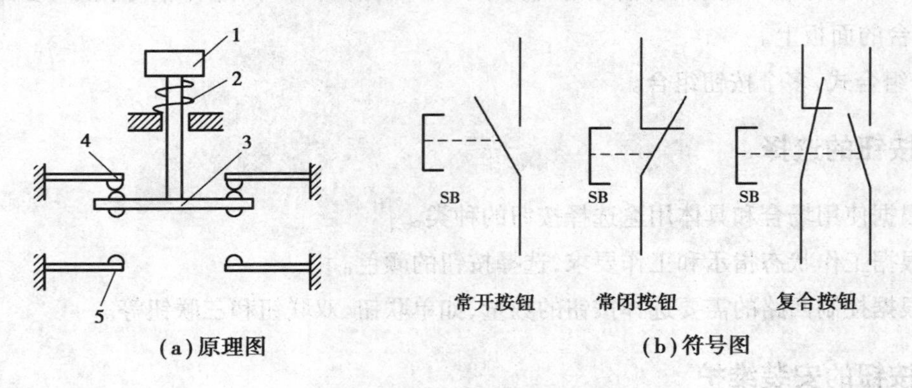

（a）原理图　（b）符号图

图9.2 按钮的示意图

1—按钮帽；2—复位弹簧；3—动触头；4—常闭静触头；5—常开静触头

3）主要技术参数和型号说明

按钮的主要技术要求为：规格、结构形式、按钮颜色和触头对数。按钮的结构形式有多种，适合于各种不同的场合；为了操作人员识别，避免发生误操作，生产中用不同的颜色标志来区分按钮的功能及作用，按钮的颜色有红、绿、黑、黄、白、蓝等多种。

按钮的型号如下：

[1][2]-[3][4][5]

其代表意义为：

[1]产品名称：用字母LA表示按钮。

[2]设计序号。

[3]常开触头数。

[4]常闭触头数。

[5]结构形式代号。

其中,结构形式代号含义为:

K—开启式,适用于嵌装固定在开关板、控制柜或控制台的面板上。

H—保护式,带保护外壳,可以防止内部的按钮零件受机械损伤或人触及带电部分。

S—防水式,带密封的外壳,可防止雨水侵入。

F—防腐式,能防止化工腐蚀性气体的侵入。

J—紧急式,作紧急时切断电源用。

X—旋钮式,用手把旋转操作触头,有通、断两个位置,一般为面板安装式。

Y—钥匙式,用钥匙插入旋转进行操作,可防止误操作或供专人操作。

Z—自持按钮,按钮内装有自持用电磁机构,主要用于发电厂、变电站或试验设备中,操作人员互通信号及发出指令等,一般为面板操作。

D—带灯按钮,按钮内装有信号灯,除用于发布操作命令外,兼作信号指示,多用于控制柜、控制台的面板上。

E—组合式,多个按钮组合。

4)按钮的选择

①根据使用场合和具体用途选择按钮的种类。

②根据工作状态指示和工作要求,选择按钮的颜色。

③根据控制回路的需要选择按钮的数量,如单联钮、双联钮和三联钮等。

5)按钮的安装维护

①将按钮安装在面板上时,应布置整齐、排列合理,可根据控制电路的先后顺序,从上到下或者从左到右排列。

②同一个系统运动部件的几种不同工作状态,应使每一对相反状态的按钮安装在一组。

③为应对紧急情况,当按钮板上安装的按钮较多时,应用红色蘑菇头按钮作总停止按钮,且应安装在显眼容易操作的地方。

④按钮的安装应固定牢固,接线应可靠。

6)按钮的常见故障及处理方法

按钮的常见故障及处理方法见表9.1。

表9.1　按钮的常见故障及处理方法

故障现象	可能的原因	处理方法
触头接触不良	1.触头烧损 2.触头表面有污垢 3.触头弹簧失效	1.修整触头或更换产品 2.清洁触头表面 3.重绕弹簧或更换产品
触头间短路	1.塑料受热变形导致接线螺钉相碰短路 2.杂物或油污在触头间形成通道	1.查明发热原因,排除故障并更换产品 2.清洁按钮内部

课题2　位置开关

1)用途及分类

位置开关又称为限位开关,是一种将机械位移信号转换为电气信号,以控制运动部件位置或行程的自动控制电器。它是一种常用的小电流主令电器,位置开关包括行程开关、微动开关、接近开关等,其中最常见的是行程开关。

行程开关是利用生产机械运动部件的碰撞使其触头动作,来实现接通或分断控制电路,使运动机械按一定位置或行程自动停止、反向运动、变速运动或自动往返运动等。

行程开关分为直动式(按钮式)、滚轮旋转式、微动式和组合式等,本节主要介绍直动式和滚轮旋转式。

2)结构和原理

行程开关主要由操作系统、触头系统和外壳等部分组成,其结构如图9.3所示。

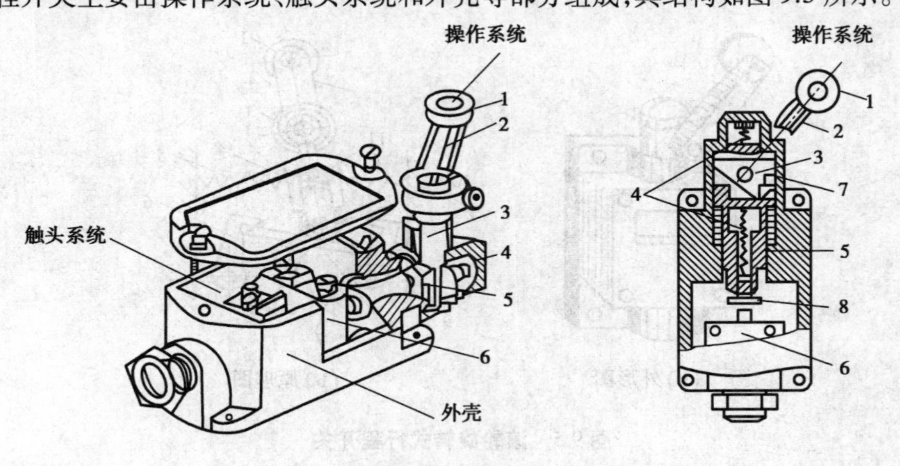

图9.3　行程开关结构图

1—滚轮;2—杠杆;3—转轴;4—复位弹簧;5—撞块;6—微动开关;7—凸轮;8—调节螺钉

直动式行程开关的动作原理与按钮类似,所不同的是:按钮是手动,而直动式行程开关则由运动部件上的撞块来操作行程开关的推杆。如图 9.4 所示,当外界运动部件上的撞块碰压按钮使其触头动作,当运动部件离开后,在弹簧作用下,其触头自动复位。直动式行程开关虽然结构简单,但是触头的分合速度取决于撞块移动的速度。若撞块移动速度太慢,则触头就不能瞬时切断电路,使电弧在触头上停留时间过长,易于烧蚀触头。因此,这种开关不宜用在撞块移动速度小于 0.4 m/s 的场合。

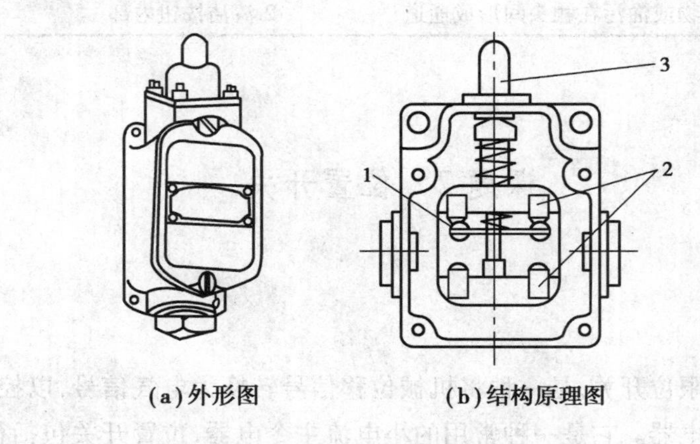

(a)外形图　(b)结构原理图

图 9.4　直动式行程开关

1—动触头;2—静触头;3—推杆

为了克服直动式行程开关的缺点,可采用能瞬时动作的滚轮旋转式行程开关,其结构如图 9.5 所示。当滚轮受到向左的外力作用时,上转臂向下方转动,套架向右转动,并压缩右边的弹簧 5,同时下面的小滑轮也很快沿着触头推杆 8 向右转动,小滑轮滚动又压缩弹簧 11。当小滑轮走过触头推杆的中点时,盘形弹簧 3 和弹簧 11 都使触头推杆 8 迅速转动,使动触头迅速地与静触头分开,并与左边的静触头闭合。这样就减少了电弧对触头的烧蚀,并保证了动作的可靠性,这类行程开关适用于低速运动的机械。

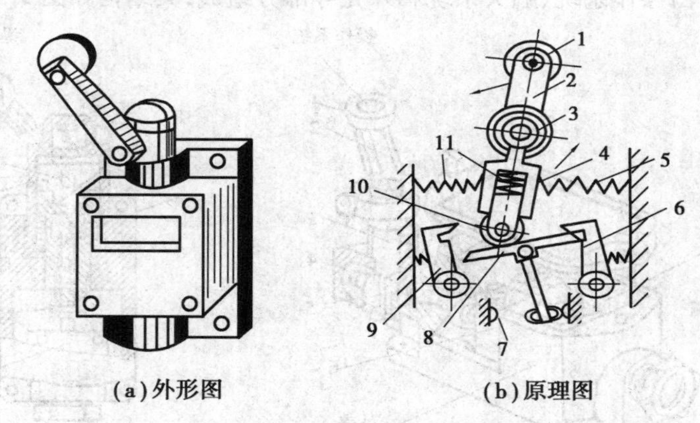

(a)外形图　(b)原理图

图 9.5　滚轮旋转式行程开关

1—滚轮;2—上转臂;3—盘形弹簧;4—套架;5、11—弹簧;

6、9—压板;7—触头;8—触头推杆;10—小滑轮

行程开关在电路图中的图形符号如图9.6所示,文字符号用SQ表示。

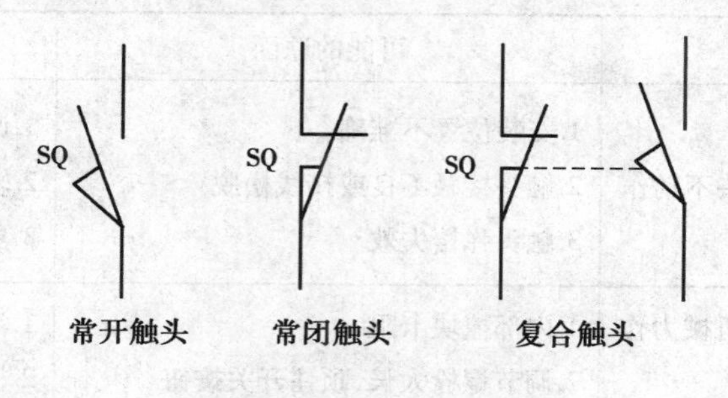

图9.6　行程开关符号

3)主要技术参数和型号说明

行程开关的型号如下:

[1][2][3]-[4][5][6]

其代表意义为:

[1]产品名称:用字母LX表示行程开关。

[2]设计序号。

[3]结构方式:K—开启式;无字母为保护式。

[4]滚轮数目:0—无滚轮;1—单滚轮;2—双滚轮。

[5]滚轮安装方式:0—直动式;1—滚轮装在传动杆内侧;2—滚轮装在传动杆外侧;3—滚轮装在传动杆凹槽内或内、外各1个。

[6]复位情况:1—能自动复位;2—不能自动复位。

行程开关常用的型号有LX5,LX10,LX19,LX31,LX32等系列。

4)行程开关的选择

①根据使用场合确定行程开关的类型。

②根据行程开关的用途选择行程开关触头的类型和数量。

③根据行程开关所控制电路的电压和电流,选择其额定电压和额定电流。

5)行程开关的安装与使用注意事项

①安装位置要准确,安装要牢固。滚轮的方向不能装反,挡铁与其碰撞的位置应符合控制线路的要求,并确保能可靠地与挡铁碰撞。

②倒顺开关接线时,应将开关两侧进出线中的一相互换,并看清开关接线端标记,切忌接错,以免产生电源两相短路故障。

6)行程开关的故障处理方法

行程开关的常见故障及处理方法见表9.2。

表 9.2　行程开关的常见故障及处理方法

故障现象	可能的原因	处理方法
挡铁碰撞行程开关后,触头不动作	1.安装位置不准确 2.触头接触不良或接线松脱 3.触头弹簧失效	1.调整安装位置 2.轻刷触头或紧固接线 3.更换弹簧
杠杆已经偏转,或无外界机械力作用,但触头不复位	1.内部撞块卡阻 2.调节螺栓太长,顶住开关按钮	1.清扫内部杂物 2.检查调节螺钉

课题 3　万能转换开关

1) 特点及用途

万能转换开关是手动控制电器,由于它的触头挡位多、换接线路多、能控制多个回路、能适应复杂线路的要求,故有"万能"转换开关之称。它具有寿命长、使用可靠、结构简单等优点。其主要用于配电装置的远距离控制、电气控制线路的换接、电气测量仪表的开关转换以及小容量电动机的启动、制动、调速和换向的控制等场合。

2) 结构

万能转换开关主要由接触系统、操作系统、转轴、定位机构、手柄等主要部件组成,这些部件通过螺栓紧固为一个整体。其外形及结构示意图如图 9.7 所示。

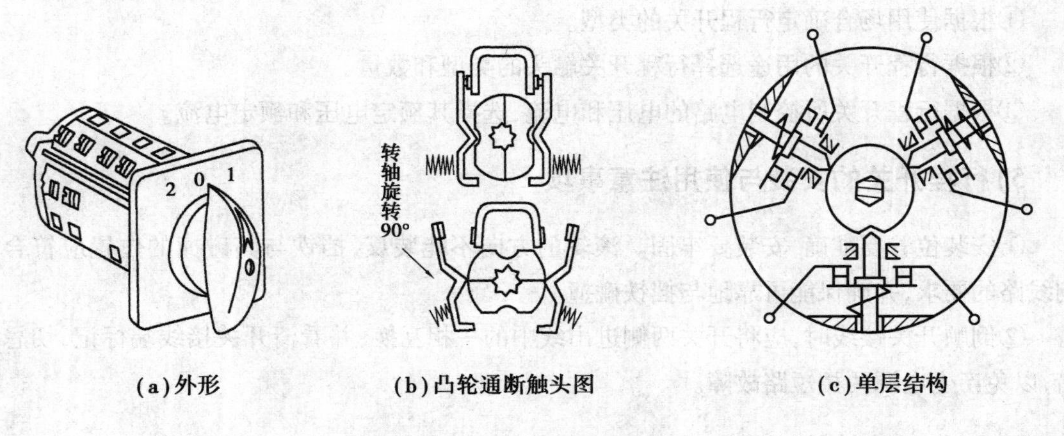

(a) 外形　(b) 凸轮通断触头图　(c) 单层结构

图 9.7　万能转换示意图

万能转换开关的接触系统由许多接触元件组成,每一接触元件均有一胶木触头座,中间装有1对或3对触头，分别由凸轮通过支架操作。操作时，手柄带动转轴和凸轮一起旋转，凸轮即可推动触头，使其按预定的顺序接通或断开电路，如图9.7(b)所示。由于凸轮的形状不同，当手柄处于不同的操作位置时，触头的分合情况也不同，从而达到换接电路的目的。同时，万能转换开关有定位和限位机构来保证动作的准确可靠。

万能转换开关在电路图中的图形符号如图9.8(a)所示，文字符号用SA表示。图中"—○　○—"代表一对触头，每根竖的点画线表示手柄操作的联动线。当手柄置于某一位置上时，就在处于接通状态的触头下方的点画线上标注黑点"·"，没涂黑点表示在该操作位置不通。

万能转换开关的手柄操作位置以角度表示，不同型号的万能转换开关的手柄有不同的触头，但由于其触头的分合状态与操作手柄的位置有关，因此，除在电路图中画出触头图形符号外，还应画出操作手柄与触头分合状态的关系，即触头分合表，如图9.8(b)所示。表中"×"号表示触头闭合，空白表示触头断开。在图9.8(a)中当万能转换开关打向左45°时，其触头1-2、3-4、5-6闭合，触头7-8打开；打向0°时，只有触头5-6闭合，其余打开；打向右45°时，触头7-8闭合，其余打开。

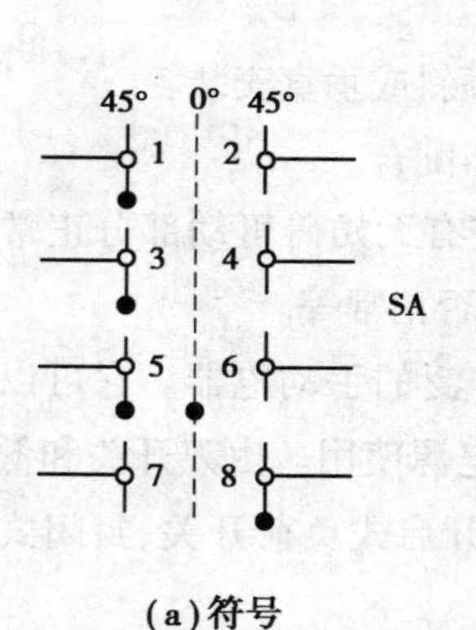

(a)符号

LW5-15D0403/2				
触头编号		转换角度		
		45°	0°	45°
	1-2	×		
	3-4	×		
	5-6	×	×	
	7-8			×

(b)触头分合表

图9.8　LW5系列万能转换开关示意图

3)主要技术参数和型号说明

表征万能转换开关参数的有额定电压、额定电流、手柄形式、触头座数目、触头对数、触头座排列形式、定位特征代号、手柄定位角度等。

万能转换开关型号如下：

[1][2]-[3]/[4][5]

其代表意义为：

[1]产品名称：用字母LW表示万能转换开关。

[2]设计序号。

[3]触头座数目。

[4]定位特征代号。

[5]接线图编码。

常用的万能转换开关有 LW8,LW6,LW5,LW2 系列等。

4)万能转换开关的选用

万能转换开关主要根据用途、接线方式、所需触头挡数和额定电流来选择。

LW5 系列万能转换开关适用于交流 50 Hz、额定电压 500 V 以下,直流 400 V 以下的电路中,作主电路或电气测量仪表的转换开关及配电设备的遥控开关;该系列万能转换开关的通断能力不高,当用来控制电动机时,只能控制 5.5 kW 以下的小容量电动机;该系列转换开关按接触装置的挡数有 1~16 和 18,21,24,27,30 等 21 种。

LW6 系列万能转换开关只能控制 2.2 kW 及以下的小容量电动机。

5)万能转换开关的安装与使用

①万能转换开关的安装位置应与其他电器元件或机床的金属部件有一定间隙,以免在通断过程中因电弧喷出而发生对地短路故障。

②万能转换开关一般应水平安装在屏板上,但也可以倾斜或垂直安装。

③万能转换开关本身不带保护,使用时必须与其他电器配合。

④当万能转换开关有故障时,必须立即切断电路,检查有无妨碍可动部分正常转动的故障,检查弹簧有无变形或失效,触头工作状态和触头状况是否正常等。

刀开关又称为闸刀开关,是一种结构简单、应用十分广泛的手动电器。它可以用来不频繁地接通和断开小电流电路,在大电流的电路中可作隔离电源使用。由刀开关和低压熔断器组合而成的是负荷开关。目前,使用最为广泛的刀开关是开启式负荷开关、封闭式负荷开关和组合开关。

课题 4　开启式负荷开关

1)刀开关概述

图 9.9(a)所示为刀开关的典型结构,它由操作手柄、刀夹座、闸刀和绝缘底板等部分组成。推动手柄来实现闸刀插入刀夹座与脱离刀夹座的控制,以达到接通和分断电路的要求。

刀开关的种类繁多,根据工作条件和用途的不同可分为刀形转换开关、开启式负荷开关、封闭式负荷开关、熔断器式刀开关、组合开关等;按极数可分为单极、双极、三极开关;按灭弧装置可分为带灭弧装置和不带灭弧装置开关;按接线方式可分为板前接线和板后接线开关。刀开关在电路图中的图形符号如图 9.9(b)所示,文字符号用 QS 表示。

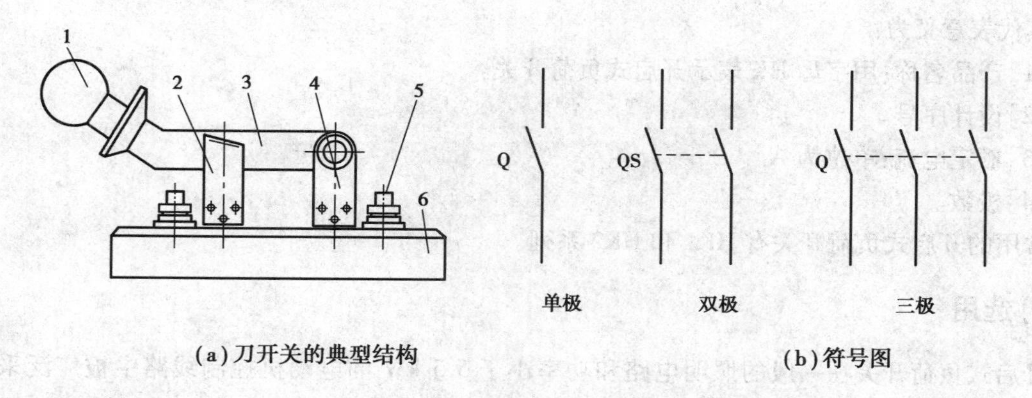

(a)刀开关的典型结构　　(b)符号图

图9.9　刀开关

1—手柄;2—刀夹座(静触头);3—闸刀(动触头);

4—铰链支座;5—接线端子;6—绝缘底板

2)开启式负荷开关结构

开启式负荷开关俗称瓷底胶壳开关,是一种应用最广泛的手动开关,常用作交流额定电压380/220 V、额定电流至100 A的照明配电线路的电源开关和小容量电动机非频繁启动的操作开关。

开启式负荷开关由瓷底板、熔丝、胶壳及触头等部分组成,结构如图9.10(a)所示。胶壳的作用是防止操作时电弧飞出灼伤操作人员,并防止极间电弧造成电源短路,因此,操作前一定要将胶壳安装好再操作。熔丝主要起短路和严重过电流保护作用,从而保证电路中其他电气设备的安全。开启式负荷开关外形如图9.10(b)所示,其具有价格便宜、使用维修方便的优点。

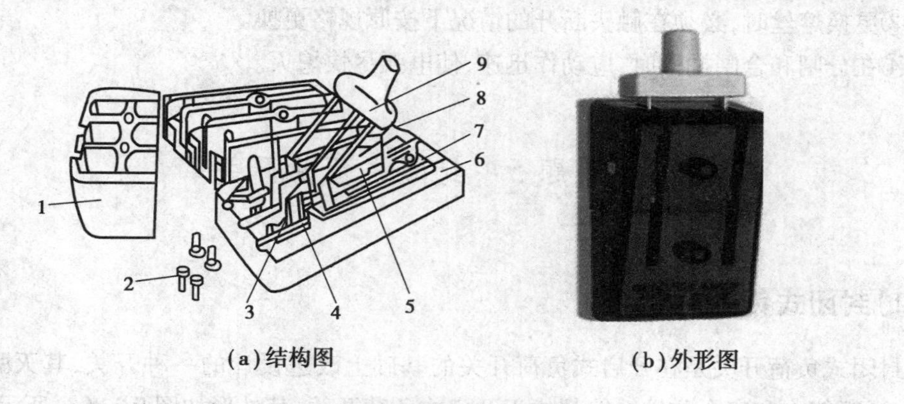

(a)结构图　　(b)外形图

图9.10　开启式负荷开关示意图

1—胶壳;2—胶盖固定螺钉;3—进线座;4—静触头;

5—熔丝;6—瓷底板;7—出线座;8—动触头;9—瓷柄

3)型号及含义

开启式负荷开关的型号如下:

[1][2]-[3]/[4]

其代表意义为：

[1]产品名称：用字母 HK 表示开启式负荷开关。

[2]设计序号。

[3]额定电流：单位为 A。

[4]极数。

常用的开启式负荷开关有 HK1 和 HK2 系列。

4)选用

开启式负荷开关在一般的照明电路和功率小于 5.5 kW 的电动机控制线路中被广泛采用，但这种开关没有专门的灭弧装置，其触头容易被电弧灼伤引起接触不良，因此不宜用于操作频繁的电路。具体选用方法如下：

①用于照明和电热负载时，选用额定电压 220 V 或 250 V，额定电流不小于电路所有负载额定电流之和的两极开关。

②用于控制电机的直接启动和停止时，选用额定电压 380 V 或 500 V，额定电流不小于电动机额定电流 3 倍的三极开关。

5)安装与使用

①将开启式负荷开关垂直安装在配电板上，并保证手柄向上推为合闸，不允许平装或倒装，以防产生误合闸。

②接线时，电源进线应接在开启式负荷开关上面的进线端子上，负载出线端接在开关下面的出线端子上，保证负荷开关分断后，触头和熔体不带电。

③更换熔丝时，必须在触头断开的情况下按原规格更换。

④在分闸和合闸操作时，应动作迅速，使电弧尽快熄灭。

课题 5　封闭式负荷开关

1)封闭式负荷开关结构

封闭式负荷开关是在开启式负荷开关的基础上改进设计的一种开关，其灭弧性能、操作性能、通断能力和安全防护性能都优于开启式负荷开关，其外形如图 9.11(a)所示。

因其外壳多为铸铁或用薄钢板冲压而成，故俗称铁壳开关，适合在额定交流电压 380 V、直流 440 V、额定电流至 60 A 的电路中使用，用作手动不频繁地接通与分断负荷电路及短路保护，在一定条件下也可起过负荷保护作用，一般用于控制小容量的交流异步电动机。

封闭式负荷开关主要由熔断器、灭弧装置、操动机构和金属外壳等构成，三相动触头固定在一根绝缘的方轴上，通过操作手柄完成分闸、合闸的操作。封闭式负荷开关的操动机构有两个特点：一是采用了储能合闸方式，利用一根弹簧使开关的分合速度与手柄操作速度无关，这既改善了开关的灭弧性能,又能防止触头停滞在中间位置,从而提高开关的通断能力,延长其使用寿命;二是操动机构装有机械联锁装置,保证箱盖打开时,开关不能闭合,开关闭合时箱盖不能打开,这样既有利于充分发挥外壳的防护作用,又保证了更换低压熔断器等操作的安全,其结构如图 9.11(b)所示。

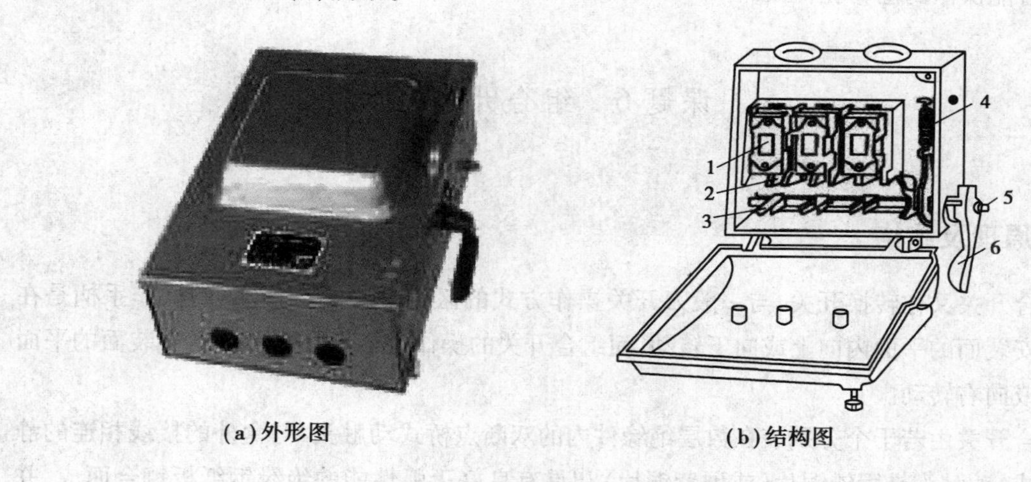

(a)外形图　　(b)结构图

图 9.11　封闭式负荷开关

1—熔断器;2—静触头;3—动触头;4—弹簧;5—转轴;6—操作手柄

2)型号及含义

封闭式负荷开关的型号如下:

[1][2]-[3]/[4]

其代表意义为:

[1]产品名称:用字母 HH 表示封闭式负荷开关。

[2]设计序号。

[3]额定电流:单位为 A。

[4]极数。

常用的封闭式负荷开关有 HH3 和 HH4 两个系列,其中,HH4 系列为全国统一设计产品,可取代同容量的其他系列老产品。

3)选用和安装

封闭式负荷开关的选用方法与开启式负荷开关相似,不仅在额定电压、额定电流、极数上应满足电路条件和被控对象要求,还应该考虑其极限分断能力,以满足当电路发生短路故障时,封闭式负荷开关内的低压熔断器能可靠地将电路断开。当作为小型电机的控制开关时,还要考虑被控电机的容量。具体选用方法如下:

①封闭式负荷开关的额定电压应不小于线路的工作电压。

②封闭式负荷用于控制照明和电热负载时,开关的额定电流应不小于所有负载额定电流

之和;用于控制电机时,开关的额定电流应不小于电动机额定电流的3倍。

③外壳应可靠接地,防止意外漏电造成触电事故。

封闭式负荷开关特别要注意安装完毕时,一定要将灭弧室安装牢固,还要检查弹簧储能机构是否能操作到位、灵活可靠。

课题6 组合开关

1)原理及结构

组合开关又称转换开关,与一般刀开关操作方式的区别是:一般刀开关的操作手柄是在垂直于安装面的平面内向上或向下转动,而组合开关的操作手柄则在平行于其安装面的平面内向左或向右转动。

组合开关由若干个分别装在数层绝缘件内的双断点桥式动触头、与盒外的接线相连的静触头组成,动触头是用磷铜片(或硬紫铜片)和具有良好灭弧性能的绝缘钢纸板铆合而成,并和绝缘垫片一起套在附有手柄的方形绝缘转轴上。方轴随手柄能在平行于安装面的平面内沿顺时针或逆时针每次转动90°而旋转,动触头也随方轴转动并变更其与静触头分、合位置,实现了接通或分断电路的目的。组合开关内装有速断弹簧,以提高触头的分断速度。组合开关实际上是一个多触头、多位置式可以控制多个回路的手动控制电器。图9.12(a)、9.12(b)所示分别为组合开关的外形、结构示意图,组合开关在电路图中的图形符号如图9.12(c)所示,文字符号用QS表示。

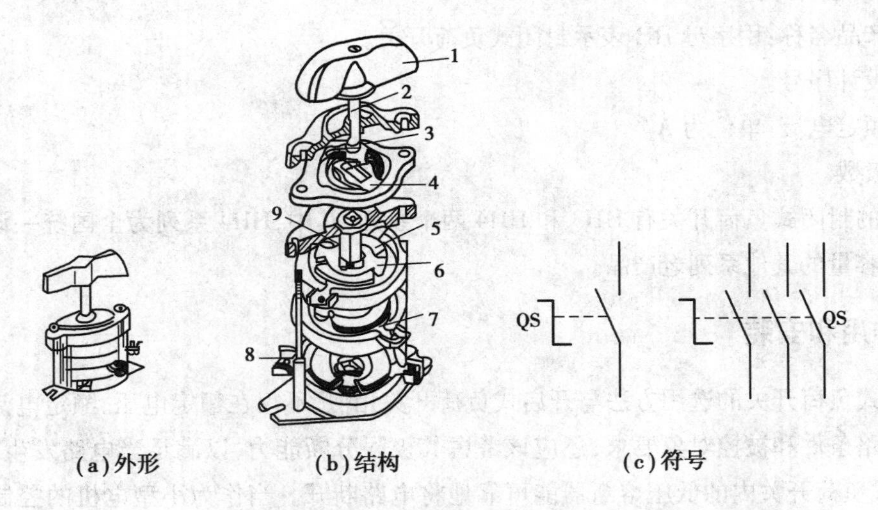

图9.12 组合开关

1—手柄;2—转轴;3—弹簧;4—凸轮;5—绝缘垫片;
6—动触头;7—静触头;8—接线端子;9—绝缘杆

在电气控制线路中,它常被作为电源引入,可以用它来直接启动或停止小功率电动机或使电动机正反转、倒顺等,局部照明电路也常用它来控制。

组合开关有单极、双极、三极、四极等,额定持续电流有10 A、25 A、60 A、100 A等多种。

2)主要技术参数和型号说明

组合开关的型号如下:

[1][2]-[3][4]/[5]

其代表意义为:

[1]产品名称:用字母HZ表示组合开关。

[2]设计序号。

[3]额定电流:单位为A。

[4]专门用途代号。

[5]极数。

3)组合开关的选用

①选用组合开关时,应根据电源的种类、电压等级、所需触头数、接线方式和负载容量进线选用,还要根据用电设备的耐压等级、容量和切换次数等综合考虑。当用于一般的照明、电热电路时,其额定电流应大于或者等于被控制电路的负载电流总和;当用于设备电源引入时,其额定电流稍大于或等于电路负载电流的总和;当用于直接控制异步电动机的启动和正反转时,开关的额定电流一般取电动机额定电流的1.5~2.5倍,且每小时切换次数不宜超过15~20次。

②组合开关本身不带过载和短路保护装置,因此,在它所控制的电路中,必须另外加装保护设备,才能保证电路设备安全。

4)安装与使用

①HZ10系列组合开关应安装在控制箱(或壳体)内,其操作手柄最好在控制箱的前面或侧面,开关为断开状态时手柄应在水平位置。HZ3系列组合开关外壳上的接地螺钉应可靠接地。

②若需在箱内操作,开关最好装在箱内右上方,并且在它的上方不安装其他电器,否则需要采取隔离措施或绝缘措施。

③组合开关的通断能力较低,不能用来分断故障电流。

④当操作频率过高或负载功率因数较低时,应降低开关的容量使用,以延长其使用寿命。

5)组合开关故障处理

组合开关常见故障及处理方法见表9.3。

表 9.3　组合开关常见故障及处理方法

故障现象	可能的原因	处理方法
手柄转动后，内部触头未动	1.手柄上的轴承孔磨损变形 2.绝缘杆变形（由方形磨为圆形） 3.手柄与轴或轴与绝缘杆配合松动 4.操动机构损坏	1.更换手柄 2.更换绝缘杆 3.紧固松动部分 4.修理更换
手柄转动后，动、静触头不能按要求动作	1.组合开关型号选用不正确 2.触头角度装配不正确 3.触头失去弹性或接触不良	1.更换开关 2.重新装配 3.更换触头或清除氧化层的尘污
接线柱间短路	因铁屑或油污附着在接线间，形成导电层，将胶木烧焦，绝缘损坏而形成短路	更换开关

技能训练 12　主令电器的拆装与检测

1）实训目标

了解主令电器基本结构，并会拆卸、组装、检测及进行简单检修。

2）工具、仪表与器材

工具、仪表与器材名称及型号规格见表 9.4。

表 9.4　工具、仪表与器材名称及型号规格

序号	工具名称	型号规格	数　量
1	万用表	DT-9979	1 块
2	兆欧表	ZC-7　500 V	1 块
3	按钮	LA1-22K	若干
4	行程开关	LX1-121	若干
5	常用电工工具		1 套

3）实训内容

（1）复合按钮的检测

外观检测复合按钮的动静触头、螺丝是否齐全牢固，动、静触头是否活动灵活，外壳有无损伤等。用手推动按钮的动作机构，观察其动作过程。

复合按钮不动作时，用万用表电阻挡测试常闭触头输入点和输出点是否全部接通，常开

触头输入点和输出点是否全部不通。若不是，说明按钮相应触头已坏。

（2）行程开关的检测

外观检测行程开关的动静触头、螺丝是否齐全牢固，动、静触头是否活动灵活，外壳有无损伤等。用手推动行程开关的动作机构，观察其动作过程。

行程开关不动作时，用万用表电阻挡测试常闭触头输入点和输出点是否全部接通，常开触头输入点和输出点是否全部不通。若不是，说明行程开关相应触头已坏。

4）训练步骤与工艺要点

①拆卸一只复合按钮，将拆卸步骤、主要零部件名称、作用、各对触头动作前后的电阻值及各类触头接线柱号码，数据记入表9.5中。

表9.5　复合按钮的拆卸与测量记录

<table>
<tr><td colspan="4">型　号</td><td rowspan="2">拆卸步骤</td><td colspan="2">主要零部件</td></tr>
<tr><td colspan="4"></td><td>名称</td><td>作用</td></tr>
<tr><td colspan="4">触头接线柱号码</td><td rowspan="7"></td><td></td><td></td></tr>
<tr><td colspan="2">常开触头</td><td colspan="2">常闭触头</td><td></td><td></td></tr>
<tr><td colspan="2"></td><td colspan="2"></td><td></td><td></td></tr>
<tr><td colspan="4">触头电阻</td><td></td><td></td></tr>
<tr><td colspan="2">常开触头</td><td colspan="2">常闭触头</td><td></td><td></td></tr>
<tr><td>动作前</td><td>动作后</td><td>动作前</td><td>动作后</td><td></td><td></td></tr>
<tr><td></td><td></td><td></td><td></td><td></td><td></td></tr>
</table>

②拆卸一只行程开关，将拆卸步骤、主要零部件名称、作用、各对触头动作前后的电阻值及各类触头接线柱号码，数据记入表9.6中。

表9.6　行程开关的拆卸与测量记录

<table>
<tr><td colspan="4">型　号</td><td rowspan="2">拆卸步骤</td><td colspan="2">主要零部件</td></tr>
<tr><td colspan="4"></td><td>名称</td><td>作用</td></tr>
<tr><td colspan="4">触头接线柱号码</td><td rowspan="7"></td><td></td><td></td></tr>
<tr><td colspan="2">常开触头</td><td colspan="2">常闭触头</td><td></td><td></td></tr>
<tr><td colspan="2"></td><td colspan="2"></td><td></td><td></td></tr>
<tr><td colspan="4">触头电阻</td><td></td><td></td></tr>
<tr><td colspan="2">常开触头</td><td colspan="2">常闭触头</td><td></td><td></td></tr>
<tr><td>动作前</td><td>动作后</td><td>动作前</td><td>动作后</td><td></td><td></td></tr>
<tr><td></td><td></td><td></td><td></td><td></td><td></td></tr>
</table>

思考题与习题

9-1 什么是主令电器？常用的主令电器有哪些？

9-2 按钮的主要结构包含哪些部分？

9-3 按钮的动作过程是什么？

9-4 行程开关、万能转换开关在电路中各起什么作用？

9-5 开启式负荷开关与封闭式负荷在结构和性能上有什么区别？

9-6 组合开关有什么特点？与一般刀开关操作方式有何区别？

9-7 组合开关常见故障有哪些？处理方法是什么？

项目 10 低压组合电器和成套设备

【学习目标与任务】

学习目标:1.熟悉低压组合电器的特点、产品。

2.掌握成套设备的定义、特点及低压成套设备的典型产品。

学习任务:1.能正确使用低压组合电器和成套设备。

2.具有成套设备的安装、维护能力。

课题 1 低压组合电器

1)低压组合电器的定义

根据设计要求,将两种或两种以上的低压电器元件,按接线要求组成一个整体而各电器仍保持原性能的装置。

2)低压组合电器的特点

低压组合电器中各电器元件仍保持原有的技术性能和结构特点,但要安排合理,且有些部件还可以通用,故整个装置结构紧凑、外形尺寸和安装尺寸较小,同时,各电器元件之间能很好地协调配合,使用更方便。因此,采用组合电器能缩小占地面积和空间,减少现场安装工作量,降低投资,提高低压电器运行的安全性与可靠性。

3)低压组合电器的产品

低压组合电器品种很多,常见的低压组合电器有熔断器式刀开关、开启式负荷开关、封闭式负荷开关、组合开关、电磁启动器、综合启动器等。低压组合电器使用方便,可使系统大为简化。例如：

(1)熔断器式刀开关

如图10.1所示,可用于配电系统中作为短路保护和电力电缆、导线的过载保护。在正常情况下,可供不频繁地手动接通和分断正常电流与过载电流;在短路情况下,由熔体熔断来切断电流。

(2)电磁起动器

如图10.2所示,由电磁接触器和过载保护元件等组合而成的一种起动器。由于它是直接把电网电压加在电动机的定子绕组上,使电动机在全电压下起动,所又称直接起动器。当电网和负载对起动特性均没有特殊要求时,常采用电磁起动器。因其不仅操作控制方便,且具有过载和失压保护功能。

图10.1　熔断器式刀开关

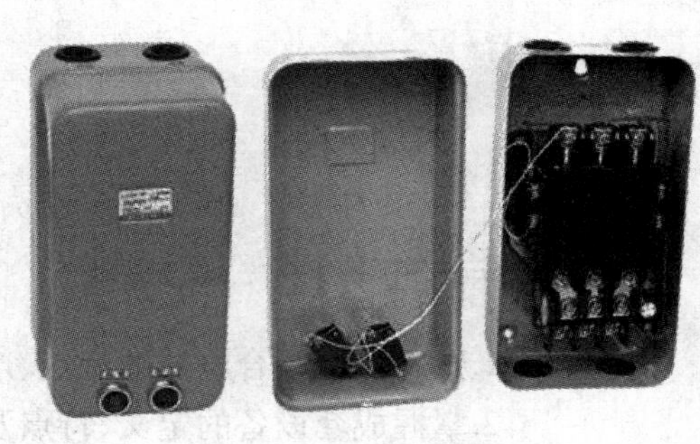

图10.2　电磁起动器

(3)控制与保护开关

由接触器、断路器(或熔断器)和热继电器等组合而成,具有远距离控制电动机频繁起动、停止及各种保护和控制的功能,用于工业电力拖动自动控制系统的电动机支路中。

如图10.3所示,随着控制与保护开关设备的不断更新换代,现在的控制与保护开关电器已不再是接触器、断路器、热继电器等多个独立的元器件的简单组合,而是经过模块化组合,作为一个整体元件应用在电力系统的控制和保护回路中,大大简化了保护线路的结构形式,避免繁杂的接线,减小了控制箱或控制柜的体积。这也将是低压组合电器未来发展的方向。

图10.3　控制与保护开关

课题2　低压成套设备

1)低压成套设备的定义

低压成套设备是指1 000 V以下电压等级中使用的成套电器设备。

电力成套设备将数量较多的电器按照供配电或系统控制的要求组装在一起,使其完成电力系统中某种功能的设备。

2）低压成套设备的特点

（1）有金属外壳（柜体或箱体等）的保护，电气设备和载流导体不易积灰，也不易受到动物的破坏，便于维护，特别是在污秽和老鼠较多的地区更为突出。

（2）易于实现系列化、标准化生产，装配质量好、速度快，运行可靠性高。

（3）结构紧凑、布置合理，缩小了体积和占地面积，因此降低了造价。

（4）电器安装、线路敷设与变配电室的施工分开进行，可有效缩短基建时间。

3）低压成套设备的典型产品

低压成套设备是按一定的接线方案将一、二次设备组装而成，用于低压配电系统中动力、照明配电。低压成套设备有低压配电柜（或低压配电屏）和低压配电箱。

（1）低压配电屏

低压配电屏又称开关屏，是按一定的接线方案将有关低压一、二次设备组装起来，用来接受和分配低压电能的，通常由控制电器、保护电器、计量仪表、指示仪表、母线以及屏等部分组成 。适用于发电厂、变配电所、厂矿企业中动力与照明配电之用。

常用的低压配电屏主要由薄钢板和角钢制成，一般正面安装设备，背面敞开。

图 10.4　低压配电屏

PGL 型低压配电屏是我国广泛采用的一类低压配电装置，为室内安装的开启式双面维护，外形如图 10.4 所示。PGL 型比老式的 BSL 型结构设计更为合理，电路配置全，防护性能好。如 BSL 屏的母线是裸露安装在屏的上方，而 PGL 屏的母线是安装配电屏后骨架上方的绝缘框上，母线上还装有防护罩，这样就可防止母线上方坠落金属物而造成母线短路事故的发生。PGL 配电屏具有更完善的保护接地系统，提高了防触电的安全性。其线路方案更为合理，除了有主电路外，对应每一主电路方案还有一个或几个辅助电路方案，便于用户选用。在屏的上方有可开启的小门，其上有各种测量仪表，在屏的正下方也有可开启的小门，以利维修。

PGL 系列低压配电屏型号为：PGL□-□，其型号含义是：P—低压开启式配电屏；G—固定式；L—动力用；第一个□表示设计序号；第二个□表示一次方案号。PGL 系列低压配电屏的主电路额定电压 380 V、额定频率 50 Hz，额定工作电流至 1 500 A，额定绝缘电压 500 V，辅助电路的额定工作电压有交流 220 V、380 V 和直流 110 V、220 V 四种。PGL 系列低压配电屏按主电路方案和分断能力，又分为 PGL1、2、3 型，其中 PGL3 型为增容型。因电器元件和母线不同，PGL1、2、3 的额定分断能力分别为 15 kA、30 kA、50 kA（均为有效值），安装处的预期短路电流不能超过上述值。此类屏结构简单、实用，外形尺寸为 600（800、1 000）mm×600（800）mm×2 200 mm，PGL1、2、3 型分别有 41、64、121 个屏种，主要用于分配电能和控制电动机。

低压配电屏的每一个主电路方案对应一个或多个辅助方案，从而简化了工程设计。但由于低压配电屏背面敞开,既不利于防尘,也不利于防止小动物进入,还有发生误碰的危险。所以,已由其换代产品低压配电柜替代。

(2)低压配电柜

又称低压开关柜,是将一个或多个低压开关设备和与之相关的控制、测量、信号、保护、调节等设备,按照一定的接线方案安装在四面封闭的金属柜内,用来接受和分配电能的设备,它用在1 000 V以下的供配电电路中。

低压配电柜有防止人身直接和间接触电,防止外界环境对设备的影响和防止小动物进入(如蛇、老鼠、鸟等)的优势。

低压配电柜主要有固定式和抽出式两大类。

①固定式低压配电柜

GGD型固定式低压配电柜如图10.5所示。GGD型低压配电柜有单面操作和双面操作两种,双面操作式为离墙安装,柜前柜后均可维修,占地面积较大,在盘数较多或二次接线较复杂需经常维修时,可选用此种形式。单面操作式为靠墙安装,柜前维护,占地面积小,适宜在面积小的地方选用,这种低压配电柜目前较少生产。

图10.5 GGD型低压配电柜

GGD型低压配电柜多用于变配电所和工矿企业等用户的动力、照明和配电设备的电能转换、分配和控制。其产品是单面操作、双面维护,为封闭式结构。具有分断能力高,动热稳定性好,结构新颖、合理,电气方案切合实际,系列性、适用性强,防护等级高等特点,可作为更新换代的产品使用。

GGD型低压配电柜,其型号含义是:首个字母G—交流低压配电柜;第二个字母G—固定安装、固定接线;D—电力用柜。GGD系列交流低压配电柜的额定电压为380 V、额定频率50 Hz,额定工作电流至3 150 A。按分断能力,GGD系列也分为GGD1、2、3三个型号,分断能力分别为5 kA、30 kA、50 kA,外形尺寸最小、最大分别为600 mm×600 mm×2 200 mm和1 200 mm×800 mm×2 200 mm,主电路共有129个方案、298个规格。

②抽屉式低压开关柜

抽屉式低压开关柜主要电器安装在抽屉或手车内,当遇到单元回路故障或检修时,将备用抽屉或小车换上便可迅速恢复供电。目前常用的抽屉式低压开关柜有GCK型、GCS型、MNS型、BFC型等。其特点是馈电回路多、体积小、检修方便、恢复供电迅速,价格较贵。

GCK 型低压开关柜，如图 10.6(a)所示。其基本特点是柜体基本结构是组合装配式，母线在柜体上部，各个功能室之间相互隔离，分别为功能单元室(柜前)、母线室(柜顶部)、电缆室(柜后)。由动力配电中心柜和电动机中心控制柜组成。其型号含义是：G—封闭式开关柜；C—抽出式；K—控制中心。

GCS 型开关柜，如图 10.6(b)所示。GCS 型开关柜为密封式结构、正面操作、双面维护。其电气方案灵活，组合方便，防护等级高。型号含义是：G—封闭式开关柜；C—抽出式；S—森源电气系统。

MNS 型低压抽出式开关柜是用标准模件组装的组合装配式结构，如图 10.6(c)所示。其型号含义为：M—标准模件；N—低压；S—开关配电设备。MNS 型开关柜可分为动力配电中心柜(PC)和电动机控制中心柜(MCC)两种类型。该类开关柜设计紧凑，组装灵活，通用性强。

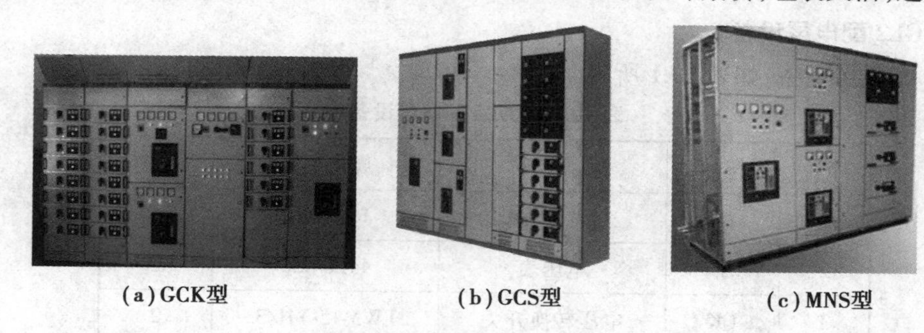

(a) GCK型　(b) GCS型　(c) MNS型

图 10.6　抽屉式低压开关柜

(3) 低压配电箱

低压配电箱主要有动力配电箱、照明配电箱和插座箱等，如图 10.7 所示。主要用于交流 50 Hz，额定电压 380 V 的低压配电系统中做照明配电和动力回路的漏电、过载等保护用，采用悬挂式箱结构，内装熔断器、刀开关、组合开关、断路器、接触器或磁力起动器等电器，有的还装有计量电表和一些信号、主令元件，典型产品有 XL-3、10、11、12、14、15、20、21 等多个系列，主电路方案在一定程度上标准化。

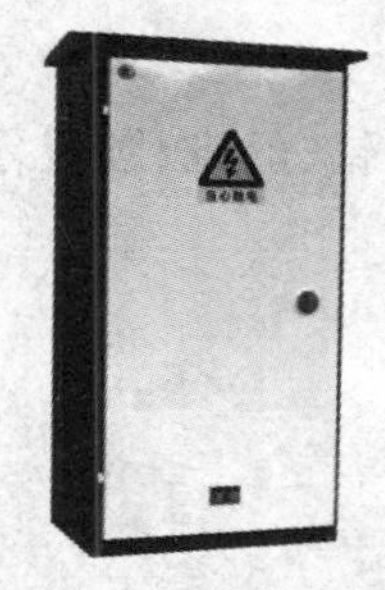

(a) XXLW型户外配电箱(明装式)　(b) XM型照明配电箱(嵌入式)　(c) XXCZ型插座箱(嵌入式)

图 10.7　低压配电箱

低压配电箱的结构主要由箱体、箱芯和箱门组成，按安装方式分为明装式和暗装(嵌入)式。

技能训练 13　PGL2 低压配电屏的安装

1) 能力目标

①了解各种工机具的使用。

②掌握配电屏内各回路的安装、布线。

2) 项目使用设备、工具、材料

(1) PGL2 配电屏设备

PGL2 配电屏设备，如表 10.1 所示。

表 10.1　PGL2 配电屏设备

序号	符号	设备名称	规格型号	数量
1	FU	熔断器	RL10/10	6
2	V	电压表	44L0-450	2
3	CK	电压转换开关	LW5-15-YH/3	2
4	A	电流表	44L-100/5	2
5	LW	电流转换开关	LW5-15-YH/3	2
6	QS	隔离开关	HDB-100/3	2
7	QF	漏电保护断路器	DZ15L-63A	2
8	TA	电流互感器	LM8-0.5-100/5	6

(2) 工具、材料

螺丝旋具、冲击电钻、电工用梯、圆头锤、电工刀、钢手锯、扳手、手电钻、丝锥、圆板牙、电焊机等。

3) 项目要求

①配电屏内回路的安装布线。

②配电屏安装后的电路检查。

4) 工艺要求

(1) 配电屏内电流回路接线图、电压回路接线图的绘制和安装布线

①图 10.8 所示为 PGL2 配电屏的系统图，由其电压回路原理图（如图 10.9 所示）绘制电压回路接线图。

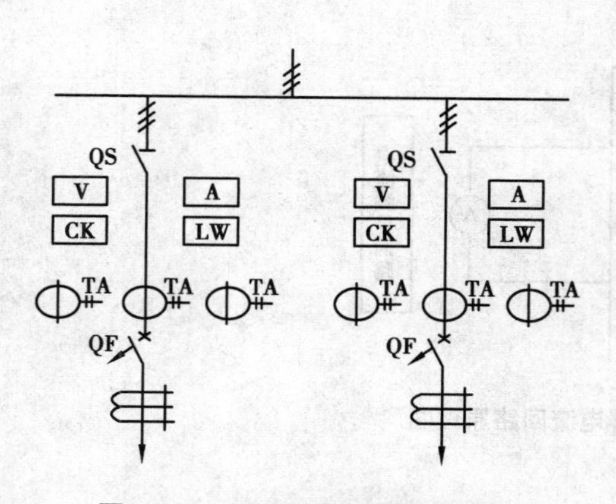

图 10.8　PGL2 低压配电屏系统图

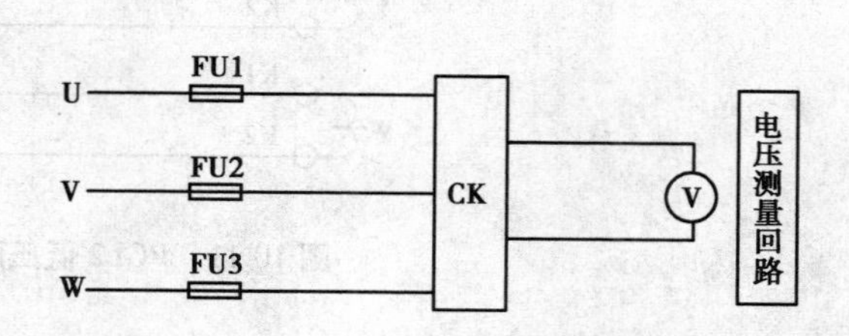

图 10.9　PGL2 低压配电屏电压回路原理图

a.PGL2 电压回路接线图如图 10.10 所示。

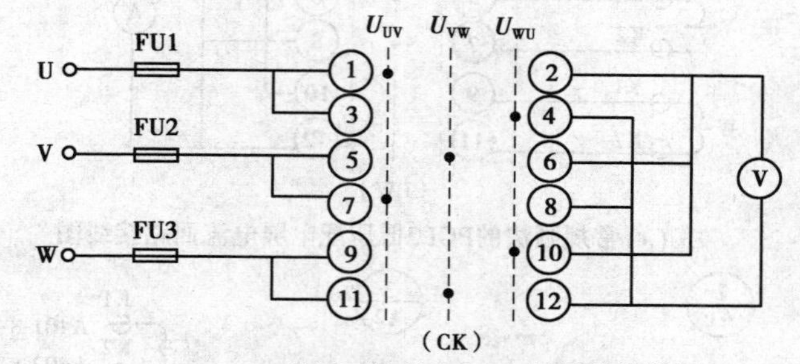

(a)常规画法的PGL2电压回路接线图

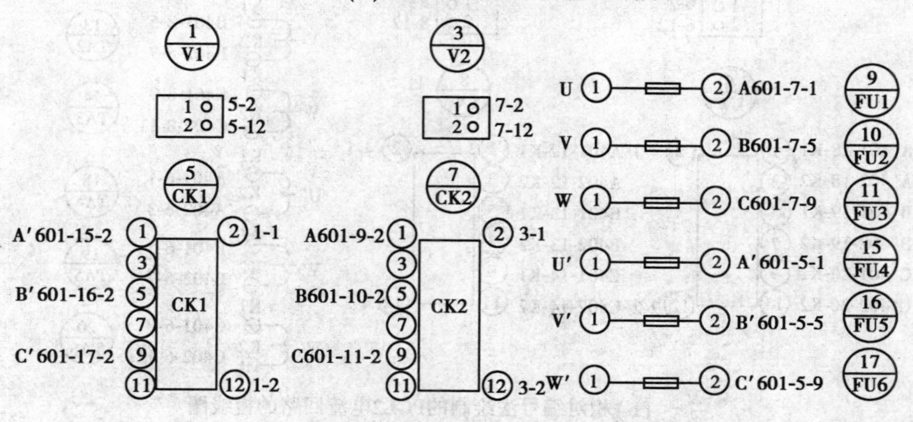

(b)相对编号法绘制的PGL2电压回路接线图

图 10.10　PGL2 电压回路的接线图

b.按 PGL2 低压配电屏电压回路接线图进行安装接线。

②由 PGL2 配电屏电流回路原理图(如图 10.11)绘制电流回路接线图。

a.电流回路接线图如图 10.12 所示。

b.按 PGL2 低压配电屏电流回路接线图进行接线。

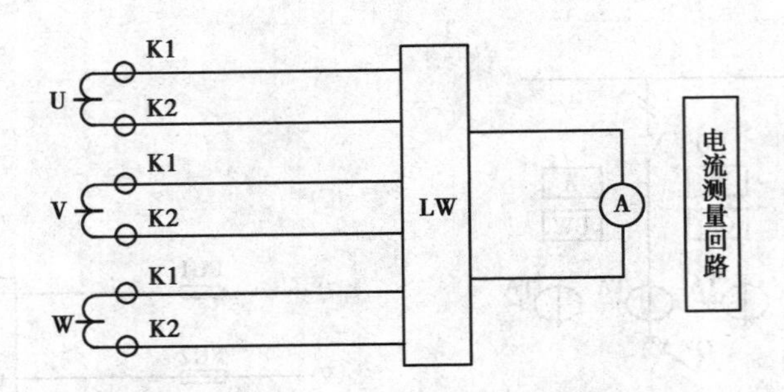

图 10.11 PGL2 低压配电屏电流回路原理图

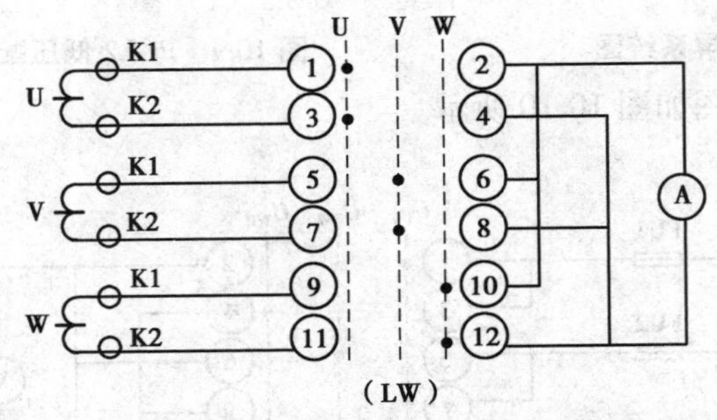

(a) 常规画法的PGL2低压配电屏电流回路接线图

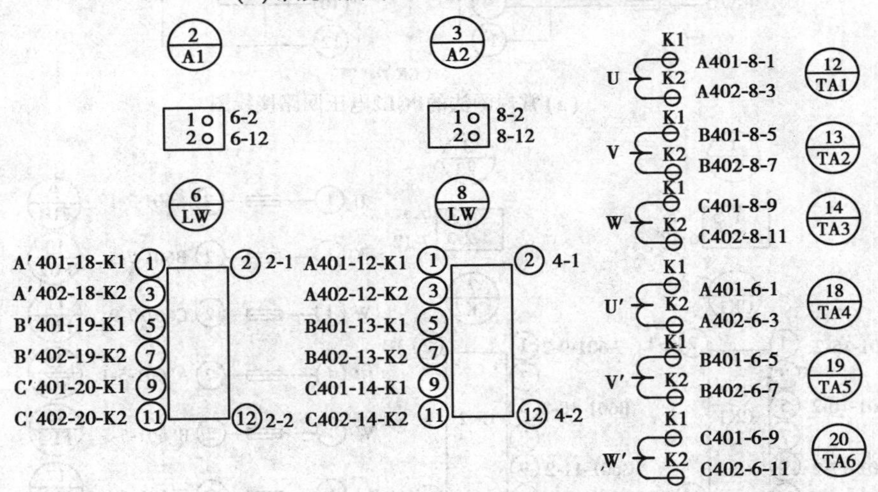

(b) 相对编号法绘制的PGL2电流回路的接线图

图 10.12 PGL2 低压配电屏电流回路接线图

(2) 安装接线过程的几点注意事项

①相序:U——黄、V——绿、W——红。

②注意电流互感器的正、负极不可接错,注意铁芯和二次侧要良好接地。

③柜内敷设的导线符合安装规范的要求,即同方向导线汇成一束捆扎,沿柜框布置导线;导线敷设应横平、竖直,转弯处应呈圆弧过渡角。

线路安装后,进行安装质量检查。

5)检测标准

①配电屏内所装电器元件应完好,安装位置应正确、固定牢固。

②所有接线应正确,连接可靠,标志齐全、清晰。

③安装质量符合验收标准。

④操动及联动试验符合设计要求。

思考题与习题

10-1 成套设备的特点是什么?

10-2 低压成套设备的作用是什么?主要有哪几种?各适用在什么场合?

10-3 低压配电柜分为几类?

10-4 抽屉式低压开关柜有何优点?

参考文献

[1] 周元一.电机与电气控制[M].北京:机械工业出版社, 2017.
[2] 张广溢,郭前岗.电机学[M].重庆:重庆大学出版社,2015.
[3] 许晓峰.电机及拖动[M].北京:高等教育出版社,2007.
[4] 朱志良,袁德生.电机与变压器[M].北京:机械工业出版社, 2017.
[5] 赵承荻.电机及应用[M].北京:高等教育出版社,2003.
[6] 谢宝昌.电机学[M].北京:机械工业出版社,2017.
[7] 殷建国.电机与电气控制项目教程[M].北京:电子工业出版社,2011.
[8] 任艳君.电机与拖动[M].北京:机械工业出版社,2016.
[9] 诸葛致.电机及拖动基础[M].重庆:重庆大学出版社,2011.
[10] 李明.电机与电力拖动[M].北京:电子工业出版社,2015.
[11] 祁强,陈高燕.电机及自动控制系统实验指导书[M].重庆:重庆大学出版社,2015.
[12] 叶国平.电机与应用 [M].北京:电子工业出版社,2015.
[13] 姚锡禄.工厂供电[M].北京:电子工业出版社,2013.
[14] 杨玉菲.电气控制技术[M].北京:中国铁道出版社,2006.
[15] 朱平.电器(低压·高压·电子)[M].北京:机械工业出版社,2011.
[16] 刘介才.工厂供电[M].北京:机械工业出版社,2015.
[17] 李学武.城市轨道交通供变电技术[M].北京:中国铁道出版社,2013.
[18] 曹云东.电器学原理 [M].北京:机械工业出版社,2012.
[19] 杨国福.常用低压电器手册[M].北京:化学工业出版社,2009.
[20] 贺湘琰,李靖.电器学[M].3 版.北京:机械工业出版社,2012.
[21] 代礼前.电机与电气控制[M].北京:中国铁道出版社,2012.